台灣國防變革 1982-2016

黃煌雄——著

推薦序一

陳水扁（中華民國第十、十一任總統）

我的好鄰居、好朋友、好同志、好同事和救命恩人黃煌雄委員，拿來他的嘔心力作《台灣國防變革：1982-2016》一書，要我幫他寫序，我有點惶恐。因爲黃委員是我在立委任內，長期待在國防委員會的師承前輩，他是民進黨成立前第一位黨外國防召委，我則是民進黨籍的首位國防召委。所以對黃委員的大作，我只有敬佩沒有評論。不過我倒願意略爲補充與我有關的一小部分。黃委員的台研會出版我國第一本「國防白皮書」，二年多後，國防部才正式出版《國防白皮書》。直到2015年底，已出版13本，其中5本是我總統任內所發行。

我在1992年提出有軍事憲法之稱的「國防組織法草案」，歷經20次院會提案，直到第21次才付委成功，而且要等行政院版本提出後才能併案審查。前後等了八年，2000年1月名稱改爲「國防法」的軍事憲法終於三讀立法，並預計三年內完成調整準備。爲了提前一年施行，我任命參謀總長湯曜明出任國防二法實施後的首任國防部長，順利完成接軌。

在國家戰略方面，我把李前總統時代的「防衛固守、有效嚇阻」，改爲「有效嚇阻、防衛固守」，並研發有效反制武器，以因應以小搏大的不對稱戰爭。馬前總統上台後，再改回「防衛固守、有效嚇阻」。在國防預算的變革上，在我擔任立委前，國防預算都以保密預算爲之，不公開審查，十足國防黑盒子。經過爭取，82年度首度公開38．83%，104年度則提高到94．07%，保密部分只剩5．93%。

我曾在立委任內提出國防四大改造：軍隊國家化、軍政軍令一元化、情治單位法制化、軍品採購公開化。非常欣慰能夠逐漸落實。如果軍隊沒有國家化，2004年的「柔性政變」、2006年的紅衫軍之亂，就不可能安然度過。如果軍政軍令沒有一元化，參謀總長永遠不必面對國會的質詢與監督。如果情治單位沒有法制化，國安局組織還只是規程命令，而情治頭子國安局長，從宋心濂以降亦不可能到立法院報告並備質詢。如果軍品採購沒有公開化，國防預算根本不可能刪減。記得早年刪除100萬元、3000萬元，就很不得了了。我在立委任內，透過議事抗爭也只刪掉30億元、50億元。

依據「國防法」文人領軍，國防部長脫下軍裝穿上西裝，不是眞正的文人。但也到2008年任內最後三個月，才有蔡明憲出任首位具有實權的文人部長。爲了落實軍隊國家化，我責令李傑國防部長將「主義、領袖、國家、責任、榮譽」五大信念，改爲三大信念，只剩「國家、責任、榮譽」。同時把軍國主義遺緒的閱兵、踢正步、排字全部取消。

憲法規定國民有服兵役的義務。全募兵的推動，當年軍方評估不可行。我只好朝著實施替代役，縮短役期的方向來努力。2005~2008年，每年縮短2個月，從1年10個月減少到1年，前提是募徵比例要從4：6，調整爲6：4。

我們做到了！如今政府推動全募兵制，卻一再跳票！是爲之序。

推薦序二

唐飛（曾任空軍總司令、參謀總長、國防部長、行政院長）

1982年立法院總質詢時，在野黃煌雄立委質疑國防政策「攻守一體」與「國防預算」兩者間存在之矛盾，導出國防部長宋長志宣稱：現階段已採取「戰略守勢」。次年 蔣經國總統接受西德媒體訪問時，證實我國防政策爲「戰略守勢」，隨後國防政策自「攻勢作戰」、經「攻守一體」、「守勢防衛」及「防衛固守」，發展至現今之「有效嚇阻—防衛固守」。「戰略守勢」一詞成爲「國防政策」發展過程目前的階段，黃兄成爲民意代表導引國防政策演進之第一人。

他歷任三屆立委皆關注國防與預算，承他不棄每有機會晤面，常詳詢有關國防事務之疑問，問題深度也引發我樂於向他講說，逐漸成爲互相切磋的朋友至今。

在野黨民代常以揭發官員弊案，達到擴大知名度目的，他則用心深入探討國防事務。除先後質詢「國防政策」外，另呼籲「開放老兵返鄉探親」，主張撫平歷史並提二二八六項主張，提案要求逐漸降低國防預算自總預算之48%至30%，以及質詢及協調軍事徵用民地案（1993年至1996年共20多案）等，更進一步提出「軍隊國家化」，及出版民間版「國防白皮書」等，建立獨特問政風格。

在他三屆立委九年內，累積對國防事務專注的經驗，在後續擔任二屆十二年監察委員任內，以訪談、約談、諮詢及座談等方式，訪問院長、部長、總長、副部長及次長或有關主官等人超過三百餘人次，先後完成專案檢討報告，如：

1. 國防部推動精實案
2. 國防政策總檢討
3. 國防二法實施以來執行績效及遭遇問題探討 第一次2004、第二次2010
4. 國軍聯合作戰指揮執行績效體檢
5. 精粹案
6. 國防部推動募兵制 第一次2009、第二次2013

以上六個專案涵蓋了國防部二十多年工作重點，其中國防二法與募兵制皆持續關注二度提專案探討，全無鬆弛，毅力可佩。國防法尚未達標的「文人領軍」一節，本人藉機擇要補實分析如下：

立憲五十年後始補白完成之「國防二法」，立法精神首在「文人領軍」。其內涵是領軍的部長應是文人，除了避免軍隊干政，另一要點是爲免除軍人出身的部長受其出身軍種之本位意識影響國軍建軍方向及人事。先進國家也多雷同。

國防部內眾多的作戰支援單位，如資訊、通信電子、軍陣醫療、主計、淨評估、武器系統獲得與壽期管理及國防資源管理等，皆屬極專業與具有連續性者，己非戰鬥兵科軍官短期經歷歷練能勝任。先進國家多早己建立專業系統發展之軍用文官體系與制度，輔助與支撐文人部長掌理國防建軍事務。

至於有人質疑文人部長管理與指揮軍隊能力，試問總統身兼統帥掌握決策之「和、戰」大計，無需親自管理和指揮部隊作戰！同理，文人部長掌握建軍與用兵兩大系統決策，用兵部分無論平、戰時，皆有各階層職稱不同的指揮官與軍令幕僚，依作戰計劃、戰備規定與實施細則等法規從事指揮所屬執行作戰。

文人部長掌握「逐級授權，分層負責」現代管理原則，統領軍政與軍令兩大部門，先進國家多已採用此種國防組織與運作模式。

國防法立法已逾十七年，仍未見國防部建立與培育建軍「專業軍用文官」制度，是難以出現文人部長之主因。

喜見黃兄多年投入心力之《台灣國防變革：1982-2016》出版，是1981年起重要國防事務檢討的綜整，也是作者獻身政治三十餘年心力的結晶。可謂是前所未見之壯舉。

個人敬佩之餘，推崇《台灣國防變革：1982-2016》應爲當今與未來從事國防事務工作者最佳的參考教材。

自序

黃煌雄（本書作者、台灣研究基金會創辦人）

30多年來，我與國防有著特殊的不解之緣。

1989年5月，我所創辦的台研會，以國防研究小組的名義，出版國內第一本、也是華人世界第一本的國防白皮書；28年後，2017年3月，我以台研會叢書、個人的名義，出版國內第一本有系統解析30多年來國防變革的新書——《台灣國防變革：1982-2016》。

本書的出版，了卻我多年的心願。

家父曾說，我生長在一個「三代沒有眼睛」的家庭[1]。像我這種背景出生的鄉下農夫之子，36歲以後，竟然會與戒嚴時期被視爲威權象徵、代表神祕黑盒子的國防產生連結，且時間長達30年以上，簡直是一件不可思議的事。多年來，我一直覺得，有一種責任，應該將這趟充滿驚訝的國防之旅，在尊重體制的原則下，讓歷史場景公開呈現，讓國人有機會共同置身其中，共同理解國防的變革，共同面對國防的課題，共同分擔國防的重擔，共同分享國防的成果。

在戒嚴期間，由於警備總部隸屬於國防部，所謂軍方，亦即國防部，便代表令人又畏又懼的地方。戒嚴解除後，軍方這一歷史烙印並不自然跟著消失；在很長的一段時間，軍方的歷史烙印逐漸凝聚成國防部的歷史枷鎖。台灣的國防在從軍隊國家化走向國防現代化的實踐過程上，首應根除的，便是這一歷史烙印所遺留的歷史枷鎖。

坦誠而論，這一歷史烙印對於具有專業化與現代化國防素養的國軍將領而言，實不公平，也不光彩，歷史烙印不但使這些一心以國防現代化爲職志的國軍將領蒙塵，也加重他們的變革承載。30多年來，在國防現代化的關鍵節點上，如果沒有這些關鍵的推動者，以堅定的意志與決心，帶領整個團隊銳意變革，則在兩岸軍力對比已嚴重向中國大陸傾斜的今天，台灣的國防將處境愈顯艱困，難上加難。希望本書的出版，不但有助於國人對30多年來國防變革增加全面性的了解，也有助於國人對這些在關鍵時刻扮演關鍵角色的國軍將領，有進一步的認識與理解，並給予客觀而公正的評價與定位。

本書從動念迄今，已超過10年；從資料蒐整到寫作討論到執筆完成，前後也將近2年。出版前，我要謙誠地向在我的國防旅程上，從國防政策到國防預算到國防組織，一路走來，所有啓發與協助過我的前輩、朋友、同事與工作夥伴，深致謝忱；特別要向宋長志部長以降、接受過訪談的歷任參謀總長、國防部長，以及受邀參與諮詢會的國軍將領、專家學者深致謝忱。

在本書出版前，從國防部到監察院，都曾提供技術上與行政上的協助；唐飛院長和霍守業總長，也曾就專業上提供寶貴意見，使本書內容更加充實；廖英智和徐惠楨兩位先生，也提供不少建設性的意見，使本書結構更加完善；謹一併深致謝忱。台研會研究助理吳政諭博士生和陳怡蓉碩士生，由於寫作過程不斷修改，不斷增添資料，他（她）們二人均不憚煩完成工作，助力不少，一併致謝。

最難得的是，陳水扁總統在農曆初二團圓的時刻，撥冗為本書寫序，這一難得的序，見證從陳水扁立委到陳水扁總統長期對國防的關注與用力。軍旅生涯超過40多年，擔任過空軍總司令、參謀總長、國防部長、行政院長的唐飛，在新年元旦後、農曆春節前為本書所寫的序，對本書實是一大鼓勵。他們兩人的序，都給本書帶來新春的溫馨。

1 家父曾說，包括他祖父、父親及本人在內的三代，用台語的話表達，「攏嘸讀書」，故稱為「三代沒有眼睛」。依當時的時代背景及社會條件，在鄉下的農村，這是一普遍的現象。

目錄

目錄

第四章　國防現代化的腳步

第五章 從徵兵到募兵

目錄

導論

變革的歷史脈絡

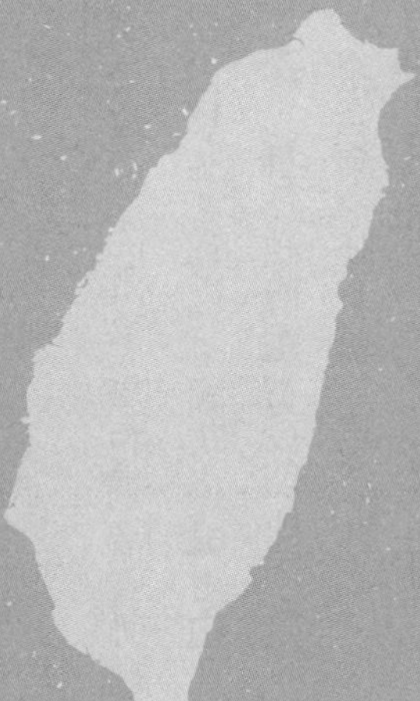

1、變革脈絡

從1981年到2014年間，我曾擔任過三次立法委員、兩屆監察委員、一屆國大代表。在30多年公職與公共服務生涯中，我關注最早、淵源最深、持續最久的一項公共事務，便是國防。

30多年來，台灣國防歷經三大變革：國防政策從反攻大陸的戰略攻勢調整爲戰略守勢；國防預算從占中央政府總預算的48%調降到只占18%～16%；國防組織更由兵力總員額約50萬減到21萬5千。這三大變革影響之大，衝擊之深，實爲政府遷台後前所未有。

這三大變革經歷過四位總統：蔣經國、李登輝、陳水扁、馬英九。

蔣經國總統是中華民國在台灣最後一位威權領袖。他擔任總統期間（1978年5月～1988年1月），台灣還處在戒嚴統治狀態，但他逝世前半年，卻先後做了兩件影響深遠的大事——解除戒嚴與開放老兵返鄉探親。另外一件同樣影響深遠的大事，也是在蔣經國主政期間完成的，這便是國防政策由戰略攻勢轉爲戰略守勢，由反攻大陸調整爲守衛台灣。

此一重大轉折的歷史節點與場域，發生在1982年3月16日，立法院院會上一次關鍵性對話，當時我以立法委員的身分，在總質詢時公開質問：「我們的國防預算……恐怕不到美國發展一個太空梭經費的六分之一到七分之一，以這樣有限的經費，我們能貫徹攻守一體的國防政策嗎？如果我們以這樣有限的經費，同時用於發展製造攻守一體的兵器，豈不正是犯了孫子兵法所說『無所不備、則無所不寡』的兵家大忌嗎？所以我們的國防政策，到底應以攻抑以守為主呢？」

面對此一質詢，時任國防部長宋長志即席答覆說：「當前我國的國防政策是精兵政策和攻守一體。在戰略指導方面，現階段是戰略守勢……就守勢戰略而言，防守台灣海峽，首先要注重防空，能制空，海軍才能制海，只要能做到制空和制海，敵人就不可能渡過台灣海峽。如果敵人冒險進犯，我們絕對不希望把戰爭帶到台灣本島，這是我們的最高戰略指導原則。」宋部長所闡述的「戰略守勢」政策，其後為蔣經國總統所確認，時間點且是在解除戒嚴之前約5年，這一「戰略守勢」政策不僅終結政府遷台以後已實施30多年的戰略攻勢政策，也開啟此後延續30多年的守勢防衛政策。

這場「問」與「答」，我問的是「眞心話」，宋部長答的是「老實話」，在戒嚴仍然當道、反攻大陸的政治招牌並未全然拆下的時代背景下，一場「眞心話」與「老實話」的歷史性對話，竟能在強人統治下，帶動國防政策的實質改變，無論如何，這眞是一段美好的記憶。

預算是政策的反應，國防政策變了，國防預算自應跟著改變，這是順理成章的事。蔣經國於1988年1月13日病逝，李登輝繼任中華民國總統。在蔣經國擔任總統後期，戒嚴尚未解除前，我於1987年3月，在立法院率先提出改變中央政府預算分配結構的新方案；

1987年5月，我代表民進黨立法院黨團，就預算分配結構的新方向，提出具體主張：

(一)國防部門占中央政府總預算的比例，由預算案的47.06%，以六年為期，每年降3%。

(二)立即規劃全民健康保險，並編入79年度預算案內實施。

(三)加強國民教育投資，積極規劃國民中、小學小班制的實施。

1988年4月，在李登輝繼任總統後約三個月，我以立法院民進黨團幹事長身分，基於「(一)政治解嚴、預算尚未解嚴；(二)違背憲法規定；(三)黨政不分、不合體制」的理由，代表民進黨團宣讀「要求退回『78年度（1989年）總預算案』行政院重編」的決議，從而引發空前的憲政風波，其影響所及，不僅使教科文預算比重於1990年（民國79年度）第一次達到憲法15%的規定，也使從此以後的國防預算占中央總預算比重逐年降低。亙李登輝總統期間（1988年1月～2000年5月），國防預算占中央總預算比重已由40%以上降至40%～30%之間，再降至30%～20%之間；陳水扁總統期間（2000年5月～2008年5月），國防預算的占比已降至20%以下，保持在18%～16%之間；馬英九總統期間（2008年5月～2016年5月），國防預算的占比，和陳水扁總統期間大致相同。

這項改變中央政府預算分配結構的新方案，是在戒嚴尚未解除前提出的，雖一度使我陷入風暴中心，飽受批評與圍剿，甚至接到子彈與「小心你的狗命」之類的威脅恐嚇，但卻為社會福利與教科文預算解開方便之門，並使國防預算獨大的局面從此淡出，開啓中央政府預算分配結構的新氣象與新生命。

當李登輝繼任總統之初，台灣才剛脫離30多年的戒嚴統治約半年，在強人政治的陰影下，一個弱勢的總統，面對一個強勢的參謀總長，令關心民主憲政者憂心忡忡，擔心引發軍人干政危機。因此，從1980年代末到1990年代初，國人，特別是在野力量對國防事務的最主要訴求，便是軍隊國家化和國防透明化。

我在第二任立委期間（1987年2月～1990年1月），在立法院最強力推動的，便是軍隊國家化。1988年11月，我提出有關軍隊國家化的六項主張；同時經由八位民進黨立委同時參加國防委員會，也使一向冷門、且經常開祕密會議的國防委員會，頓時成爲立法院最熱門的委員會，這也反應出海內外各界對軍隊國家化的熱切期待[1]。而在要求軍隊國家化的聲浪中，當時主要聚焦在參謀總長應否到立法院備詢，立法院甚至史無前例爲此而利用院會時間舉行兩天朝野辯論對話。這種背景也解釋出爲什麼當唐飛以第一位參謀總長身分，第一次列席立法院備詢時（1988年9月30日），會受到各界普遍的肯定，形容是「憲政史上頭一遭」，爲「歷史的一刻」；以及2000年總統大選，投票結果導致我國憲政史上第一次政黨輪替之際，湯曜明以參謀總長身分，在關鍵節點上，所發表的書面談話，明確表達「國軍的立場與使命」，被視爲是我國軍隊國家化邁出關鍵性實質的一步[2]。

揭開國防黑盒子最根本性的工作，便是出版定期性的國防白皮書。1989年5月，經由我與鈕先鍾[3]的共同體認與努力，由鈕先鍾主筆，以台灣研究基金會（以下簡稱台研會）[4]名義，做「應做的事」[5]，出版了全國第一本（包括官方和民間）國防白皮書[6]。台研會在〈序言〉中寫道：「在千呼萬喚之中，在期待政府主動做而政府屢次拒絕做的背景下，歷史上第一本基於我們國家本身的立場與利益，完全由國人所寫的國防白皮書終於由本會國防研究小組完成，我們的心情是喜悅的、嚴肅的、謙虛的。」鈕先鍾在〈導言〉中也寫道：「本會這次所作的是國內從未有過的創舉，所持的態度是非常嚴謹，主要目的是對國防白皮書提供一種範式，一種架構。……本會誠懇希望這本國防白皮書出版之後，能夠引起全國上下的重視，激起廣泛強大的共鳴。一方面導引有識公民對國家安全問題尋求正確的理解，另一

左為鈕先鍾，右為作者

方面促使政府改變陳腐觀念，毅然每年發布官方的國防白皮書。」

「拋磚引玉正是本會的期待」，台研會國防白皮書出版之後，僅僅兩年多，1992年1月，國防部第一本國防報告書（National Defense Report，NDR）即告出版；其後，每隔兩年，國防部即出版一本國防報告書，到2015年底，已出版13本國防報告書。更有意義的，隨著中國綜合國力的增強，全球各界也都要求其國防事務應該更加透明化，因此從2000年開始，亦即在我國防部第一本國防報告書出版8年之後，中國也第一次發表中國的國防白皮書，其後每隔2年即發表一次，到2014年，共發表8次中國的國防白皮書。所以台研會，距今28年前所發表的國防白皮書，便成爲全球華人世界的第一本國防白皮書。

隨著我所提出改變中央政府預算分配結構的衝擊與影響，國防部門預算所占比重愈來愈低，國防部已無力支撐50萬大軍的兵力結構，因此30多年來台灣國防的第三大變革，便是國防組織的變革。

這項國防組織的變革，經過三位總統：李登輝、陳水扁、馬英九。在李登輝總統主政期間，開啓十年兵力案與精實案；陳水扁總統主政期間，推動精進案第一階段與精進案第二階段；馬英九總統主政期間，繼續推動尚未完成的精進案第二階段，並另推動新的精粹案。從1993年8月的十年兵力案到2014年11月的精粹案，歷經21年之久，兵力總員額由將近50萬減爲21萬5千，這是政府遷台後空前的組織變革與裁軍。

爲了與國防組織變革相適應，並引導其發展，更需要有前瞻性、現代化的國防立法，其中最具有標竿意義，並產生深遠影響的，便是國防二法與國防六法。國防二法在李登輝總統任期結束前，於立法院三讀通過（2000年1月15日）；正式實施（2002年3月1日）則是在陳水扁總統主政期間；馬英九總統主政期間，不但繼續遵行國防二法，更於任內通過並施行國防六法（2013年1月1日）。國防二法確立了軍隊國家化、軍政軍令一元化、文人領軍、聯戰機制的精神與方向，國防六法則是在國防二法所確立的精神與方向基礎下，因應國內外環境的變化、建軍備戰的需求，所完成的法制化建構及適合國情的國防運作體系。

2、歷史連結

由於歷史的機緣，在國防三大變革的過程上，或多或少，都有我的投影。我以立法委員的身分，在國防政策的變革上，成為「把守勢作戰明朗化的推動者之一」[7]；在國防預算的變革上，則成為引導「預算解嚴」的主要推手之一[8]；而在國防組織的變革上，我以監察委員的身分所扮演的，則是一名尋求瞭解全盤變革發展的監督者。

雖然，國防部從1992年起每兩年即發表一本國防報告書（NDR），但NDR對國防組織變革的介紹，大多輕描淡寫，實不可能從NDR中了解變革的全貌，特別是過程上所遭遇的問題與挑戰，以及主事者所展現的意志與決心；加上，國防部的本質是保守的，面對立委和監委的詢問，國防部雖會據實以告，卻不可能主動提供立委和監委詢問範圍以外的資料；而組織變革的關鍵推動者，國防二法之前為參謀總長，國防二法之後為國防部長，他們都是國軍高級將領，都有深厚的素養，更不可能輕易對外談論其所職掌或推動的變革；因此，當我進入監察院，準備有系統了解已進行多年的國防組織變革時，我所遭遇到的情況是：資料太少了，幾乎是一片空白，我等於要從零開始。也就是說，我必須要先當一名探索者或發現者，先要探索變革的過程，了解事實與眞相，並要不偏不倚傾聽，且要包容兼聽，掃除迷霧，然後才有可能客觀地發現到問題，進而掌握住問題，提出調查意見，當一名有效的監督者。

這就是我在監察院所進行國防系列專案調查的工作模式，但如何走出第一步呢？從立法院到監察院，我的從政生涯已經歷10多年，所累積的問政紀錄和公共形象，對於10多年後，當我在監察院以一名先行的探索者，想要對退休高級將領進行訪談時，實助益不少。劉和謙總長開風氣之先，並突破了無形禁忌，因此從十年兵力案——精實案起，隨著國防系列專案調查的需要，我所訪談過的總長和部長，從宋長志以降，一直到嚴明為止，除過世者以外，歷任部長與總長均包括在內；而受邀參加各調查案件諮詢會的退休將領及專家學者則更多。這是監察院監委行使監察權有史以來前所未見的紀錄[9]，這些訪談內容和諮詢會發言內容，也構成本書的一大特色。

這種工作模式，在剛開始時，處於摸索階段，整個團隊的工作態度不僅謹慎謙虛，更鄭重其事，以精實案為例，工作團隊的全部工時高達將近一千個小時；當這種工作模式趨向常態化，甚至走向標準化時，不但工作效率提升，受訪者反應積極，相關單位尊重之情溢於言表，也將監察委員的監督角色，做到有如西方最早設置國會監察使的瑞典，其首席監察使Claes Eklundh於2001年1月9日在監察院院會演講所說的：「監察使（Ombudsman）最重要的工具，是對各機關與公務員行為作出重大的裁決權……因此，監察使工作的主要目的，並不是在懲處失職的公務員，而是改進公共行政與司法行政的品質。這一教誨性角色其實比強制性角色更為重要，其觀念在於監察使應防止違法失職的情事發生。」或防止違法失職的情勢進一步惡化[10]。

我在國防系列專案調查所努力呈現的，也正如Claes Eklundh所說，並不僅僅在於「防止違法失職的情事發生」，而是要「改進公共行政的品質」。在精實案的調查，讓四位前後任參謀總長都共同接受十年兵力案與精實案的連續性與精神連結性；在有關國防二法的兩度調查，讓國防部一直迴避的國防部長代理順位，終不能不面對而予以明確化；在有關募兵案的兩度調查，國防部決定刪去「全募兵制」一詞，並接受定期評估與滾動式檢討的觀念，才會勇於提出募兵制完成期程延後兩年的決定；而在有關眷村文化保存的調查，則建議為增進無形精神戰力，呈現文化大熔爐的格局與氣象，應在13個文化保存園區之外，規劃籌設國家級眷村博物館；諸如這些調查意見的匯集，體現了一個共同精神——提升或「改進公共行政品質」。

嚴格而論，從徵兵走向募兵，並非國防組織變革之初的預期，但隨著義務兵役期縮短至一年（2008年1月1日起），加上現代先進武器的專業要求，以及更重要的，募兵已成為兩大政黨總統候選人競選的主要訴求之一，從徵兵走向募兵乃成必然之勢。陳水扁總統執政期間，代表從徵兵到募兵的「量變」，馬英九總統執政期間，代表從徵兵到募兵的「質變」；但由於募兵是對行之多年兵役制度的根本翻轉，且不容易再回頭，因此，在推動過程上，引發不少退役老將的憂慮，甚至「看衰」，國防部在行政院支持下，雖然用盡力氣，提供誘因，完善各項配套措施，但完成期程仍不免要展延兩年；而當募兵時刻即將到來時，我所關切的一個嚴肅課題即將浮現——募兵並非純為募兵而募兵，而是要在21世紀新的軍事事務革新趨勢下，為了確保國家的生存與安全，建立一支量少、質精、小而強、小而巧的專業化、現代化的精銳部隊。一個大哉問：募兵時刻能同時達成量與質這樣的目標嗎？

隨著國防組織變革的進行，裁軍的結果，單位減少了，兵員減少了，原本軍方列管或使用的營區（地），不少便處於閒置狀態，甚至荒廢狀態，到21世紀初，國防部乃呈現出一面裁軍進行中、一面所列管土地也鬆綁進行中的平行現象。這種平行現象是第一次政黨輪替的陳水扁政府所確立，也爲第二次政黨輪替的馬英九政府所延續。

20世紀90年代初，在第三任立委期間，有關軍民土地糾紛，我協調處理的大約有20餘件，平均約兩個月處理1件，這在以前幾乎是不可想像的破天荒紀錄。由於軍方的權威與僵硬，經由我的努力與累積，我因而成爲40多年來代表民意從軍方手中找回最多民間「失地」的立委[11]。21世紀初，隨著裁軍進行中，國防部以前所未有的主動態度，配合政府政策，也全面性的鬆綁進行中，這些年實是國防部有史以來系統性釋出最多閒置營區（地）的階段，也是解除或縮減紅線區禁、限建範圍最多的階段。但軍方鬆綁所釋出的土地，均屬國家資源，本是爲配合國家建設、地方發展與人民需求而釋出，需地機關自應以珍惜的態度，秉持符合公平正義原則，將釋出的土地發揮最大效益，而有助於增進人民的福祉以及國家的長治久安。如果需地機關華而不實，有違公平正義原則，或基於選舉考量，潛存規劃說服力不足，甚至借助民粹，強索軍地，「挑戰統帥權」，此際的國防部，我認爲固應配合政府政策，善盡職責，成爲國家發展的正能量，但也應嚴守有理、有節、有尊嚴的原則，守住最後的馬奇諾防線，不能爲已經失衡的都市計畫「添亂」而成爲負能量[12]。

在30多年國防大變革的最底層，一直有一群訴說著悲愴故事的老兵，不管是大陸老兵或台籍老兵，他們都是大時代中的沙粒，在大洪流中被捲進去、被沖著走。幾十年來，他們爲政治所隔離，大多無妻無子，孑然一身，從醬油和鹽巴的故事，可看出他們都是一群看不見未來的羔羊，向前看，茫茫大海；向後看，人山人海；垂垂老矣的他們，是大動盪時代的見證者、犧牲者，他們是道道地地訴說著大時代悲愴的老兵。

有幸也有緣的是，在我公職旅程上能與這群悲愴的老兵產生連結。還在戒嚴的背景與時刻，我提出全國第一張讓老兵回家的政治主張；我也是第一位在立法院提出每位立委捐一日所得，協助老兵返鄉探親的委員；並在台灣各地發起一人一元協助老兵返鄉探親的運動。當在台灣的大陸老兵得以回家，在大陸的台籍老兵也想回家，我在台籍老兵最需要關心的時刻，一直與他們同行，我爲他們舉辦空前的公聽會，帶他們回家（國防部），陪他們走上街頭抗議，也爲他們安排忠烈祠祭典。我常想，能爲這些在經濟上貧無立錐、精神上只能行走於荒原、身分認同上是社會邊緣人的台籍老兵，在人生的最後歲月，略盡棉薄，讓他們感受到最基本的人間溫暖，或許是我長期關心台灣史所結的緣分吧。

1 請參閱本書第四章〈國防現代化的腳步〉。

2 請參閱本書第四章〈國防現代化的腳步〉。

3 鈕先鍾（1913－2004），爲我國知名戰略學者。終其一生嚴謹的貫徹「三書主義」：讀書、寫書、教書。其譯著92本，個人著作27本；共計119本，4千多萬字，堪稱著作等身，被譽爲「蔣百里之後第一人」。鈕先鍾曾與台灣研究基金會合作，撰寫華人世界第一本「國防白皮書」。其代表性著作《大戰略漫談》、《中國戰略思想史》、《西方戰略思想史》、《孫子三論》等書，對於戰略學研究影響甚深。

4 台灣研究基金會（簡稱：台研會）是由創辦人黃煌雄於1988年3月創立。創會之初正值台灣解嚴，台研會以「致力終結威權時期的體制與法令」、「積極規劃民主常態時期的體制與法令」爲宗旨，出版《國防白皮書》、《壟斷與剝削：威權主義的政治經濟分析》二書。台研會從哈佛到LSE的「世界體驗」，更爲台研會立下日後的發展目標：參酌「英國費邊社」懷抱社會改革的理想，並創辦「倫敦政經學院」的實踐模式；台研會視創辦「台灣政經學院」（TSE: Taiwan School of Economics and Political Science）爲台研會未來追求的夢想。（關於台研會相關介紹，可參見台研會網站：http//: www.trfund.com.tw）

5 由於當時的政治環境，台研會出版的《國防白皮書》，鈕先鍾並未正式署名，著者爲「台研會國防研究小組」；在當時，這項決定完全是基於對鈕先鍾的尊重與要求。4年後，1993年，鈕先鍾過八十大壽，他在接受聯合晚報訪問時，對外表示：「這本書《國防白皮書》的組織架構是我指導的，書中思想也受我影響，有了骨架，血肉由黃煌雄負責。」這是鈕先鍾第一次公開揭露《國防白皮書》的寫作實情，從此以後，我在各種場合，包括演講和訪談，都公開表示這本《國防白皮書》的實際執筆者即爲鈕先鍾。2002年，湯曜明部長和我一起爲鈕先鍾九十歲生日祝壽，鈕先鍾在談及這本《國防白皮書》時，仍然感覺是做了「應做的事」。

6 本書出版前，時任立法委員的黃煌雄曾於1989年4月6日，在立法院國防委員會第八十三期第六次全體委員會，向當時的國防部長鄭爲元質詢：「國防部是否可每年發表國防白皮書？若是國防部一直不肯公布而由民間團體經世界其他各國之正常管道取得資料下發表國防白皮書，國防部會有什麼反應？或持什麼態度？」鄭部長於答覆時表示：「……對此只要不影響國家安全機密的，我們當然不會干涉。」（載於立法院公報第七十八卷　第五十八期）本於國防部不做，民間來做的精神，台研會國防研究小組與鈕先鍾共同合作，完成了這本華人世界第一本的《國防白皮書》。

7 請參閱本書第一章〈國防政策的變革〉。

8 請參閱本書第二章〈國防預算的變革〉。

9 請參閱【附錄一】：「國防部歷任部長任期一覽表」、「國防部歷任總長任期一覽表」；【附錄二】：「各調查案件受邀參加諮詢會議及接受訪談與約詢人員」。

10 請參閱《腳步——黃煌雄監委工作紀實（1999～2005）》一書。

11 請參閱本書第六章〈國防的鬆綁〉。

12 請參閱本書第六章〈國防的鬆綁〉。

第一章

國防政策的變革

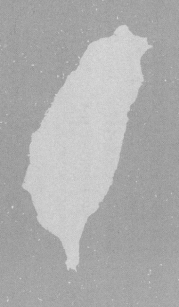

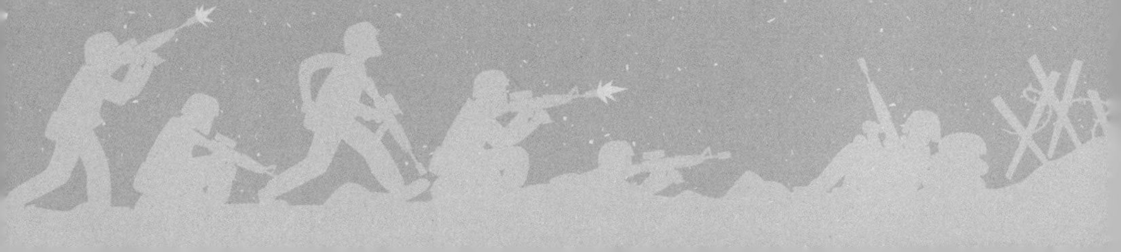

1、國家戰略與國防政策

鈕先鍾在1975年出版《國家戰略概論》，1977年出版《大戰略漫談》，這兩本戰略導讀的書均強調國家戰略的基本定義和制定程序。任何一個國家均先有一套國家利益（National Interest），再據以制定國家目標（National Objective），根據國家目標再制定國家政策（National Policy），最後才根據國家政策制定國家戰略（National Strategy）。

這種國家戰略，也就是英國戰略學家李德哈特（B. H. Liddell Hart）所說的大戰略（Grand Strategy），法國戰略學家薄富爾（Andre Beaufre）所說的總體戰略（Total Strategy）。依鈕先鍾1998年出版的《戰略研究入門》所述，本來戰略一詞是軍事用語，李德哈特稱為純（Pure）戰略，亦即在戰略中所使用的軍事手段（工具），故通稱為軍事戰略，這是傳統的戰略觀。但大戰略觀念的出現，改變傳統戰略觀。大戰略認為在（軍事）戰略之上還有較高級的（國家）戰略，美國參謀首長聯席會議在二次戰後，於1953年為國家戰略作了如下的定義：「在平時和戰時，發展和使用國家的政治、經濟、心理權力，連同其武裝部隊，以確實達到國家目標的藝術和科學。」1979年，美國國防部對國家戰略又作了比較簡明的界定：「在平時和戰時，發展和應用政治、經濟、心理、軍事權力以達到國家目標的藝術和科學。」

基於這種理解，鈕先鍾在台研會出版的國防白皮書，乃稱由於大戰略（或國家戰略、總體戰略）所涵蓋的範圍並非僅限於軍事，除軍事戰略以外，也包括其他不同的非軍事戰略，例如政治、經濟、心理、技術等，這樣就可以構成一個完整的戰略體系，有如圖1-1所示：

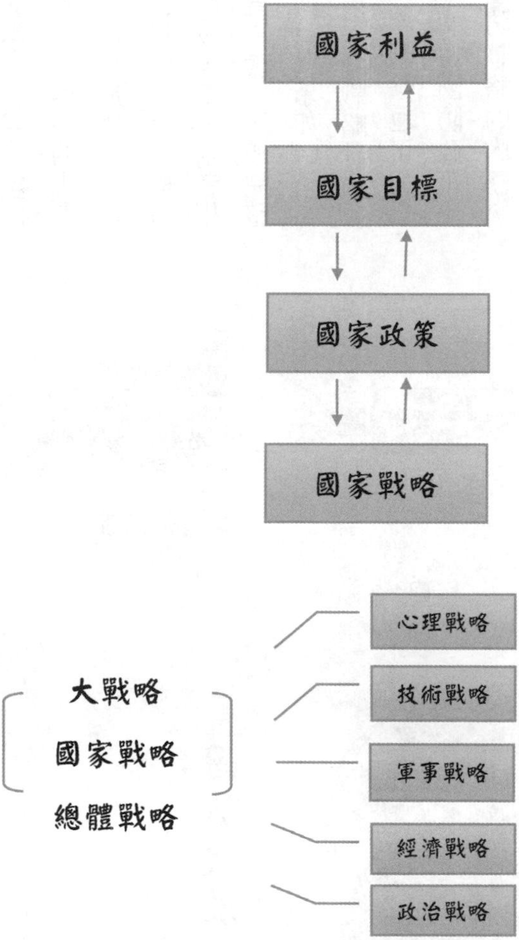

圖 1-1

國家安全是廣義的國防，國防則爲狹義的國家安全。所以國家安全政策與國防政策雖關係密切，卻代表不同的層次，在制定過程上也有先後的差異，而負責制定工作的機構也有所不同。概括地說，國家安全政策可分爲三大方面，即外交、軍事、經濟，圖解如1-2。

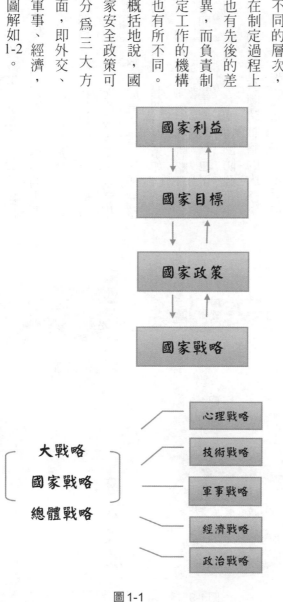

國防政策（National Defense Policy）爲國家安全政策中的主要部分，由國防部負責制定執行。國防部負責制定和執行的計畫，概可分爲戰略計畫與施政計畫，兩者相輔相成，整合成爲一體，構成完整的國防政策，其關係圖示如1-3：

國防政策所內涵的戰略計畫，亦即國防部的軍事戰略也可稱爲國防戰略，本章使用國防政策一詞，均包含有國防戰略的內涵。1996年版的國防報告書也表現出相同的理解與邏輯（附表一）。

2002年版的國防報告書，也有類似的體系圖，內容幾乎相同，但名稱改爲「我國國家安全戰略體系圖」（附表二）。

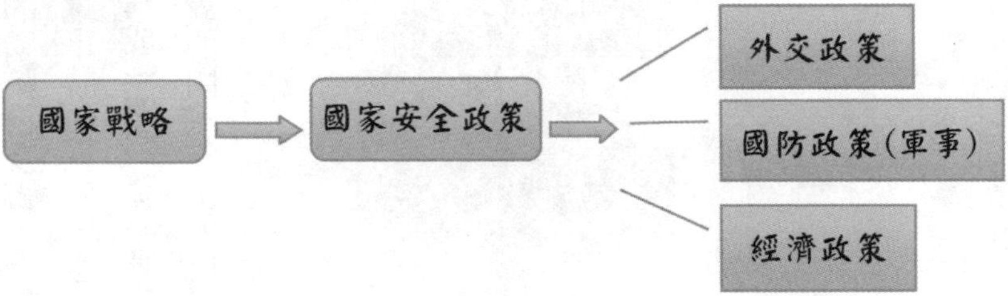

圖1-2

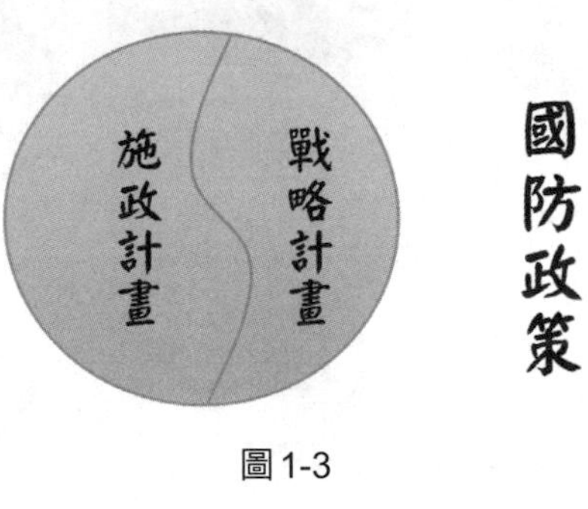

圖1-3

附表一　　　國軍軍事戰略計畫體系

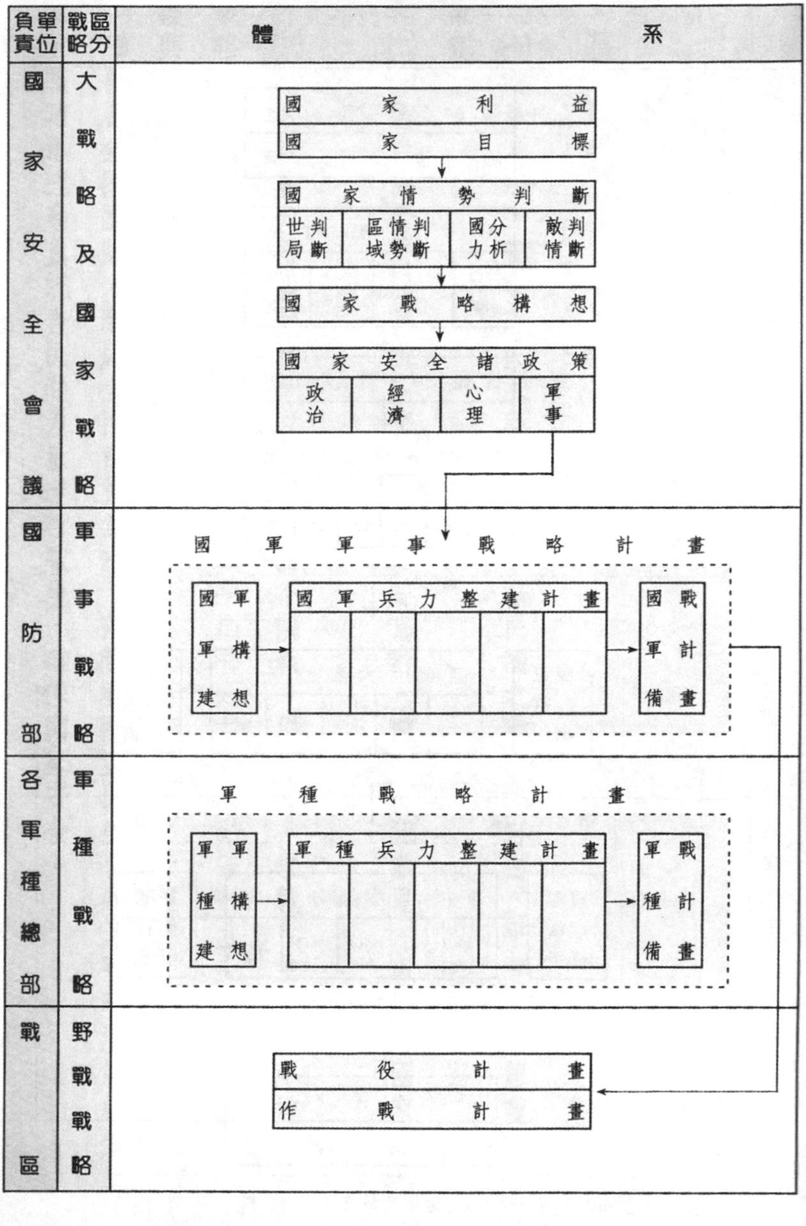
負單責位
戰區略分
體　系
國家安全會議
大戰略及國家戰略
國家利益
國家目標
國家情勢判斷
世局判斷
區域情勢判斷
國力分析
敵情判斷
國家戰略構想
國家安全諸政策
政治
經濟
心理
軍事
國防部
軍事戰略
國軍軍事戰略計畫
國軍軍構建想
國軍兵力整建計畫
國軍戰備計畫
各軍種總部
軍種戰略
軍種戰略計畫
軍種軍構建想
軍種兵力整建計畫
軍種戰備計畫
戰區
野戰戰略
戰役計畫
作戰計畫

附表二　　　　　　我國國家安全戰略體系圖

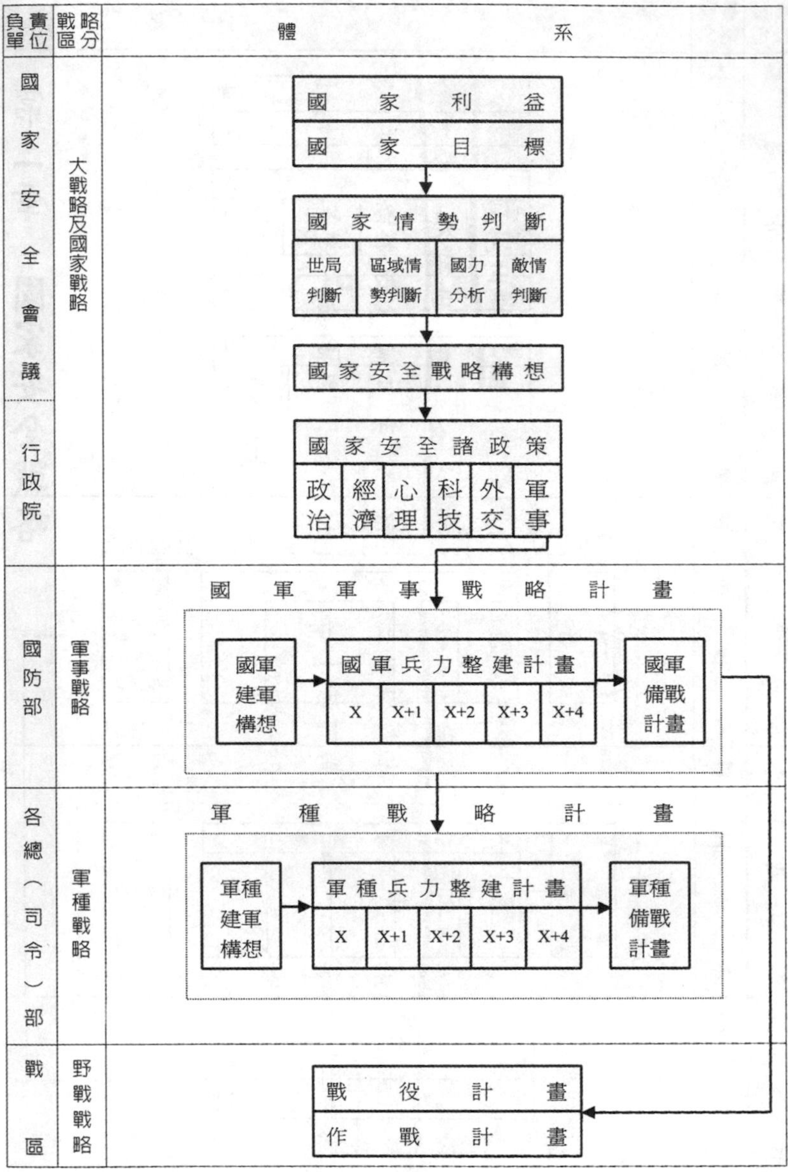

註：兵力整建計畫涵蓋五年，X代表當年度計畫。

2、國防政策的演變

自蔣中正所領導的中華民國政府於1949年底撤退至台灣以後，迄今已60多年，國防政策（或國防戰略）經歷兩大階段與兩大變革：第一階段爲戰略攻勢，第二階段爲戰略守勢；而在戰略攻勢與戰略守勢之間，經過攻守一體的過渡時期；戰略守勢又分爲從「防衛固守、有效嚇阻」到「有效嚇阻、防衛固守」以及由「有效嚇阻、防衛固守」回復到「防衛固守、有效嚇阻」兩個時期。

一次關鍵對話

1982年3月16日，我在第一任立委（1981年2月至1984年1月）的第三次院會總質詢，從「預算和兵學的觀點」，要求行政院對國防政策做清楚的說明，我單刀直入問到：

（由左至右依序為郝柏村總長、宋長志部長、蔣經國總統。
圖片出自《精粹國防，傳承創新——國防部遞嬗與沿革》）

本席曾認眞研讀最近五年行政院送給本院的施政方針，有關國防政策，一再強調精兵主義，強調攻守一體，但精兵主義實行的情形如何？特別是攻守一體的政策，以我們目前有限的資源，做得到嗎？美國發展一個太空梭，需要約100億美金，比我們71年度或72年度中央政府總預算還要多，我們的國防預算在總預算中占不到半數，其中還包括相當比例的經常費用，其餘用於發展製造攻守一體兵器的費用，恐怕不到美國發展一個太空梭經費的六分之一到七分之一。以這樣有限的經費，我們能貫徹攻守一體的國防政策嗎？如果我們以這樣有限的經費，同時用於發展製造攻守一體的兵器，豈不正是犯了孫子兵法所說「無所不備、則無所不寡」的兵家大忌嗎？所以我們的國防政策，到底應以攻抑以守爲主呢？根據憲法第六十三條規定，對於「宣戰案及國家其他重要事項之權」享有議決權的立法院，對此有過討論嗎？本席以一位審查71年度國防部預算發言最多的委員表示，立法院幾乎沒有討論過國防政策，立法院只有審查有關國防部的人民請願案。當我們的國家已愈來愈表現出資源的有限時，占中央政府總預算比重最大，而又關係全國安危的國防政策，是不是應該經過討論呢？我們能討論嗎？

當時的國防部長宋長志即席答覆說：

主席、各位委員。當前我國的國防政策是精兵政策和攻守一體。在戰略指導方面，現階段是戰略守勢，由當前國際局勢和革命情勢來看，我們今天要先求生存，先求立於不敗之地，將來我們才有希望，才能求發展，才能達到光復大陸的目的。

就戰略守勢而言，台灣海峽是最有力的天然地障，我們只要能控制台灣海峽，敵人就不可能跨過海峽到我們臺澎基地上。就守勢戰略而言，防守台灣海峽，首先要注重防空，能制空，海軍才能制海，只要做到制空和制海，敵人就不可能渡過台灣海峽。如果敵人冒險進犯，我們絕對不希望把戰爭帶到台灣本島，這是我們的最高戰略指導原則。今天我們的守就是爲了將來的攻，今天我們的防衛是爲了求生存，今天能生存，明天才有希望，進一步才能求勝利求成功。但在戰略守勢中不能忘記我們光復大陸的基本國策和目標，在戰略守勢態勢下隨時也要做攻勢的準備。

至於採精兵主義，因爲復興基地台澎金馬資源有限、人力有限，今天的五十萬大軍就國家資源而言，負擔已極爲沉重，所以必須採精兵主義。爲了求生存，爲了防衛自己，所以不得不維持最低的兵力。……精兵主義就是人員編組要精、部隊的教育訓練要精和武器裝備要精，希望能以火力代替人力，並以質勝量。

由於台灣的資源有限，政府一方面要使部隊精壯，一方面又要致力經濟建設，改善人民生活，所以我們不希望國防預算用掉國家太多的預算，所以我們編預算時相當克制。國防預算大約占國民生產毛額的百分之八點五至百分之九，由於過去幾年的經驗告訴我們，國防經費占國民生產毛額的百分之八點五至百分之九，還可以維持經濟的繼續成長，坦率的說，我們的需要遠比這個多，每年和行政院主計處編製預算時都要削減百分之十至百分之十五左右。這當然會影響我們一點戰力，但也必須顧及國家的財力負擔和同胞的福祉。

這是政府到台灣來以後，第一位國防部長在國會殿堂上，第一次公開宣稱我國的國防政策，現階段已採取「戰略守勢」。由於，當時的政治氣氛長期處在「一年準備，二年反攻，三年掃蕩，五年成功」的宣傳口號之中，這種「戰略守勢」的說法，不僅令人驚訝，也令人擔心。時任行政院院長孫運璿，便在這種顧慮下，藉著立法委員質詢的機會在立法院答覆說，我國現階段的國防政策，在軍事上雖然採守勢，但在政治上卻採攻勢，此即所謂攻守一體。這項戰略守勢的說法，一直到一年以後（1983年5月16日），蔣經國總統接受西德《明鏡週刊》訪問原則上加以確認後才正式確立。

大約20年後，2001年3月14日，我以監察委員的身分，就國防政策總體檢調查案訪談歷任國防部長與參謀總長，宋部長在談及當年的答覆時表示：事先「和（孫）院長並沒有討論，和（蔣）總統也沒有正式討論」；對於當時「提出戰略守勢有沒有覺得訝異」，則平淡的表示：「我沒有覺得訝異，我是講老實話，就當時實際情形分析所得的結論。」

宋部長在訪談時甚至表示，他於1976年擔任參謀總長時，就曾在國防部內部會議講過「戰略守勢」的說法，當時「蔣（經國）院長同意這個說法，後來蔣院長當總統也支持這個說法」，但由於並沒有正式文獻紀錄，1982年在立法院的公開對話，便成為我國國防政策由戰略攻勢轉為戰略守勢的關鍵節點，也因此當過海軍副總司令、中科院院長、也是劉和謙總長推動十年兵力案的關鍵工作者之一的沈方枰次長，才會形容我「是把守勢作戰明朗化的推動者之一」。

我在「國防政策總體檢案」訪談過的參謀總長與國防部長共有十位[1]，他們對政府遷台以後，國防政策從戰略攻勢、攻守一體轉為戰略守勢的看法，基本上是一致；蔣仲苓部長特別強調，他在部長任內，於1995年將國防戰略由「守勢防衛」調整為「防衛固守、有效嚇阻」；湯曜明是國防二法正式實施前最後一位具有實權的參謀總長，也是國防二法正式實施後第一位具有實權的國防部長，他在部長任內，將國防戰略由「防衛固守、有效嚇阻」調整為

「有效嚇阻、防衛固守」。

蔣仲苓部長將「守勢防衛」調整爲「防衛固守、有效嚇阻」，其所持立論是「總體來講，我們是守勢作戰，我們不會主動去打別人……反攻大陸已是過去的事，而有效嚇阻是指我們有力量擺在這裡，讓敵人打我們時要先考量」；「期能以固守之堅定決心與堅強戰力，嚇阻中共軍事冒險，確保國家安全」。

湯曜明總長將「防衛固守、有效嚇阻」調整爲「有效嚇阻、防衛固守」，其所持論述是：「國軍經精實案後，兵力結構日益精實，且隨新一代武器裝備陸續成軍擔負戰備，戰力大幅提升，已可獲致一定程度嚇阻效果，爲轉被動爲主動之戰略態勢，遂將戰略構想調整爲有效嚇阻、防衛固守。」

演變的三階段

國防部的國防報告書，從1992年起至2015年止，共出版13本，經歷過三位總統，李登輝總統任內出版四本，陳水扁總統任內出版五本，馬英九總統任內出版四本，其中2006年出版的國防報告書，相較於其他12本國防報告書，將國軍的軍事戰略劃分爲四個時期，並分別做了扼要的說明，其所持論述是：

◎攻勢作戰

一、「攻勢作戰」時期（民國38至58年）

國軍隨政府播遷來台後，因當時政府之軍事指導，仍然是希望在經過整軍經武的準備後，能建立我們反攻大陸的軍事能力，所以，以攻勢作戰的「創機反攻大陸」爲作戰用兵指導，各項軍事整建就是以反攻大陸軍事需求爲著眼，建立兩棲登陸作戰及海、空軍攻勢能力。

攻勢戰略，或叫反攻大陸，或叫創機反攻，或叫待機反攻。最能凸顯國軍的攻勢戰略，可從早期「國防部年鑑」的文獻中印證。1950年「國防部年鑑」第三篇作戰第一章作戰計畫中之乙節「大陸游擊」載有：「當前國軍作戰總方針，爲『確保台灣與準備反攻大陸』；易言之，即以保衛台灣爲手段，而達成光復大陸之目的。」1952年之「國防部年鑑」，進一步將「大陸游擊」列爲專章（第七章）；1953年，「國防部年鑑」更將「大陸游擊」修改列爲專篇（第四編）；可見爲達成創機反攻之目的，國軍作戰方針對大陸游擊之重視。創機反攻時期國軍作戰方針之具體作爲，係以「穩定前線、控制海峽、加強戰備、待機反攻」爲重點，並以「海、空軍控制海峽，台澎爲主陣地，金馬爲第一線陣地，加大防衛縱深」爲指導方針，並積極從事反攻大陸的準備。1966年3月1日，蔣中正總統核定修改軍事政策爲「鞏固復興基地，導發匪區抗暴，控制台灣海峽，加強軍事戰備，及時反攻大陸」，同年4月2日令頒實施，以「反攻大陸」爲基本國策，積極整備戰力，創機反攻大陸。

在此一階段中，美國的軍援對我國防政策有著重要影響。依國防部1951年至1955年度軍援軍協報告書所載，美國對我國的軍援係自1951年度開始，援助地區僅限於台灣澎湖本島，受援單位又僅限於美方同意的單位，因此駐防金門、馬祖、大陳等外島及台澎之若干部隊，均未列入援助範圍。由於美國的軍援政策，僅限於防禦性質，對於我國此階段的攻勢戰略產生了壓抑作用。唐飛部長在訪談時即表示：「在七十年代以前，投資門預算和作業維持預算都依賴美國的軍援，在這種情況下，不符合美國政策的事自然也對我們有很多限制，美國政府知道我們企圖攻勢作戰，他們也知道只要控制投資部門預算和作業維持預算，我們就沒有能力實踐攻勢作戰。」

◎攻守一體

二、「攻守一體」時期（民國58至68年）

民國60年因中共在聯合國篡奪我合法地位，國軍即因應海峽兩岸形勢的變化，調整建軍備戰方向由「以攻爲主」修正爲「以防爲主」，對防衛部署的需求，逐年加重建軍比重。

◎守勢防衛

三、「守勢防衛」時期（民國68至91年）

民國68年1月美與我斷交並與中共建交，因應國家情勢及國際環境等轉變，國家建設以「建立復興基地」爲目標，全力推動經濟建設，提升國民生活條件，國軍再調整爲「守勢防衛」，並依國軍建軍期程，以整體發展陸、海、空三軍之均衡戰力爲目標，依序以制空、制海、反登陸作戰戰力之整建爲要項，必能有效遂行戰略持久、戰術速決，達成建軍備戰的目標。

・防衛固守、有效嚇阻

自民國84年起，國軍在建軍備戰上，已具備基礎戰力，能有效遂行防衛作戰任務，國軍戰略構想調整爲「防衛固守，有效嚇阻」，以因應未來台海戰爭型態，籌建有效嚇阻戰力，達成快速反應能力，國軍以「精、小、強」爲整建方針，制空以戰管自動化、防空整體化爲目標；制海以艦艇武器飛彈化、指揮管制自動化、反潛作戰立體化爲目標；反登陸則以裝甲化、立體化、電子化、自動化爲目標。

·有效嚇阻、防衛固守

四、「積極防衛」時期（民國91年迄今）

民國91年將建軍政策化被動為主動，依「全民總體防衛」政策，調整「防衛固守、有效嚇阻」戰略構想為「有效嚇阻、防衛固守」之「積極防衛」。「有效嚇阻係建立具備嚇阻效果的防衛戰力，並積極研發、籌建遠距縱深精準打擊戰力，俾能有效瓦解或遲滯敵攻勢的兵火力，使敵在理性的戰損評估下，放棄任何採取軍事行動的企圖；並以全民總體防衛力量及三軍聯合戰力，堅決實施國土防衛，以達成拒敵、退敵與殲敵的目標。本階段以測定「科技先導、資電優勢、聯合截擊、國土防衛」建軍指導，以「戰略持久、戰術速決」用兵指導，規劃三軍聯合作戰之戰力整建。

隨著國內外情勢的演變，1982年3月16日，宋長志部長在立法院所講的「老實話」，將實行已有30多年的攻勢戰略正式畫下了休止符。取而代之，是一種守勢戰略。

就守勢戰略而言，依宋部長的說法，「首先要注重防空，能制空，海軍才能制海，只要做到制空和制海，敵人就不可能渡過台灣海峽。如果敵人冒險進犯，我們絕對不希望把戰爭帶到台灣本島，這是我們的最高戰略指導原則。」為了確保制空與制海，空軍與海軍才開始推動政府遷台以後最大的二代戰機與二代戰艦的更新計畫，空軍自製的IDF、外購的幻象二千、

F－16戰機，以及海軍外購的拉法葉、自製的成功艦，都在這樣的背景下先後成軍；陸軍也大約同時更換新型坦克戰車；中科院也發展出雄二飛彈；這些武器裝備的更新、獲得與發展，都使國軍的現代化走上一個新的台階。也正是因爲握有這些新型戰機與戰艦，國防部才敢於將「守勢防衛」之「有效嚇阻」放在「防衛固守」之前。

・防衛固守、有效嚇阻

馬英九執政以後，由於兩岸逐步發展出「60餘年來最和平穩定的狀態」，加上兩岸軍事實力差距拉大的客觀現實，在國防戰略上，乃將陳水扁政府時期的「有效嚇阻、防衛固守」調整爲「防衛固守、有效嚇阻」。馬政府任內的兩本四年期國防總檢討（Quadrennial Defense Review，QDR, 2009及2013年）以及四本ＮＤＲ（2009、2011、2013、2015年），都反應出這種軍事思維，並幾乎以相同的文字延續完全相同的軍事戰略構想，其論述主旨爲：

> 國軍考量周邊安全環境及敵我戰略態勢發展，依國防戰略指導，以「防衛固守、有效嚇阻」爲軍事戰略構想，採守勢防衛，絕不輕啟戰端。惟當敵人執意進犯，戰爭不可避免時，國軍將統合三軍聯合戰力，結合全民總體防衛戰力，遂行國土防衛作戰，以維護我領土主權，確保國家安全。爲貫徹「防衛固守、有效嚇阻」之軍事戰略構想，國軍須有效執行以下任務：

（一）防衛固守以確保國家整體安全
（二）有效嚇阻以消弭敵人進犯意圖
（三）反制封鎖以維護海空交通命脈
（四）聯合截擊以阻滯敵人接近本土
（五）地面防衛以不讓敵人登陸立足

為了確保「防衛固守」之具有「嚇阻」效果，國防部經由戰略思辨，在「基本戰力」之外，發展一種新的「創新／不對稱」戰力，以支撐「守勢防衛」之要求，達到「不讓敵人登陸立足」之目標。

2013年的QDR，在第二章國防政策與戰略指導、第一節國防政策、壹：建構可恃戰力，首次提到「採創新／不對稱思維」，提升聯合作戰效能；而在2013年的NDR第二篇國防方略、第一節國防政策、一：建構可恃戰力，也提到「採創新／不對稱思維」，提升聯合作戰效能；第二節國防戰略、二：國土防衛、（一）打造精銳國軍、（二）整建高效聯合戰力、（三）籌獲現代化武器，提到：秉「維持基本戰力、重點發展不對稱戰力」之方針。

2015年的NDR，在第二篇國防政策、第三章國防策略、第一節國防政策主軸、一：建構可恃戰力，提到：發展「創新／不對稱戰力」……以組建優質戰力；第二節國防戰略目標、一：預防戰爭、（一）落實防衛作戰準備，提到：建立「創新／不對稱」戰力，發揮以小博大之作戰效益；第三節軍事戰略構想、一：軍事戰略任務、（二）有效嚇阻、持續加強可恃戰力，也提到：結合與運用「創新／不對稱」之戰術戰法，集注戰力於敵軍關鍵要害，發揮武器最大效能，使敵考量戰爭成本與風險，不致貿然採取軍事行動；二、未來防衛作戰需求……（五）「創新／不對稱」作戰，提到：「因應兩岸軍力差距日益擴大的現實，發展創新／不對稱作戰概念，靈活運用正規與非正規戰術、戰法，攻擊敵弱點及關鍵要害，從而改變戰爭的結果，使戰爭朝向有利己方的方向發展；三、建軍規畫目標……置重點於「基本戰力」、「『創新／不對稱』戰力」、「戰力保存」……（一）基本戰力：建立三軍聯合作戰基本戰力，提升聯合作戰效能，嚇阻敵進犯意圖；（二）「創新／不對稱」戰力：整建「創新／不對稱」戰力，平時隱而不顯，戰時發揮作戰效益，攻擊敵弱點要害，藉以阻滯破壞或癱瘓敵作戰節奏與能力，創造局部優勢，進而發揮三軍最大戰力，達成以小搏大、以弱擊強之目的。第四章國防施政、第一節精實兵力整建……（二）兵力整建重點：1.基本戰力：籌購柴電潛艦、高效能作戰艦（艇）、新型通用直升機、艦載多功能直升機及具備匿蹤、遠程、視距外作戰能力之先進戰機等武器裝備。2.創新／不對稱戰力：整建空投式水雷及強化布雷戰力；另重點發展精準打擊武器、無人飛行系統（UAS）與電子偵蒐反制系統等。3.戰力保存。

＊「創新／不對稱」

針對這種「創新／不對稱」戰力，霍守業總長在幾度訪談中，有著精彩的論述，但基於對體制的尊重，經與霍總長深入互動後，謹以濃縮的方式概括表達其理念。

現在的兩岸情勢，已經不能再談制空和制海，……（這）是強者的語言，現在的中共已不是以前的中共，其三軍戰力已經是優勢，且質跟量還在不斷精進，而整個國家能量也沒辦法相比；在這種狀況下，「制空、制海、反登陸」這套思維已經不行了，這樣的理念已不切實際了。

這樣敵大我小、敵強我弱的涵義，台灣要如何面對決戰，如何打贏戰爭，勝戰的定義為何……孫權打敗曹操不是消滅所有曹操部隊或消滅曹魏，只是遏止來犯。把勝戰定義爲：中共未來來犯時，我

右為霍守業總長，左為作者

國能夠阻止就是戰勝。我們成功就是使其犯台失敗。如何定義其失敗，定義為中共無法占領台灣，挫敗其犯台行動。

未來三軍的作戰，縮小戰爭面是戰略層面，但用什麼東西打就是戰術、戰技層面。未來戰力部分：一個是基本戰力，三軍要有一定規模，這是國力、主權的展現。第二部分就是決勝的戰力，即共軍犯台我們可以打勝仗的關鍵戰力。第三部分就是配套的戰力。嚇阻應有兩個意思，直接涵義是：我具有某種讓你害怕的力量（攻勢性嚇阻）；第二種涵義是：我們的防衛力量讓戰爭變得困難（防衛性嚇阻）。（這）三方面的戰力，基本戰力、決勝戰力、及配套戰力，要均衡發展，未來的建軍概念，要先體認我們無法跟敵人做軍備競賽；所以第一要用巧力取代蠻力；第二縮小打擊取代全面對抗；第三用擊敵弱點取代三軍正面作戰；第四以火力取代兵力；第五以高效戰力取代傳統戰力。

「聯合防空、聯合截擊、國土防衛」政策，在新的條件背景下，必須要有新的選擇。我們的戰力思維，作戰模式必須要做一番徹底調整，也就是戰力轉型。就防衛作戰來講，未來三軍主戰兵力恐怕發揮作用的機會都不大，以英阿福克蘭戰役為例，阿根廷在武器裝備性能較差及情報不利等情況下，表現得還不錯，打沉了英國一般巡洋艦雪菲爾號；但這於整個戰事無補，最後阿根廷海、空軍全軍覆沒，英國人從容登陸；6000人登陸後，島就奪下來了。那6000人是怎麼去的呢，是搭伊莉莎白號郵輪去的。所以伊莉莎白號上面的兩棲部隊才是最後奪島的關鍵！此例可做為台灣防衛作戰的借鏡。

在整個台澎防衛作戰思維必須要改變的情況下，要發展「不對稱戰力」，在中共你大我小狀況下，我們沒辦法跟中共軍備競賽，這個「不對稱戰力」是什麼意思呢？你再強、再大，你有你的弱點，就像福克蘭戰役，英軍的弱點在哪裡？就在那伊莉莎白號，可惜阿根廷沒有抓到他這個弱點，這種在敵人弱點上面，充分發揮我方優勢，就叫做「不對稱」。讓對方覺得「我打他不討好，成不成還不一定，但犯台的整個行動及弱點被他掌握在手裡」，我們要從這個方向去思維，「要在哪裡打？」「用什麼武器裝備來打？」

如果打擊敵人的弱點是台灣防衛作戰勝敗的關鍵，則「要怎麼打」、「用什麼打」就是進一步要思考的問題；整個建軍思維也會跟著釐清，換句話說，先決定在哪裡打然後決定怎麼打、用什麼打，如此即能推出建軍目標；因爲建軍思維就是要「打什麼，有什麼」。「打什麼，有什麼」意即，要打什麼樣的仗，就要準備什麼樣的戰力；「要打什麼樣的仗」就是「如何打」、「要在哪裡打」、「用什麼東西打」，這個就是「作戰指導」。萬一中共要奪台，國軍建軍的軍事戰略目標就是要「可以打贏」；這個目的不是爲了挑起戰爭或好戰，而是爲了一個更高的國家戰略目標，就是「和平」；透過國軍在軍事上具有打贏敵人的能力，使敵人不敢來犯，進而獲取和平。這樣的和平才是有尊嚴的和平，而不是卑躬屈膝、跪地求和的和平。

從1982年至今，戰略守勢也已經歷過30多年歲月，守勢戰略的指導雖依然不變，但守勢戰略的核心精神已從早期的「制空、制海、反登陸」，逐漸轉到21世紀初的「聯合防空、聯合截擊、國土防衛」，精粹案時更經由對「如何打贏戰爭」、「如何面對決戰」、「如何縮小戰爭面」、「如何定義勝戰」、「如何定義失敗」等的思考，在基本戰力之外，發展一種用以支撐「守勢防衛」具有「嚇阻」效果的「創新／不對稱」戰力，以達到「不讓敵人登陸立足」的用兵目標。鈕先鍾在台研會版國防白皮書的結論，即明確指出「今後（台灣）只有一種軍事戰略，那就是嚇阻戰略」，其目的就是要維持台海地區的和平，使中共不敢冒險。

中國時報　4版　中華民國九十年七月八日／星期日

費時近一年 約訪十首長 國防政策總體檢

監委黃煌雄、呂溪木、黃武次連手完成 建議國防決策機制由參謀總

呂昭隆／台北報導

監察委員黃煌雄、呂溪木、黃武次等三人，完成一項「國防政策總體檢」的機密調查報告。這分機密報告費時一年，前後約訪十位前後任國防部長與參謀總長，針對建軍政策形成做一完整調查，內容約百餘頁，預訂本月向監察院正式提出。報告中建議，總統每週單獨召見參謀總長的「小軍談」，爾後應納入國防部長，國防決策機制應由參謀本部移至國防部，期落實軍政軍令一元化政策。

這項機密調查報告，是監察院首度針對國軍遷台後國防政策機制調查，是項空前創舉。

據指出，曾任職國防部長、參謀總長並在世者，計有十三位，其中，有十位接受監委約訪，包括前國防部長宋長志、孫震、陳履安、蔣仲苓、唐飛與現任部長伍世文等；前參謀總長陳燊齡、劉和謙、羅本立及現任總長湯曜明等人。未約訪者僅三位，前參謀總長郝柏村致電監院婉拒，另有黎玉璽、高魁元二人臥病無法受訪。

據了解，三位調查監委對受約訪軍事首長建軍政策貢獻，給予高度肯定，約訪首長「知無不言，言無不盡」地充分配合，是調查得以順利完成的關鍵。

據了解，監委約訪湯曜明地點在三軍軍官俱樂部，訪談三小時；劉和謙則帶著前中科院長沈方枰受訪；蔣仲苓帶著前部長辦公室主任陳筑藩中將受訪；羅本立亦準備完整文件受訪，唐飛前後約談二次；陳燊齡則單獨赴訪。

據指出，這項國防政策總體檢調查，除約訪歷任軍事首長外，還調閱軍方相當龐大的機密檔案，這些迄未解密的機密檔案，年代遠的如台美軍事聯防的「樂成計畫」，近則有九六年台海危機，乃至前國安會秘書長丁懋時召集五位上將商討國防二法等檔案。

目前，三位監委已完成百餘頁機密調查報告，本月即將提出全院討論；據悉，報告建議，當前國防重大政策主要是在參謀本部形成，由於戰略已調整為守勢，並配合軍政軍令一元化趨勢，每週總統與總長單獨面談的「小軍談」，爾後宜納入國防部長；陸軍佔參謀本部一半編制的規定應有所調整。

據了解，調查報告自國軍遷台來由攻勢戰略，調整至攻守一體，再轉變成現今「有效嚇阻、防衛固守」的決策成因，有深入完整調查，是一創舉。

人物側寫　呂昭隆

體檢國防二案 黃煌雄不辭勞苦

監委黃煌雄（見圖，本報資料照片）與呂溪木，兩人聯手，先後完成國防預算與國軍「精實案」的調查報告。這兩件調查均屬機密，報告無法公諸於世，調查過程又須大量調閱檔案與約訪軍方決策將領，相當磨人，屬吃力不討好的調查案，但黃煌雄樂在其中。

經過兩案暖身，黃煌雄企圖心更大，找老搭檔呂溪木加上黃武次，體檢國軍遷台迄今的國防政策。

前二案調查，黃煌雄與呂溪木即有約訪軍事首長動作，只是規模沒有這麼大，僅限於李登輝主政後期的軍事首長。這回調查國防政策案，將時空拉大，約訪在台歷任國防部長與參謀總長，實屬創舉。

前二案約訪軍事首長時，受訪者起初頗有疑慮，認為沒有做錯事，監委何以約訪，經過黃煌雄說明，二案調查後，彼此取得信任與尊重，因此，這次調查國防政策案，三位監委得到受訪者信任，計有十位軍事首長接受約訪，而且詳盡提供第一手資料，使得調查工作得以順利完成。

不過，曾任八年總長的郝柏村未允受訪。他在蔣經國時代對建軍政策有相當影響，亦是近十餘年建軍走向關鍵人物之一，未能到訪，應屬調查的一項遺憾。

黃煌雄在立委時代，問政重點即著重於國防，是國防委員會固定成員；民進黨問政重點著重於軍事弊案，黃煌雄卻仍保有知識份子的傲氣，不肯媚俗，實問政於建軍政策。無論政壇起落，或遠赴哈佛大學當訪問學者，黃煌雄興趣始終在軍事層面。

這次調查，於黃煌雄言，形同「治史」，是抱著學術研究的工作態度調查。

例如，他為尋找台美軍事協防檔案，親赴國軍史政編譯局圖書館，一待就是兩天，他還考據出參謀本部員額，陸軍佔二分之一的出處與當年文件。

從國防預算，到組織調整的精實案，乃至這次完成的國防決策總體檢，黃煌雄戲稱這是「國防三案」，有機會接觸第一手機密資料，又能約訪決策主事者，於公於私，讓他軍事見解增長許多，爾後退休，有意著書，提供心得給國軍將校參考。

3、國防政策的決策機制

個人化階段

有關我國國防的決策機制，大致經歷兩個階段，一為個人化階段，二為機制化階段。前者充滿著人治色彩，後者則代表著制度色彩。

劉和謙總長在「國防政策總體檢案」的訪談中表示：「在老總統時代……基本資料給老總統由他做決定……因為老總統本身是軍人，所有將領都是他的子弟兵，我所瞭解的是老總統也有諮詢單位，他做的決定就是決定。」「老總統的決定為建軍構想，老總統覺得應該怎麼做，大家就照著做；老總統的一句話就可以改變許多事情。」

唐飛部長在同案訪談時表示：「在早期，總統府設有參軍長，參軍長室有很多位參軍，這些人是總統的個人軍事幕僚，但從蔣中正總統開始，他多年對於軍事事務的掌握，不需要參軍長及參軍們的協助；另外，總統府的第二局是管理國防事務的，至少總統的國防是有個人國防機制的。」

曾擔任過參軍長的蔣仲苓在訪談時說：「參軍長是總統的軍事幕僚，跟（總統府）祕書長是一樣大的，總長公文會先經過我再給總統看，而（總統府）第二局是參軍長的幕僚……現在參軍長與第二局都裁撤了。」到了蔣經國擔任總統時，決策方式已有改變，劉和謙總長在訪談時說：「在經國先生時代就和老總統不同，一方面蕭規曹隨，一方面廣納建言，那時很多決定由經國先生負責……經國先生比較重視下層的意見，比如他常面見三軍總司令，聽取部屬的意見，他也會採納各方的意見，這時國防部慢慢向現代化國家前進，經國先生已改變老總統時代的固定作法，慢慢走向現代化國家。」

機制化階段

從蔣經國總統開始，歷經李登輝總統階段，有關國防決策機制的形成，一個基本的走向，便是由蔣中正總統時代的個人化，逐步走向機制化；這主要是經由多種會談與會報來達成的。

◎小軍談

在國防二法施行前，參謀總長每週必須面見總統，報告有關國防事項，並請示未來工作。此一參謀總長每週面見總統的機制，即俗稱的小軍談。劉和謙總長在訪談時說：「老總統時代就有軍談，那時每個禮拜一次，李總統是二週一次，我做總長的時候，每週一我向李總統報告和請示大大小小的事。」唐飛部長在訪談時說：「我當總長時，每星期一固定總統單獨召見，向總統報告上週國防事項與請示未來工作。到目前爲止，總長向總統報告仍維持每週一次，除非總統有要公，時間作調整，當總統有事亦常臨時召見。」湯曜明總長受訪時也說：「（小軍談）一個禮拜見一次面，軍事會談是一個月召開一次，從李總統開始就如此。」

由於參謀總長爲總統軍令幕僚長，不受國防部長指揮，面見總統時，國防部長又未能與會，當蔣經國晚年身體欠妥，郝柏村總長又在位甚久，獨攬軍事大權，特別是當蔣經國因病去世，李登輝繼任總統之際，李登輝對軍中事務相當陌生，乃引發國內知識分子及公民運動擔心軍人干政的重大疑慮，這種不安即導源於當時軍政軍令二元化及小軍談機制所造成的。

◎大軍談

這是由總統召集行政院長、國防部長、參謀總長、各軍種總司令、副總長等相關主管參加的會議，形式上，這是國防決策的最高會議，每個月，或每兩週，開會一次，俗稱大軍談。陳燊齡總長在訪談時被問到軍事會談多久開會時表示：「兩個禮拜，就是總統召集行政院長、部長、總長、各總司令、副總長……報告經裁決後，一般差不多都很成熟了。重大事情由總長（提）報，如有專案則由該總司令或有關聯參提報。我由副總長開始參加，後來任總司令、總長，經過蔣故總統及李前總統都是這樣，雙週的第二個禮拜二召開一次軍事會談。」「重大案件經過參謀本部過濾後，在軍談中向總統報告，一般而言，總統同意後，由總長批示，余任總長期間，未遭遇總統提出任何不同的意見。」

蔣仲苓部長在訪談時說：「軍事會談通常是兩週一次，有行政院長、國防部長、參謀總長、副總長、總政戰部主任、五位總司令等參加，由總統主持，重要的專案在會談提報即徵詢意見，裁決後付諸實行。」「就民國七十年代至八十年代初期，國軍重大決策在機制上均係透過參謀組織進行政策研究，在過程上都是完成政策草案後，於軍事會談中向總統提報裁決定案。」

唐飛部長在訪談時也說：「李總統就任後，軍事會談恢復到兩個星期召開一次，後來又減少爲一個月召開一次，而且流於只是一種形式，後來軍事會談變成報告一些非政策性的事務，很少有大的政策或計畫在那裡做正式的提報，至少在我的印象是愈來愈少。」「……而且總統在軍事會談的裁示，是參謀本部的幕僚寫好的，早期軍事會談的內涵還會經過參軍長室的幕僚提供意見，但後來參軍長室沒有了，第二局也沒有了，報告內容透過祕書呈給總統，總統就按參謀本部的資料裁示，因此沒有相反意見，而各軍種的總司令，也沒有在會談裡發表看法。在近十年會議中，只看到李總統限期裁撤『警備總部』一案未符合參謀本部原意見者。」

參謀本部還有兩項例行、但很重要的會報，一爲作戰會報，一爲參謀會報。這兩項會報均由參謀總長主持。

陳燊齡總長在受訪談到作戰會報時說：「兩個禮拜有作戰會報，主要爲作戰問題，各總司令均參加……作戰會報也是總長主持。」

羅本立總長受訪時也說：「每月最後一週星期四主持政治作戰會報……星期五則主持作戰會報，這是完全針對作戰問題的會報。」

湯曜明總長受訪時也說：「作戰會報是兩個禮拜召開一次，我對這會報規定非常嚴謹，我規定單週是作戰會報，雙週是參謀會報，參加的人員也不同，作戰會報是總司令來參加。」

陳燊齡總長在訪談時說：「每週有參謀會報由總長主持，各軍種參謀長參加，（一般案件）可以提報，如屬機密性案件，總長也可命令單獨提報，有關聯參參加審核。提報後還是要正式公文呈報奉批後方可執行。各軍種總部先報給參謀本部，通常先經過有關聯參研究後再呈總長批示，像重大的軍事事務，在軍談時就向總統報告，最後由總長批示。」

羅本立總長在訪談時表示：「我每個星期一主持參謀會報，參加會報的有各副總長、聯參次長、各局局長、各軍總部參謀長。」

湯曜明總長在訪談時也說：「參謀會報是兩個禮拜召開一次，我對會報規定非常嚴謹，我規定雙週是參謀會報，參加的人員也不同，參謀會報是參謀長來參加。」

綜上所述，從蔣經國總統到李登輝總統階段，國防決策的流程已逐步從個人化的人治色彩走向機制化的制度色彩，這個機制化的決策流程，在國防二法施行之前，正如蔣仲苓所說，「重大決策多由參謀本部擬定」，並「以總長指導爲主」，因此，「參謀本部」及其最高長官「參謀總長」，便成爲此一階段最主要的「決策單位」及「決策者」。在此一階段出任文人國防部長的孫震，在訪談時表示：「只有這個任務是我一生從未想過的。」他在卸任部長之後多年，以在野之身，回顧國防部長的職務時，曾有「在國防重大政策的決策過程上，國防部長好像是多餘的」感嘆。但隨著國防二法的通過及實施，有關國防決策機制的最大改變，正如國防二法的關鍵催生者唐

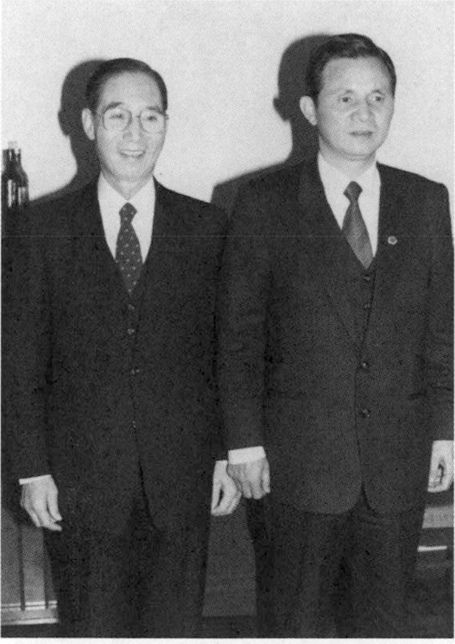

左為鄭為元部長，右為作者

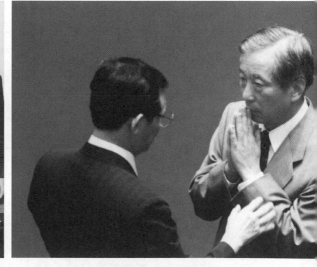

右為孫震部長、左為作者

飛部長在訪談時所說：「把參謀本部所有決策權移轉到國防部（本部）去。」所以今天的國防部長應當不會再有孫部長當年那種「多餘的」感嘆。

1 為方便瞭解和參考，謹檢附「國防部歷任部長任期一覽表」及「國防部歷任總長任期一覽表」，如【附錄一】的表1及表2。

第二章

國防預算的變革

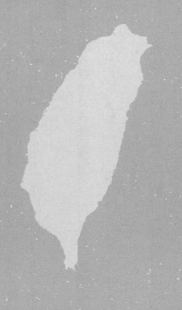

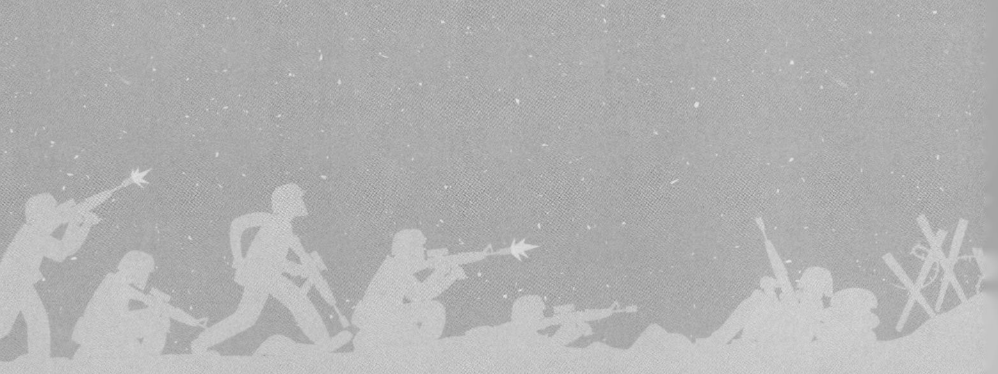

1、預算分配結構的改變

預算是政策的反映。預算所折射的，代表施政的藍圖、計畫與作爲。從1982年起，宋部長雖宣稱我國防政策已由戰略攻勢轉爲戰略守勢，但國防預算並未能反射出這一轉變。一直到1987年，我第二度擔任立委，才提出可能是我30多年公職生涯最具有深遠影響之一的一項主張——改變中央政府的預算分配結構。

1986年10月初，蔣經國總統首次對國外媒體（華盛頓郵報）表示：中華民國政府即將解除戒嚴；1987年7月15日，長達40年的戒嚴正式解除；因此1988年度中央政府總預算案便成爲解嚴以後第一個年度預算。

面對解嚴後的新情勢，我在第二任立委期間，連續三年，一直以「解嚴以後，預算這塊餅應該怎麼分」爲主軸，要求政府隨著戒嚴解除，中央年度預算應有相適應的調整。我在審查1988年度中央預算聯席會上表示：

戒嚴是一個緊急狀況的宣告，是軍事統治、軍事獨大。解除戒嚴後理應在國防預算上有相對應的調整，但這個作爲解除戒嚴以後第一個會計年度的（民國）七十七年度中央預算，國防部門的預算卻仍占47%，和緊急狀況下的戒嚴時期幾乎沒有兩樣。」我指出依1986年國際貨幣基金（IMF）出版的資料顯示，「世界各國國防預算占中央政府總預算的百分比，我國的47%遠高於與共黨威脅只有一線之隔的韓國29．67%；也遠高於四周都是敵人，戰火連年不斷的以色列27．7%。

爲因應解嚴以後新的民主形勢與政治需求，並爲擴大推展解嚴以後新的施政目標與政治號召，本席認爲中央政府應設定一個比率，作爲降低國防部門預算百分比的目標……本席認爲將國防部門預算逐步降至中央總預算的百分之三十，應爲可行而又適當的百分比。

當然，國防部門預算不可能在一夜之間由47%降至30%，但是至少我們應確立這樣一個基本方向：這就是我們將有計畫逐年縮減國防部門預算所占的比率，並同時有計畫規劃其他部門對人民的服務，包括社會福利、教育文化等。假如國防部門占中央預算的比率，每年以3%遞減，6年以後，就可以達到30%的目標。

隨著國防預算比率遞減，政府首先應著手考慮的便是建立一套基本的社會福利制度……基於這種認識，本席認爲全民健康保險制度應該首先建立。

全民健康保險之外，本席認爲應以推動國民教育體系的小班教學爲優先。

本席正式主張應確立一項六年縮減國防部門預算的階段性計畫，依據此一計畫，在今後六年內，中央政府應逐年將中央總預算的3%，自國防部門移向社會福利及教育部門。

這是政府到台灣來以後，第一次有立法委員要求改變中央政府的預算分配結構，也是第一次有立法委員要求每年刪減國防預算3％。我提出這項主張的時間點爲1987年3月，當時還處在戒嚴狀態，難怪提出以後，在三個月期間，引來不少批評與謾罵，也收到無名氏寄來的冥紙與子彈，家裡更常在深夜接到莫名其妙的「小心你這條狗命」的恐嚇電話。不過，大約到了1987年5月，這項主張變成爲剛成立不久的民進黨黨團的共同主張，我「代表民進黨立法院黨團就（民國）七十七年度中央政府總預算案審查聲明」表示：

> 近四十年來，國民黨在台灣政治上一黨支配的實際意義，便是國民黨能恣意地以任何方式來編列預算、通過預算並消化預算。國民黨恣意使用預算的程度，包括黨政不分，黨庫通國庫，及依一黨之意以世界上極高的比例來編列國防預算。這是國民黨支配政治下所謂中央政府預算的特徵。
>
> 由於負責審查中央政府預算之責的立法院，未能定期全面改選，其絕大多數不必改選的立法委員乃變成國民黨政府通過中央預算的機器，因而立法院整個審查預算過程不僅很少有激烈辯論，更無法充分反映民意。
>
> 但隨著戒嚴即將解除，黨禁即將開放，以及民進黨立法院黨團成立以後，這種傳統的編列與審查預算方式，從今年開始，必將有所改變。
>
> 民進黨立法院黨團成立以後，一直以「影子內閣」自期自勉……本黨團認爲國家的預算，

在消極方面，首先要嚴守黨政分際，合乎體制。國家資源絕不能編為個人或私人團體所用，否則將形同公然竊盜，所有預算將失去意義。

其次，預算的編列應切合實際，講求效率，避免浪費，人民的血汗錢務須珍惜，應以有限的資源做最有效的運用。

而更重要的是在積極方面，要使整體預算的分配結構，合乎大多數民眾的願望與利益。資源的分配與運用合乎民意，是現代民主預算的精髓。違背民意的預算，就如同錯誤的決策，其扭曲的國家資源、浪費的民脂民膏，實比貪汙更為可怕。

依據這個標準，本黨團對行政院七十七年度中央政府總預算案，主張如下：

（甲）對黨政不分、不合體制部分，站在合法性觀點，應全數刪除。

（乙）對過去執行預算績效不佳的單位，依過去紀錄核實，照比例刪減其預算。

（丙）對預算分配的結構比例，以合乎多數民眾的利益與願望為依歸，提出新的方向。

其中，（丙）預算分配結構的新方向再說明如下：

（一）國防部門占中央政府總預算比例，由預算案的47．06%，從本年度開始，以六年為期，每年降低三個百分點。

（二）立即規劃全民健康保險，並編入七十九年度預算案內付諸實施。

（三）加強國民教育投資，積極規劃國民教育（包括國小國中）小班制的實施，以減輕教師負擔，提高國民品質。

（四）基於預防重於治療，防範重於整治的體認，應寬籌環境保護經費。

這些主張，即使30年後給予嚴格的檢驗，仍不失其前瞻性。其中，全民健保已實施20年，變成一項民眾長期滿意度最高的公共政策；而國中小的小班制，雖然進度緩慢，但已確立出推動的方向，其後隨著出生率降低、學齡兒童減少，更已成爲一項客觀現象[1]。

（民國）七十八年度（1989年）中央政府總預算案是行政院在解除戒嚴後，正常狀況下所編列的第一個中央政府年度總預算，民進黨立法院黨團幾經討論，決議「要求退回行政院重編」，當時我以黨團幹事長的身分代表宣讀此一聲明，時間點選在院會散會前五分鐘：

本黨團基於下列四點理由，要求將七十八年度中央政府總預算案退回行政院重編：

一、政治解嚴，預算並未解嚴：

戒嚴是緊急狀況的宣告，是軍事統治，軍事獨大。自去年台灣宣布解嚴後，人民莫不引頸期待軍事獨大時代的早日結束。然而檢算七十八年度中央政府總預算案，國防預算在待遇調整以後仍然占百分之四十六，即二千六百六十八億。另外警政預算包括警政署的四十二億及隱藏在省府補助項下的三十八億，共約八十億，比七十七年度增加四十三億，成長百分之一百一十三，所以名義上台灣戒嚴雖已解除，但國防、情治、警政預算卻仍高居不下，這是道道地地的政治雖然解嚴，但預算並未解嚴。

二、赤字預算並非用於社會福利且不利於廣大的中低收入者：

從歲入預算看，今年總預算的最大特色是利用公債賸餘及移用以前年度剩餘的數字達一千三百八十九億元的赤字預算。但假如支出面有普及多數民眾的福利及積極的經濟政策效果，本黨團並不反對發行公債或實施赤字預算；不過，今天的公債就是明天所有納稅人的租稅負擔。在國民黨長期主政下，稅入長期靠可以轉嫁給中低收入者的間接稅、國營事業收入以及薪資所得者的所得稅。如今政府大量舉債，將來仍得由中低收入者及薪資所得者以加稅來償還。中低收入及薪資所得者在支出的預算裡沒有受到政府擴大社會福利的好處，憑什麼要支持政府舉債，加重自己的負擔。

又，公債大多為高所得及機構投資人的投資生息及避稅工具。在租稅長期由中低收入者及薪資所得者負擔的情況下，假如公債的發行不是為了增進中低收入者及薪資所得者的社會福利，則公債的發行，將加重所得不平均，拉大貧富差距。

三、違背憲法規定：

依行政院的分類，教育科學文化支出增加了一百五十八億元。可是這一百五十八億中，有四十五億乃是軍事科學及軍事教育所增加的數字，理應歸入國防部門。實際上非軍事的教育科學文化預算增加，只有一百一十三億。由於教育科學文化預算總額的七百七十六億中，約有四分之一，即一百九十二億，是由國防部門支用，所以非國防部門的教育科學文化預算總數，事實上，只有五百八十四億，只占中央總預算的一〇．三%，顯然已違背憲法百分之十五的最低要求。

四、黨政不分，不合體制：

今年本黨團仍發現國民黨政府依然使用委託、獎勵、補助等偷天換日的手法，將大筆預算編入國民黨、救國團等非政府機構的私囊，這種黨庫通國庫的作法，顯然侵占人民的公款，是一種非法行爲。因此本黨團重申去年的主張對黨政不分、不合體制的預算，要求全數刪除。

基於上述四點理由，本黨團依憲法第五十七條賦予立法院的職權，要求本院將七十八年度中央政府總預算退回行政院重新編製。

黃煌雄　許榮淑　許國泰　康寧祥　邱連輝　余政憲
王聰松　張俊雄　朱高正　尤　清

「退回預算案」，在中華民國憲政史上幾乎是前所未有的先例；而「退回預算案」也代表對行政院投下不信任票，這是極爲嚴肅的事情，因而引發朝野激烈爭論，當時「民生報」有一篇報導（民國77年4月7日），頗有令人置身歷史現場的感覺，茲引述如下：

標題為：

向內閣投下不信任票？震耳迅雷！

民進黨立委要求立院退回總預算案

【本報訊】昨天下午，立法院院會爆發了歷來最棘手的議場紛擾場面，導火線起因於民進黨立法院黨團，以出其不意的手法，在下午院會臨散會前五分鐘，突然由該黨立委黃煌雄上台，宣讀一份黨團聲明，要求立法院退回即將交付立法院預算委員會審查的七十八年度中央政府總預算案。

黃煌雄在宣讀這份聲明前，首先提議兩旁列席的行政院長俞國華、主計長于建民、財政部長錢純等政府備詢人員，經主席倪文亞點頭同意後，列席官員魚貫步出議場退席。

這時，已是下午六時五分左右，黃煌雄不疾不徐地宣讀他手上拿著的聲明，洋洋灑灑，宣讀了近十分鐘，內容竟然是要求立法院將下年度的總預算書退還行政院，重新編訂，理由是這份總預算書有部分涉及「違憲」，如教育、科技、文化項目的預算未達憲法規定的百分之十五，以及國防預算居高不下等。

聲明讀完時，民進黨籍委員康寧祥作進一步補充發言，說明該黨要求將預算書退回行政院重審的原因。

康寧祥講完之後，執政黨籍立委李勝峰上台，他表示，要求退回預算書是個很嚴肅、也很嚴重的問題。

依憲法的規定，退回重要法案，等於是向內閣投不信任票，如今若將總預算案退回重編，勢將發生倒閣風波。

李勝峰說，他堅決反對退回總預算案。

執政黨籍立委黃河清也上台說，我國憲法規定，總預算案必須在五月卅一日前，完成立法程序，否則下年度的施政只有停擺，他因此建議在禮拜五定期表決。

主席倪文亞正想就此中斷委員發言，民進黨籍立委邱連輝又上台，列舉預算法第四十九條，

向內閣投下不信任票？震耳迅雷！

民進黨立委 要求立院退回總預算案

【本報訊】昨天下午，立法院院會爆發了歷來最棘手的議場紛擾場面，導火線起因於民進黨立法院黨團，以出其不意的手法，在下午院會臨散會前五分鐘，突然由該黨立委黃煌雄上台，宣讀一份黨團聲明，要求立法院退回即將交付立法院預算委員會審查的七十八年度中央政府總預算案。

黃煌雄在宣讀這份聲明前，首先提議兩旁列席的行政院長俞國華、主計長于建民、財政部長錢純等政府備詢人員，經主席倪文亞點頭同意後，列席官員魚貫步出議場退席。

這時，已是下午六時五分左右，黃煌雄不疾不徐地宣讀他手上拿著的聲明，洋洋灑灑，宣讀了近十分鐘，內容竟然是要求立法院將下年度的總預算書退還行政院，重新編訂，理由是這份總預算書有部分涉及「違憲」，如教育、科技、文化項目的預算未達憲法規定的百分之十五，以及國防預算居高不下等。

聲明讀完時，民進黨籍委員康寧祥作進一步補充發言，說明該黨要求將預算書退回行政院重審的原因。

康寧祥講完之後，執政黨籍立委李勝峰上台，他表示，要求退回預算書是個很嚴肅、也很嚴重的問題。

依憲法的規定，退回重要法案，等於是向內閣投不信任票，如今若將總預算案退回重編，勢將發生倒閣風波。

李勝峰說，他堅決反對退回總預算案。

執政黨籍立委黃河清也上台說，我國憲法規定，總預算案必須在五月卅一日前，完成立法程序，否則下年度的施政只有停擺，他因此建議在禮拜五定期表決。

主席倪文亞正想就此中斷委員發言，民進黨籍立委邱連輝又上台，列舉預算法第四十九條，有關退回重編的規定。

這時，執政黨立委趙少康打破沉默，上台表示他也堅決反對將總預算退回行政院，他指出民進黨立委的這個要求是不負責的，因為假如退回預算案，要拖到什麼時候才重新編好，何況會釀成倒閣風潮，所以，執政黨委員決不能同意。

這時已經近晚間七時，許多立委對雙方無休止的辯論，已經感到不耐煩，執政黨立委方面，書記長林棟及梁肅戎等人忙著和民進黨籍立委疏通、協調。民進黨籍立委黃煌雄，在混亂中，再度上台發言，他聲稱在反對黨立委的立場上，只有以這種方式來凸顯資源分配不合理的問題。

民進黨委員一再強調，他們不滿在解嚴後，何以國防預算仍然如此居高不下。

執政黨籍立委趙少康在現場一片喧鬧中，二度發言，他說，今天反對黨口口聲聲為人民，可是若將這個預算案退回行政院，影響了國家政務推動，這才真對不起國民。何況民進黨的要求並沒有聯署過程，提案根本不成立。

主席倪文亞顧勢就說，那就將全案交預算委員會審查。話未說完，立刻引起邱連輝、朱高正等人不悅，當即衝上主席台，搶走倪文亞的主席枱麥克風，民進黨籍立委康寧祥發覺氣氛火爆異常，立刻上台勸止，連聲說：「不要這樣子。」

經過一個多小時的吵鬧，終於在七時廿三分作成決議，在今天加開院會，慎重討論這件事。

《民生報》77.4.7

有關退回重編的規定。

這時，執政黨立委趙少康打破沉默，上台表示他也堅決反對將總預算退回行政院，他指出民進黨立委的這個要求是不負責的，因爲假如退回預算案，要拖到什麼時候才重新編好，何況會釀成倒閣風潮，所以，執政黨委員絕不能同意。

這時已經近晚間七時，許多立委對雙方無休止的辯論，已經感到不耐煩，執政黨立委方面，書記長林棟及梁肅戎等人忙著和民進黨籍立委疏通、協調。民進黨籍立委黃煌雄，在混亂中，再度上台發言，他聲稱在反對黨立委的立場上，只有以這種方式來凸顯資源分配不合理的問題。

民進黨委員一再強調，他們不滿在解嚴後，何以國防預算仍然如此居高不下。

執政黨立委趙少康在現場一片喧鬧中，二度發言，他說，今天反對黨口口聲聲爲人民，可是若將這個預算案退回行政院，影響了國家政務推動，這才更對不起國民。何況民進黨的要求並沒有連署過程，提案根本不成立。

主席倪文亞順勢就說，那就將全案交預算委員會審查。話未說完，立刻引起邱連輝、朱高正等人不悅，當即衝上主席台，搶走倪文亞的主席枱麥克風，民進黨籍立委康寧祥發覺氣氛火爆異常，立刻上台勸止，連聲說：「不要這樣子。」經過一個多小時的吵鬧，終於在七時二十三分作成決議，在今天加開院會，愼重討論這件事。

第二天加開的院會，引發朱高正委員和趙少康委員的肢體衝突，更進而帶動空前的憲政風波2，影響所及，使得下一年度（七十九年度）教科文預算編列比率第一次達到憲法百分之十五的規定。教科文預算比重在以後的連續幾年也一直增加，因而呈現出一幅我國教育體系從小學到中學到大學，大興土木興建硬體設備的畫面。美輪美奐的中正大學校園，兩百多公頃的東華大學用地……都是在這段期間這個背景下興建起來的。當過台師大校長、後來在監察院成爲同事的呂溪木委員，曾告訴我，他第一任校長期間，學校經費拮据，但第二任校長期間，經費大增，甚至有用不完的感覺，其主要關鍵即在他第二任校長期間，適值中央政府預算分配結構開始調整，國防部門預算已釋放出來，並轉移到教育部門和社會福利部門。更鮮明的例子是，毛高文親口告訴我，他擔任部長之初（１９８７年７月～１９９３年２月），教育部門預算約４００億左右，５年以後，當他離開部長職位時，教育部門預算已達約１２００億；其主要關鍵也正是中央政府預算分配結構改變影響所致。

中華民國七十七年四月七日 星期四
民眾日報
MIN CHUNG DAILY NEWS
李登輝指示黨政
研究下一步探
新聞透視：老法統當了「台獨」的啦啦隊
民進黨立委杯葛中央總預算
聲援朱高正行動有後續，雲嘉地區策劃「全民入監」行動
要求退回中央政府總預算案未遂
立院民進黨團發表四點聲明

自立早報
民進黨向總預算開刀
要求退回行政院重編
李登輝關心退職
指示與在野人士
兩岸接觸不是浪漫的憧憬
李代主席指示評估探親政策
國防預算大剖析 二版
中共高層人事異動 四版

這就是政策的威力，這項改變中央政府預算分配結構的新方案一旦落實下去，受惠的是全國每一個縣市、每一個地方、每一所學校、每一位學生。這種政策改變影響之深、之遠、之大，當我在監察院調查有關「教育部所屬預算分配結構之檢討」以及「教育改革之成效與檢討案」，親到各大學實地訪查，並與校長們座談互動時，才深深感受出來，而時間距我推動該案時已有10多年之久。政治大學財稅系教授、後來也擔任過國民黨不分區立委的曾巨威，在我的《戰略——台灣向前行》一書第三篇〈預算的新方向〉推薦文這樣寫到：

中華民國七十七年四月七日　聯合報

總預算案應否退回重編？

立法院發生激辯·委員意見對立

今加開院會表決·可望交付審查

《自立早報》77.4.5

民進黨籍立委提案要求退回總預算重編

立院起爭議今開會處理

（台北訊）由於民進黨立法委員在昨天立法院會下午即將散會前，突然提出要求退回七十八年度中央政府總預算案，以致引發兩黨委員激烈的爭辯，院會被迫延長時間至晚間七點二十五分，雙方對於今天是否加開院會問題又釀成衝突，其中由王聰松委員發言指稱黨籍委員不要「渾水摸魚」，引起趙少康委員強烈的抗議，認為此種發言已侮辱到委員的人格，對於此項爭議，最後主席倪文亞裁決將在今天加開院會並處理本案。

昨天的院會是對七十八年度中央政府總預算案的詢答，在院會進行至下午六點左右，整個詢答全部結束後，黃煌雄委員代表民進黨立法院黨團上台發言，他首先要求列席的行政院長俞國華等人退席，然後隨即代表該黨發表要求將總預算退回行政院重編的聲明。

黃煌雄委員指出，雖然我

國已宣布政治解嚴，但總預算案中國防預算仍佔百分之四十六，高達二千六百六十八億。另外警政預算包括警政署的四十二億及在省政府補助項下的三十八億元，共約八十億元，比七十七年度增加四十三億，成長達百分之一百一十三，政治雖解嚴，但預算並未解嚴。

對於民進黨黨團要求退回

「……黃委員是少數能以紮實作風致力於預算審查的立委中之佼佼者；加以其立委的任期橫跨了台灣政治生態從管制到解嚴，故謂其為現任立委中唯一一位促使台灣『預算解嚴』的功臣，當不為過。」

我第三度擔任立委時（1993年2月～1996年1月），回顧六年來的變化，國防預算所占比重已逐年降低，在審查（民國）八十三年度（1994年）中央政府總預算時，我表示：「大致地說，六年來國防部門所占中央政府總預算比重已逐漸減至30％左右，八十三年度的中央總預算案，行政院甚至宣稱國防部門所占預算比重為22．8％左右，但其實不然。六年前的國防預算包含四大部分，即軍事投資、作業維持、人員維持和退除人員；而現在國防預算則僅包括前三大部分，第四部分的退除人員預算已移到退輔會。如果將退除人員預算737億和八十三年度軍機採購預算400億一併列入國防預算，則國防預算所占比例仍為31．3％。」「本席要繼6年前的主張進一步公開建議，我們戰略守勢的國防政策要更加落實，國防預算也應在3年內，將其在中央政府所占預算比重降至20％。」「本席主張三年為期限，將現在國防預算占中央總預算的30％降到20％。」

坦白地說，這項國防預算占中央總預算20％的主張，我當年並不敢奢望很快能達成，但這些年來，國防預算占中央總預算的比重，已降至20％以下，介於18％～16％之間。國防二法實施後，多位國防部長雖一直努力爭取國防預算能達到GDP的3％，但除了一年以外，均告落空。30多年來，國防預算占中央總預算的比重，乃從50％左右，降到30％～20％，再降到

18%～16%之間，這是前所未有的變革。（參見附表、附圖）

附帶說明的，與國防預算所占中央總預算比重逐年降低的趨勢相反的是，社會福利與教科文預算在中央總預算所占比重則逐年提高，這是中央政府30多年來預算編列的最顯著對照。目前，社會福利預算比重已躍居中央總預算第一位，教科文第二位，當年獨占鰲頭的國防預算已相對落後。

70～104年度國防預算及其占中央政府總預算與GNI比率表

單位：新台幣億元；%

年度	國防 預算總額	中央政府 總預算	國防預算占中央政府總預算比率	GNI （註1）	國防預算占 GNI比率
70	1,242	2,542	48.86	17,954	6.92
71	1,513	3,104	48.74	19,377	7.81
72	1,733	3,195	54.24	21,733	7.97
73	1,636	3,162	51.74	24,489	6.68
74	1,804	3,539	50.99	25,832	6.98
75	2,038	4,057	50.23	30,439	6.70
76	2,129	4,321	49.26	34,183	6.23
77	2,214	4,676	47.36	37,127	5.96
78	2,553	5,616	45.46	41,338	6.18
79	2,319	6,804	34.08	45,976	5.04
80	2,509	8,272	30.34	51,593	4.86
81	2,623	9,812	26.73	57,354	4.57
82	2,710	10,707	25.32	63,194	4.29
83	2,585	10,648	24.28	68,920	3.75

84	2,523	10,292	24.51	75,076	3.36
85	2,583	11,348	22.76	81,461	3.17
86	2,688	11,943	22.51	88,069	3.05
87	2,748	12,253	22.43	94,497	2.91
88	2,845	13,172	21.60	99,061	2.87
89（註2）	4,029	23,148	17.41	104,908	3.84
90	2,698	16,371	16.48	103,502	2.61
91	2,604	15,907	16.37	109,234	2.38
92	2,572	16,568	15.53	112,947	2.28
93	2,641	15,973	16.53	120,217	2.20
94	2,586	16,083	16.08	123,831	2.09
95	2,525	15,717	16.07	129,525	1.95
96	3,049	16,284	18.72	137,398	2.22
97	3,340	17,117	19.51	134,656	2.48
98	3,186	18,097	17.61	133,757	2.38
99	2,974	17,149	17.34	145,489	2.04
100	2,946	17,884	16.47	147,006	2.00
101	3,173	19,388	16.37	151,411	2.10
102	3,127	19,076	16.39	156,546	2.00
103	3,111	19,407	16.03	165,668	1.88
104	3,128	19,346	16.17	172,480	1.81

註：1. 配合聯合國國民經濟會計制度（System of National Accounts, 簡稱SNA）之變更，行政院主計總處自發布103年國民所得統計起，已將原國民生產毛額（GNP）之名稱修訂為國民所得毛額（GNI）。

2.89年度因預算年制改為曆年制，故該年度國防預算及中央政府總預算為一年半（88.7.1～89.12.31）之數據資料。

3.70年度至104年度係為歷年中央政府及國防部法定預算。

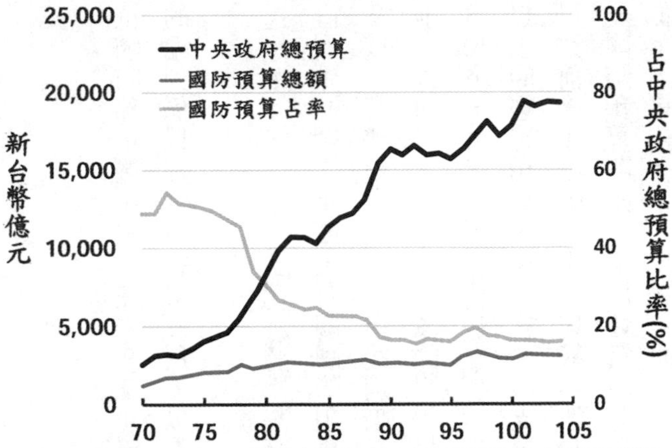

圖一：中華民國70-104年中央政府總預算及國防預算總額及占率

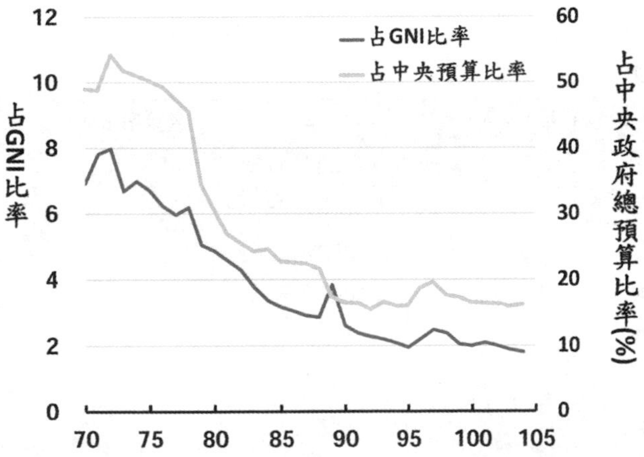

圖二：中華民國70-104年國防預算占GNI及中央政府總預算比率

2、三大區分的預算比重

依國防部年鑑所載，在1974年以前，國防預算的編列係以經費用途來分類，以1950年度國防預算爲例，其編列情形如下表2-2：

這是1950年度國防經費的概分項目，其後一直到1974年度，有關國防預算的經費項目雖或多或少有些變動，但按用途別來表達的方式並未更改，即以1974年度國防預算的經費共計138億8439萬元，用途分類爲下表2-3：

以上的經費預算表達方式，因支用項目變動不居，以致前後年度難以相互比較其消長，1975年起，國防預算開始以支出性質區分爲人員維持、作業維持及軍事投資三大類；而在1989年度以前，人員維持費均包含退除人員經費。

表2-2

科目	預算數
合計	8億9662萬178元
薪餉	2億6798萬751元
副秣費	1億5252萬2232元
主食費	1億5006萬元
服裝費	2859萬元
業務費	1億1040萬元
戰備費	6914萬7000元
軍眷維持費	1176萬元
事務經費	1億616萬7195元

國防部第一本國防報告書係1992年出版，當時部長爲陳履安，在第三篇國防資源、第一章國防預算指出：

「國防部爲有效執行此項管理，乃擷取美國之『計畫預算制度』（Planning Programming and Budgeting System, PPBS）精神，並結合原有之預算制度爲基礎，針對國情，配合國軍需求，自民國六十四年（1975年）起推行『國軍計畫預算制度』。此制度係由目標設計、計畫擬定與預算作爲三個主要環節相互結合而成，期使設計指導計畫，計畫指導預算，預算達成預期之戰略目標，形成有構想、有目標、有步驟、有計畫之完整體系。」如下頁圖（圖3-2）。

表2-3

經費用途	金額
主副食	29億3843萬元
服裝	5億511萬元
補給修護	57億6699萬元
設施維護	1億7988萬元
運輸庫儲	3億7514萬元
裝備採購	27億1088萬元
土地房屋	2億9737萬元
軍事工程及設備	11億1459萬元
合計	138億8439萬元

圖 3-2

計畫預算制度體系概要圖

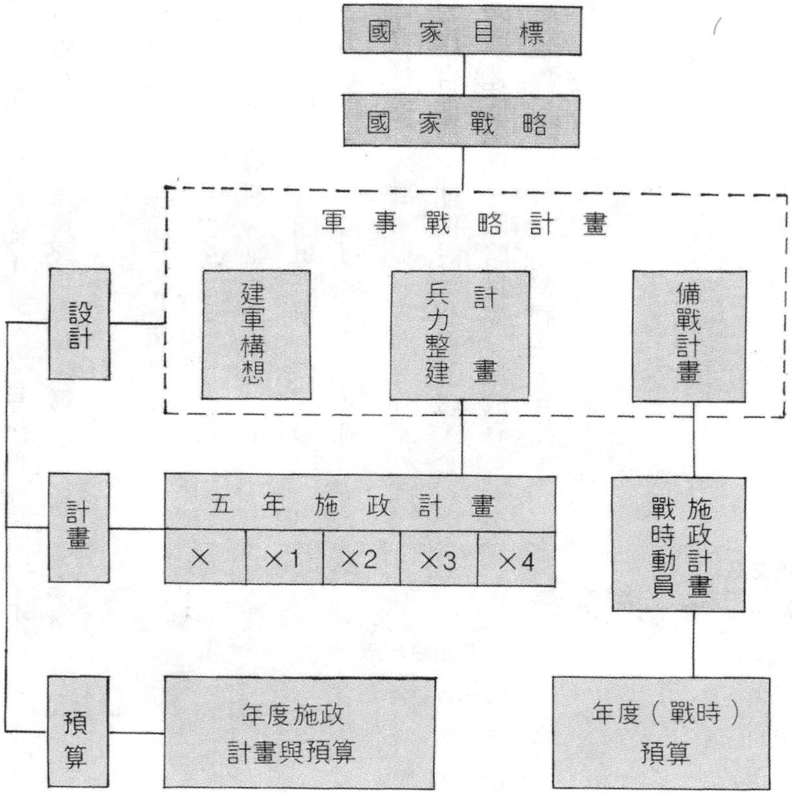

說明
(1)以戰時計畫為基礎。
(2)以施政計畫為中心。
(3)以年度預算管制執行。

至於國防預算的實際編列，係遵循國軍計畫預算制度的精神，秉持全盤戰略構想及軍事政策，並依5年施政計畫所列之目標年度施政要項擬妥概算，奉行政院核定額度後，遵政府總預算編審辦法嚴格審查編籌，其編制程序如下：

國防預算編製程序

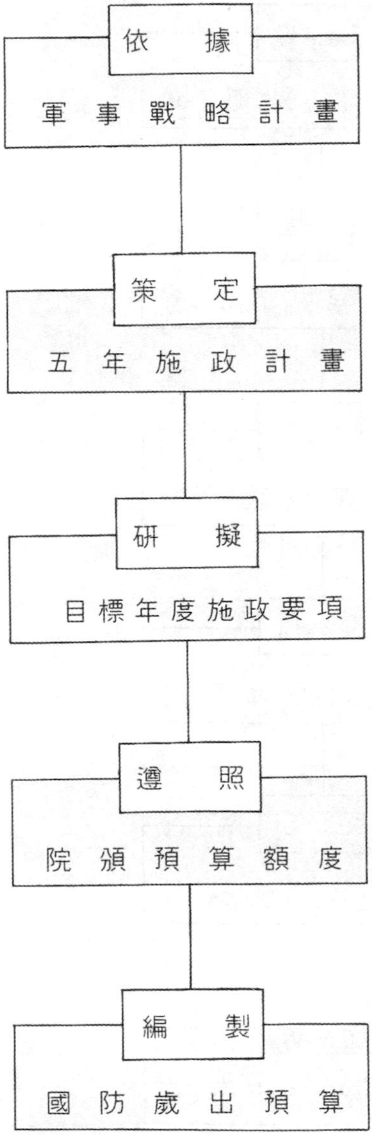

到了1996年出版的第三本國防報告書，國防部將「國防預算編製程序」修正為（增加「配合立院預算審查決議」程序）：

國防預算編製程序

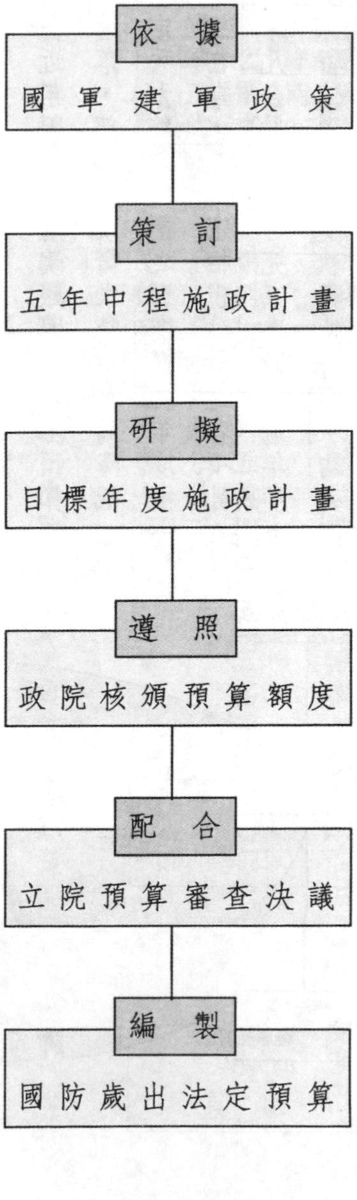

國防預算由人員維持、軍事投資、作業維持三大區分組成。

長期以來，人員維持費一直高居不下，一般均占國防預算比重40％以上，有時高達50％以上，唐飛部長即曾自我解嘲說，他當國防部長最頭疼的事情之一，便是如何將人員維持費比重降至50％以下。

自1981年起，30多年來，人員維持費除79年度，因將其中的退除人員經費移由退除役官兵輔導委員會編列，當年度占國防預算比重驟降至37．89％外，其餘年度所占國防預算比重，均居三大區分之首。

作業維持費則居三大區分之末，其占國防預算比重大多維持在20％左右；軍事投資經費占國防預算比重，大約維持在30％左右，居三大區分之中。（參照下頁附表、附圖）

70～104年度國防預算之結構配置

單位：新台幣億元；%

年度	國防預算（註1）						
	總額	人員維持		作業維持		軍事投資	
		金額	占總額比率	金額	占總額比率	金額	占總額比率
70	1,242	574	46.25	217	17.48	450	36.27
71	1,513	764	50.47	286	18.92	463	30.61
72	1,733	858	49.52	362	20.86	513	29.62
73	1,636	863	52.76	346	21.13	427	26.11
74	1,804	936	51.87	356	19.73	512	28.40
75	2,038	969	47.57	410	20.12	658	32.31
76	2,129	1,046	49.14	410	19.25	673	31.61
77	2,214	1,057	47.74	415	18.74	742	33.52
78	2,553	1,148	44.97	426	16.69	979	38.34
79	2,319	760	32.77	471	20.31	1,088	46.92
80	2,509	876	34.91	484	19.29	1,149	45.80
81	2,623	1,003	38.23	544	20.75	1.076	41.02
82	2,710	1,036	38.23	519	19.15	1,155	42.62
83	2,585	1,109	42.91	515	19.93	960	37.16
84	2,523	1,107	43.90	497	19.70	918	36.40
85	2,583	1,156	44.74	510	19.73	918	35.53
86	2,688	1,237	46.01	507	18.88	944	35.11
87	2,748	1,326	48.24	532	19.37	890	32.39
88	2,845	1,423	50.02	550	19.34	872	30.64
89（註2）	4,029	2,177	54.03	936	23.23	916	22.74
90	2,698	1,393	51.61	678	25.13	628	23.26
91	2,604	1,425	54.72	632	24.27	547	21.01
92	2,572	1,456	56.60	587	22.82	529	20.58
93	2,641	1,327	50.24	644	24.39	670	25.37
94	2,586	1,431	55.33	555	21.46	600	23.21

95	2,525	1,440	57.02	542	21.47	543	21.51
96	3,049	1,384	45.41	796	26.11	868	28.48
97	3,340	1,265	37.89	874	26.16	1,201	35.95
98	3,186	1,275	40.02	1,005	31.57	905	28.41
99	2,974	1,353	45.50	786	26.43	835	28.07
100	2,946	1,400	47.52	729	24.75	817	27.73
101	3,173	1,555	49.00	754	23.76	865	27.24
102	3,127	1,561	49.90	754	24.12	812	25.98
103	3,111	1,523	48.96	729	23.43	859	27.61
104	3,128	1,415	45.24	751	24.01	962	30.75

註：1. 89年度（含）以後之國防預算分配結構，除「人員維持」、「作業維持」及「軍事投資」三區分外，另有「其他」項目（主要係國家安全局經費預算）未列示在表內。

2. 89年度因預算年制改爲曆年制，故該年度國防預算及中央政府總預算爲一年半（88.7.1～89.12.31）之數據資料。

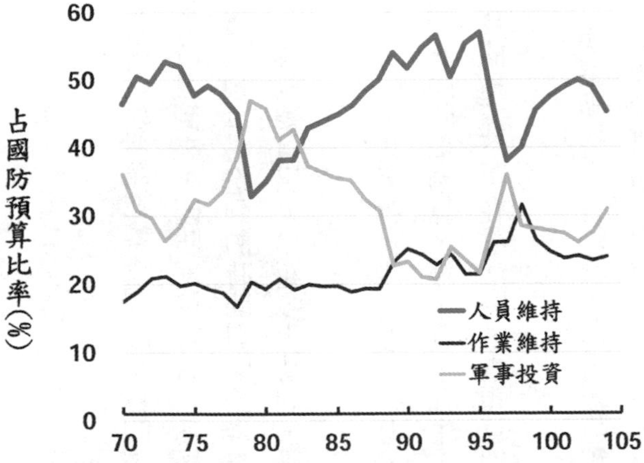

中華民國70-104年國防預算結構配置比率

3、公開與保密預算比重

30多年前，我第一次擔任立委，三年期間，我算是最勤於研讀並審查國防預算的委員之一。那個年代，國防預算大多列爲機密，每年審查預算的時日到來，國防部就會將列爲極機密之類的紅色預算書，送到立法院指定的會議室供委員閱讀，預算書送到的時間與開始審查的時間很短，國防部又會派人員到陳列預算書的會議室服務，哪些委員出入，花多少時間，研讀哪些資料，大概都會呈報。

在那個國防黑盒子的年代，立委審查國防預算是很辛苦的，甚至會有些困擾與壓力，我記憶所及，增額立委在通力合作下，於民國70年代第一次刪減國防部預算，幾乎費了九牛二虎之力，才僅僅刪了一百萬；絕大多數的機密預算在紅色皮頁的掩蓋下，在立法院審查預算期間，大多匆匆上場，又匆匆收場（過關）。

1998年出版的第四本國防報告書，國防部第一次主動揭露「公開、保密國防預算比率」，文字只有簡單幾句：「民國83年度（1994年）公開預算僅占國防預算之44.78%，迄民國87年（1998年）度已增加至68.20%，公開幅度已大爲增加。」（如下頁附表）

其後，每本國防報告書都附有公開與保密預算比重，2002年的國防報告書更將公開與保密預算比重回溯至1993年起算，所以從1993年起至2015年止，公開與機密預算的比重可清楚看出，公開的預算比重愈來愈高，2015年（104年度）已占94．07％，保密的預算比重愈來愈低，2015年只占5．93％。這樣一種懸殊的對照，對於30多年前在國防部「關照」下研讀紅色預算書的立委們而言，簡直是不可想像的事，這也是台灣國防的大變革之一。

82～104年度公開與保密國防預算配置比率表

單位:%

年度	公開部分	保密部分
82	38.83	61.17
83	44.78	55.22
84	63.08	36.92
85	63.79	36.21
86	64.30	35.70
87	68.20	31.80
88	70.27	29.73
89	77.60	22.40
90	79.33	20.67
91	82.28	17.72
92	84.33	15.67
93	81.06	18.94
94	80.22	19.78
95	81.69	18.31
96	75.22	24.78
97	69.39	30.61
98	81.82	18.18
99	86.81	13.19
100	91.75	8.25
101	94.83	5.17
102	94.33	5.67
103	94.67	5.33
104	94.07	5.93

1 有趣的是，當我重新閱讀幾十年前立法院的公報紀錄時，卻意外發現到，當時號稱國民黨開明派集思會的吳梓委員和（後來）新國民黨連線的趙少康委員，卻都以審查預算是委員個人行使職權，不宜作黨團聲明爲理由，堅持我代表黨團所做的聲明不能列入院會紀錄。

2 此次肢體衝突的主角之一爲朱高正委員，他當時立法院的席位剛好坐在我旁邊，由於黨團「退回預算案」的聲明是我草擬的，我也代表宣讀，他在上台發言前向我說：「老大仔，今天我要悲壯。」沒有再作任何說明。他穿著布鞋走向主席台，沒有任何委員事先知道他要說什麼或做什麼，發言間，突然一躍跳上主席台，他所謂的「悲壯」，就是這樣的「一躍」。

第三章

國防組織的變革

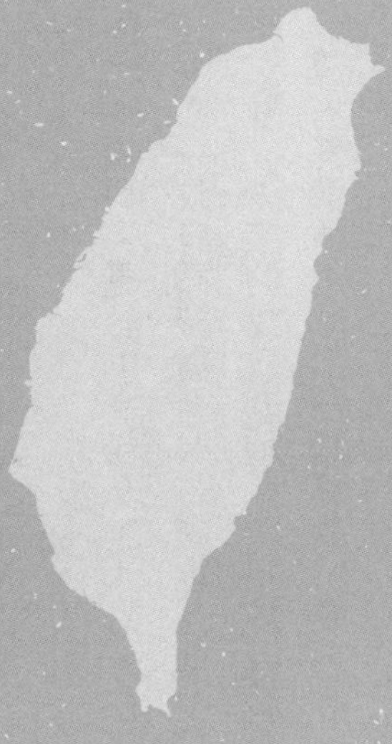

1、早期的變革

中華民國國防部於民國35年（1946年）6月1日正式成立。首任國防部長爲白崇禧，首任參謀總長爲陳誠。隨著國共內戰爆發及戰局失利，國防部隨中央政府由南京播遷到廣州、重慶，後轉到台灣。

中共挾其三大戰役（遼瀋、淮海、平津）的勝利，更於1949年4月，在北平和平談判失敗以後，揮師百萬，渡（長）江南下。此時南京政府爲統籌全局，先後在華中、西南各設軍政長官公署；復爲統一東南地區的軍政事權，建立未來的反攻基地，決定於台灣設置東南軍政長官公署，1949年8月16日，以原有台灣省警備總司令部爲基幹改組成公署，統轄江蘇、浙江、福建、台灣四省，指揮轄區內陸、海、空三軍。

蔣中正於1949年1月，在三大戰役失利之後，「引退」辭去中華民國總統職位，但仍以中國國民黨總裁一職，指點江山；由於局勢快速逆轉，蔣中正於1949年年底退守台灣；1950年3月1日，蔣中正在台灣「重行視事」，再任中華民國總統，並很快要求國防部與東南軍政長官公署合編；同年3月16日，明令撤銷東南軍政長官公署，三月下旬完成「部」、「署」合編任務。

依民國49年（1960年）6月「國防部沿革史」所載：「45年（1956年）5月，總統代電指示：……我參謀次長之業務歸屬，有否改正，能使增強效果，統悉研擬具報」……旋即組成專案小組（自強小組），47年（1958年）元月，時任參謀總長王叔銘，對參謀本部的組織指示幾項原則：

1.組織側重陸軍，三軍聯合之參謀本部。

2.仿德日參謀本部之制度及地位，必須具備英美聯繫協調合作之精神，並顧慮我國之國情。

3.樹立聯參制度，並確定三軍參謀人員比例之分配。

4.恪守聯合作戰統一指揮之政策。

……

6.提升參謀素質，絕不重量，盡量減少人員。

7.力求協調合作，權責分明，人有專責，事有人為。

……

9.參謀人員之配合，應有陸戰隊之專長者。

依此原則，國防部參謀本部經改組後，其聯參各軍種比例分別為：陸軍50%、海軍22%、空軍28%。

「組織側重陸軍」、「聯參陸軍比重50％」的原則，均爲此後幾十年的國防部所奉行不渝，其影響根深蒂固，深入人心；因此當「十年兵力案」與「精實案」觸動兵力結構，「國防二法」又觸動聯參的角色與結構時，才會引發國軍內部，甚至軍種之間空前的激盪。

2、從「十年兵力案」到「精實案」

自1980年代起，30多年來，我國國防事務三大變革的第一項，便是國防政策由「反攻大陸」的「戰略攻勢」轉為「防衛台灣」的「戰略守勢」；第二項變革，便是因應國防政策的調整，國防預算占中央總預算由50%逐年降至30%～20%之間，一直到18%～16%之間；第三項變革，便是因應國防政策、國防預算的調整，自1993年「十年兵力案」起，歷經二十餘年的國防組織調整。

蔣仲苓擔任國防部長時，已屬資深將領，他在接受訪談，特別是在修改其訪談內容時，表現出極大的誠意與用心，有關國防組織的變革，他說：「國軍退守台灣初期，曾實施大規模之整編裁軍；其後則多為軍種性之局部調整。

「如陸軍在民國70年（1981年）以前，曾實施『陸鵬案』與『嘉禾案』，本人任總司令期間，先後完成『陸精一－五號案』，並展開『精實後勤體制案』的規劃；其他軍種亦有類似之精簡整編。」

「十年兵力案」

自政府遷台以後，國防部在軍事組織和兵力結構上最大的調整工程，應該從「十年兵力案」開始談起，而其關鍵人物則爲劉和謙總長，劉總長表示：

我在64年（1975年）8月至67年（1978年）3月擔任國防部計畫次長，發現當時國軍有幾件重大的事項，亟需檢討改進：

一、台灣的防衛作戰構想。

二、國軍高司組織的結構。

三、戰時指揮體系。

他說：「台灣的防衛作戰之基本概念，應該積極強化國軍制空制海的能力，……而不是專注於準備與敵人在台灣進行陸上大戰。」「台灣防衛作戰不可能有大規模的陸上作戰」，「國軍防禦台灣作戰構想應該澈底重新檢討，作必要之修正。」

「民國65～66年間國軍奉令精簡，聯五在策劃中特提出精簡應從高司著手，不可照往例，儘裁基層以及後勤與支援單位之編制與人員。」

有關戰時指揮體系，劉總長說：「台灣一旦發生戰事，不論大戰小戰，不論外島本島，必然是三軍聯合作戰之型態，不可能只是單一軍種之戰爭。但在當時之作戰計畫中，……竟然由陸軍總司令指揮作戰，參謀總部卻擔任支援與督戰之任務。此項設計有欠妥當。」「三軍聯合作戰指揮亦不可能因戰爭來臨才緊急編組應急，平時就應該有戰時之準備。而此一三軍聯戰之編組與權責單位，只能設在國防部，不可能在陸總部。是故參謀總長之職責，平時負責建軍備戰，戰時負責指揮作戰。」

這些建議雖爲時任參謀總長賴明湯全部採納，但隨著賴總長的離職，以及他在67年3月奉調艦隊司令，「此後軍務倥傯，也不知國防部後續情況了。」劉總長在訪談時繼續說：「80年底我回參謀本部服務，在瞭解全面狀況後，自有一番省思，過去15年間，國軍改革案似乎進展並不多，……而國軍所處的客觀環境變化太大了，我既身爲總長，就不能不感到芒刺在背，要趕緊推動十五年前就應該推動的方案。」「我在就任總長後一個月（81年元月），就要求聯參開始『十年兵力目標規劃』……更重要的是，我重返國防部工作時，發現國軍作戰部隊的『編現比』太低（如金門戰地第一線部隊編現比只有百分之七十），必需趕緊調整充實，否則部隊難有實際戰力。這使我感覺到『十年兵力目標規劃』的迫切性。」

協助劉總長推動「十年兵力規劃」最主要的人物，爲時任聯參計畫次長的沈方枰，沈次長說：「其實，那時候眞正國軍人數只有40萬……原來50萬大軍，只是空架子，尤其陸軍基層單位，幾乎都是空架子，海空軍單位還比較好……民國81年我接任（次長）時，陸軍的編現比低於百分之七十，已成爲一個破軍……我相信劉總長那麼急於把兵力重新調整，大概這是最主要的一個原因。」「另外一個因素，就是攻勢變成守勢。」「攻勢作戰和守勢作戰的編組架構完全不一樣。」，「攻勢變守勢，架構整個都要變。」「另外，我想到總長那麼急於做這件事，就是我們的武器裝備太老了，要汰換這些裝備，所謂二代兵力，一定要在武力組織架構上做調整，不能還是維持那樣龐大的組織架構……這個大概也是原因之一。……以我跟他做事這麼多年，他授權給我，要我幫他規劃，我看得出來他大的方向。」

自81年起，國防部開始發表「國防報告書」，以後每兩年發表乙次。82～83年版的「國防報告書」發表時，劉和謙正擔任參謀總長之職，書中的內容應能反應他的看法。在該書第二篇「國防政策」的第三章「防衛政策」，分爲二節，第一節守勢防衛的建軍構想，第二節未來十年兵力目標規劃，其中在第一節內談到：「現階段我國由於政治環境的不變，國軍建軍構想已從『攻守一體』的作爲，改爲『守勢防衛』的指導。因此國軍建軍的方針將是依照『打、裝、編、訓』的思維程序，盱衡全盤戰略情勢，評估地區軍事威脅，據以預判未來台海戰爭的型態，再考量國家人力、物力、財力的支應狀況，從長期、整體、前瞻上著眼，區分優先順序，積極規劃建立『量少—兵力員額少』、『質精—人員素質、武器裝備精』而總體戰力堅強之第二代兵力，期能有效嚇阻外來侵犯，快速反應突發狀況，達到確實保障國家安全之目的。」這種論述，可謂忠實反映劉總長推動「十年兵力規劃」的思想背景與預期目的。

在規劃流程上，有兩個名詞，牽涉到兩個概念，很重要，分別是：

第一：爲什麼需要「十年」？
第二：爲什麼訂爲「四十萬」？

在這兩個問題上，劉和謙總長的看法最具決定性，而他的看法，特別是有關「十年」的看法，受到民國六十年代他任職聯參計畫次長時，當時的副總長執行官王多年的影響。王上將對劉次長所提的國防改革擬案，曾表示：「眞正精簡時……應該大膽策劃，耐心與各單位溝通，執行時間上不可急躁……切不可一道命令限時完成……抗戰勝利後國軍裁軍計畫粗糙輕率，所造成之嚴重後果，務須引以爲戒。」劉總長在訪談時表示：「王上將對我的剴切指示，與國軍在大陸草率裁軍，導致士氣瓦解之教訓，正是爾後國軍兵力目標規劃以『十年』爲期的主要原因。」也正是因爲這種影響，當李登輝總統在開始時，對『十年』時間是否太長，可否縮短提出質疑時，劉總長即是根據上述論點，向李總統陳述，「建議以十年爲期者，即是安定軍心，不使官兵恐慌猜疑，而逐步完成。」李總統也「完全瞭解，予以肯定支持。」

至於爲什麼是「40萬」，依沈次長在約訪時的說法，因爲當時的兵力，事實上，只有40萬。而時任國防部長孫震在約訪時表示，「事實上部隊的人數，只有大約39萬多。」劉總長在約訪時則表示，「40萬一則係按人口比例，一則只是階段性，」他說：「82年6月3日與8日，十年兵力目標總計畫兩次向總統提報。行政院連院長、孫部長都參加。」當時連院長問能否將兵力總目標之40萬再減一些，成36萬人。而孫部長則以爲再多裁一些，32萬較妥。我當場曾說明：40萬是第一階段，爾後依狀況可以再考慮，但不宜一次裁減太多。依國軍平時之數量，概爲人口一%到二%……台海兩岸敵我對峙之態度，……國軍仍以保留人口二%爲妥。」

當時負責「到各軍種總部與軍種參謀長及相關人員溝通協調」的沈次長，在約訪時，更有生動的談話：「……我建議放下身段，由我代表聯五到各軍總部去說明我們的立場。所謂我們的立場，就是去挨罵，聽他們抱怨，讓他們直接去抱怨……愈困難的地方我們去愈多次，當初吵架，連粗話都罵出口……但吵歸吵，我們目標就是這樣……一共就是40萬。第一次跟總統作簡報，連院長和孫部長都在座，總統就問他們兩位的意見，……連院長在行政院長任內看國家的經費，講40萬將來可能養不動……院長說調整到百分之九十……4乘以9等於36萬。總統又問孫部長……孫部長是學經濟的……他講其實百分之八十可以維持了，四乘以八等於32萬，這就夠了……從那個時候，各軍種總部都曉得，連40萬都保不住，還吵什麼，所以自從和總統簡報後，大家很快就溝通好了……大家都認同了，就40萬。認同後，第二次跟總統作簡報，當時各軍總司令都在場，總統是一個軍種一個軍種總司令都問到，你有沒有問題，都講沒有問題，那次會議我記得總統花了近三小時，非常仔細地問完之後，總統就裁示，暫訂40萬……我們根據這個數據來編組。」

「精實案」

依據87年版國防報告書第四篇〈國防重要施政〉第三章〈精實部隊組織〉，提及「精實案」的規劃背景，所考慮的因素有三：

第一係敵情威脅因素，來自中共之國防經費持續大幅成長，不斷擴充更新軍備，組建應急機動部隊，並加強飛彈攻擊與島嶼作戰訓練，武力犯臺意圖甚爲明顯，對我國國防安全威脅日益增加。

第二爲任務調整因素，依據現階段「以和平民主方式完成國家統一」的階段性國家目標，國軍防衛作戰戰略構想已調整爲『防衛固守、有效嚇阻』，部分攻勢編組單位必須配合調整。

第三係國防資源因素，近年來我國國防預算占政府預算比率不斷降低，但人員維持費用受調薪影響卻不斷增加，致作業維持費、軍事投資受到排擠，長此以往國防預算必難以支持建軍備戰需求；另國防可用人力正逐漸下降，兵力目標必須精簡，將節約之人事支出，用以支援建立「質精、量小、戰力強」之現代化部隊所需。

這些考慮，正確反應出時任參謀總長羅本立的見解。因爲這些見解經常出現在羅總長主持政策小組會議、參謀會報、作戰會報有關「精實案」的談話紀錄，以及「『精實案』規劃作業階段紀實」之內。

主導「精實案」最關鍵的靈魂人物，爲參謀總長羅本立，他在訪談時表示：

「十年兵力規劃」至85年6月完成第一階段，有鑒於第二、三階段謹訂定規劃要點，爲因應敵情威脅、國軍任務調整、國防資源及確保目標之達成，同時建立預算限制員額之觀念，從組織、兵力結構、兵力目標上檢討，有效管制員額以抑制人員維持費成長，遂於85年6月起重新檢討規劃國軍軍事組織及兵力結構，歷經自強會議政策宣導及溝通，國防部本部及各軍種軍事會談向總統提報各項專案研究，至86年7月完成各項計畫與基準令頒，歷時約一年時間，其間大小會議、提報、討論經估算約七十餘次，各項重要決策均先期召集各軍種充分研討，於獲致共識並確認可行後，始令頒執行。而推動「精實案」主要係因84年10月中共文攻武嚇的軍事威脅，深感國軍戰略構想已由攻守一體改爲防衛固守、有效嚇阻，國軍的編組已無法滿足作戰的需求，必須檢討調整。且在渠初任總長時，於84年8月得知中共所有湖北、漢口的部隊均向東南沿海前進，對我極不友善，在此期間內即加強戰備，所有外島於二個月均巡視一遍，由於十年兵力目標，未獲充分共識，大家檯面上認爲茲事體大，檯面下意見紛紜，同時以往國軍兵力精簡工作，常因缺乏整體規劃，或因軍種本位主義，致使成效欠佳，因此，基於「精實案」

之推動是國軍邁向現代建軍的重要工作，是不容失敗，也不容許推託遲延，故要求國軍重要幹部，必須屏除本位主義整體考量，也必須排除任何困難，全力貫徹本案之執行。

協助羅總長推動「精實案」的主要人物，爲時任聯參計畫次長何兆彬，他在約訪中表示：「有關十年兵力目標案一直在推動，第一階段在85年6月30日結束，經檢討第一階段之精簡較易執行，那時候的編制員額多而現員少，且精簡以士兵爲主，因此，在執行上無太大之困難。但進入第二階段以後，由於只有規劃方向及要點，如何推動就沒有統一明確的細部實施計劃。而高司組織調整規劃（中原專案），雖研擬甲、乙、丙、丁四案，然

中國時報

中華民國八十八年五月二十三日／星期日

深入調查建軍政策 監委約談四總長三部長

黃煌雄、呂溪木主導 對國軍精實方案進行全盤了解 軍方頗為關注

國軍往哪裡去？

焦點人物

緊抓國防議題 黃煌雄「本性難移」

擔任立委期間 問政即側重軍事 涉獵深廣

究應循哪一案規劃執行，亦無定論。……考量十年兵力目標的規劃案，到85年已經執行三年，若再叫十年兵力計劃，名不符實，且中原專案亦屬兵力規劃工作之一環，故將十年兵力目標規劃案與中原專案名稱合併，修訂為國軍軍事組織及兵力調整規劃案，簡稱『精實案』。」「『精實案』為十年兵力目標案及中原專案之延續，故前後連貫、目標一致。為因應敵情威脅、國軍任務調整、國防資源及確保目標達成，依十年兵力目標案及中原專案為基礎，檢討規劃國軍高司組織及兵力結構調整構想，並奉總統核定後，據以策定細部實施計畫及完整的各項配套措施，故『精實案』較『十年兵力目標規劃』及『中原專案』周詳可行。」

從「輪廓」到「實務」

「十年兵力案」與「精實案」，原則上，都是由時任的參謀總長，以堅定的意志，主動推動的；兩案都先後經過總統核定，且獲總統肯定，各軍種總部也分別在軍事會談向總統提報各軍種的規劃構想。依「十年兵力規劃」的「執行綱要計畫」，且要求各軍種應「策訂細部實施計畫」，並限期完成，但劉總長離開總長之日（84年7月1日）前，各軍種似乎均尚未能提報「細部實施計畫」；而「精實案」的「指導綱要」，也要求各軍種應策頒「精實案」的「細部實施計畫」，不過，這個「實施計畫」，依唐飛部長在約詢時的說法：「事實上，沒有單獨提報，是把它納入到不是正式的會議方式，還是一個軍種一個軍種來提報……，等於是一個相互查證……雙方在那個場合形式上認同了。」「什麼場合呢？」唐部長說：「是在總長會客室。」

「十年兵力案」推動之初，各軍種的觀念，正如時任聯五次長的沈方枰所說，是「韓信帶兵」，「多多益善」；而「十年兵力案」又是政府遷臺以後，國軍建軍史上兵力裁減最多、調整幅度最大的整編案；因此，儘管劉總長在推動時，謹記王多年的「剴切指示」，仍不免引起各軍種的憂慮與反彈，特別是陸軍。沈次長說：「那時候陸軍從28萬人縮成20萬人，所以反彈表較大」。「十年兵力案」是總統在82年6月8日主持第二五一次軍事會談時所核定的，而83年12月15日就任新職的國防部長蔣仲苓，在約訪時，卻一再表示：「該案並未定案」，「十年兵力目標規劃，當我就職時，就是沒有定案。」蔣部長說：

本人係民國83年12月15日到職，到職後聯五沈方枰次長曾對「國軍十年兵力規劃案」向本人簡報。簡報中僅「十年分三個階段執行（83年至92年），與完成後保持四十萬兵力」，二項十分明確外，其餘並未見具體計畫，因此該案並未定案。」

簡報中我曾問參加簡報的聯五廖處長，「分配陸軍二十萬兵力是怎樣計算出來的？」他無法說明，我說：「兵力分配必須根據作戰構想及作戰指導，怎麼打？怎麼裝？怎麼編？到怎麼訓？陸軍應先確定戰略單位是師或是旅？然後再定需要多少個戰略單位？再計算需要多少兵力？」因爲戰略單位尚未確定，所以陸軍二十萬兵力如何裝？如何編？亦當無具體計畫。

蔣部長不僅在約訪時表現出這種堅定的態度，「他到任後就對陸軍裁到20萬不以爲然」。劉和謙總長在約訪時說：

他（蔣部長）到任後就對陸軍裁到20萬不以爲然。其實精簡後陸軍20萬，海空軍各5萬8千，但陸戰隊、海巡部、憲兵與空軍警衛部隊等皆是地面作戰部隊，合起來共約27萬人。三軍總人數40萬，陸軍約占百分之七十一。當年國軍二級上將編階共十二位，其分配則是海軍二人，空軍二人，陸軍八人。從任何角度看，陸軍均居首位。此種軍種之分，並無意義。

蔣部長是我軍中多年之好友，我對他很清楚，也很尊重，他有這樣的感覺是很自然的，倒不是他有什麼成見。因爲在近代中國，自黃埔建軍以來，所謂軍隊也者，就是陸軍，抗戰前空軍剛起步，海軍從未認眞建軍。海空軍受到國人重視，也只是38年後在台灣開始的。而在年紀較大的陸軍（將領）心目中，總認爲作戰是陸軍的事，海空軍只是配屬而已。他們說台灣防衛作戰是要靠陸軍來打，海空軍力量太薄弱了……，過去在大陸上，陸軍三百多萬的雄獅，如今竟然淪落到只有20萬人了，此一變化對年長之陸軍（將領）似乎有無可忍受的失落感，當然會有質疑，這是很自然的反應。蔣部長希望陸軍保持壯大沒有錯，不過國家今日的處境究竟不同於在大陸的時代了。我們今日在海島立國，是台灣海峽保護了國祚不墜，而對外海上航運才眞正維持了國家生命線。如果海峽守不住……國軍再多一百個師的陸上戰力，也無補於事。是故當前國家要求生存發展，應以海洋戰略爲主軸去思考，先設計國軍之建軍與備戰，如再以軍種數量多少，利害得失如何來計較，似乎太不恰當了。

從蔣部長的態度，到劉總長的立場，在「十年兵力案」推動過程上，在軍中內部，無意中，似乎也進行一場「大陸軍主義vs.海洋戰略」的論辯與衝激。

空前的兵力裁減，陸軍首當其衝，而「國防部軍官百分之五十以上是陸軍，一談到對陸軍不利的，他技術上就給你阻擋，不讓你做，管你做的出來做不出來」，這是空軍出身，當過副總長兼執行官、參謀總長、國防部長的唐飛在約詢時「很坦白沒有保留」的話。在這種背景下，唐部長說：「劉總長在做這個十年兵力規劃的時候，遭遇的反彈壓力，是可預期的。」也正因爲這樣，唐部長設身處地體會到那個時候有時「不能不關著門做」，或「半關著門做」，因爲「如果一面溝通一面做的話，那就做不下去」。

繼劉總長擔任參謀總長者爲羅本立。羅總長係陸軍出身，接任前爲聯勤總司令，他在就任總長後約一年，正式放棄「國軍十年兵力目標調整規劃」的名稱，其理由有二：

一、考量「十年兵力」案自82年實施迄今已三年餘，仍名爲「十年」，易引起外界誤會與質疑。

二、高司幕僚單位組織調整亦為「中原專案」其中之一部，其多重名稱易於混淆。況且，「中原專案」，其本質即是國軍「軍事組織」之調整。三軍二代兵力整建，均為三軍部隊「兵力結構」之調整，亦屬「軍事組織」之範疇。因此，乃將「國軍十年兵力目標調整規劃案」及「中原專案」名稱合併，予以修訂，正式改名為「國軍軍事組織及兵力調整規劃」案，簡稱「精實案」。

羅總長雖放棄「十年兵力案」的名稱，卻延續「十年兵力案」的精神。他在約訪時表示：「我接總長伊始，即遇中共文攻武嚇，在這期間以加強戰備，修訂各項作戰計畫為優先，因而深感國軍組織結構已無法滿足作戰需求，同時對『國軍軍事組織與兵力結構』這個重大建軍問題，不能再有本位主義，保守觀望的心態，要攤開來讓全軍重要幹部公開研討，取得共識，儘速策劃執行，因為這是近40年來，調整幅度最大、兵力裁減最多的整編案，不僅對國軍、國家負責，亦應對歷史負責。」

「十年兵力案」與「精實案」的兵力目標是相同的，都是40萬；陸軍均為20萬；海、空軍從「十年兵力案」的5萬8千減為5萬6千，其他軍種的兵力分配也差別不大。「十年兵力案」時間為十年，劃分為三個期程；「精實案」時間為五年，也劃分為三個期程；「精實案」第一階段開始時（86年7月），比「十年兵力案」第二階段開始時（85年7月）慢一年，第三階段卻比「十年兵力案」提早二年（90年）完成。

「精實案」推動時任職聯參計畫次長的何兆彬在約訪時表示：「一個計劃要具體可行，各軍種必須深入了解，並達成共識，否則很難推動。在高司組織方面，原則上偏向丙案，並依此規劃。在兵力結構調整方面，十年兵力目標案雖有總員額四十萬之精簡目標，但第二、三階段並無具體執行的細部實施計畫。……精實案在規劃階段，各軍種及參謀本部將精實案規劃構想向總統提報，並奉核定，細部實施計畫則向總長提報，核定後令頒據以執行。」「檢討精實案具體內容與十年兵力計畫第二、三階段規劃的方向跟要點，其實是前後連貫，目標一致的。只不過精實案明確規劃執行構想，並提出可行的、務實的細部實施計畫及人事疏處等各項配套措施，以使各軍種能落實推動。」

時任計畫次長劉志遠，在約詢時也表示：「事實上，兩個案子是合而為一，是連貫的，是連續執行的，說它們不一樣且不連貫是不可能的。」時任人事次長陳金生在約詢時談得更為深刻：「不管『十年兵力案』或『精實案』，在兵力裁減和組織重整的目標是一致的，『十年兵力案』是一個輪廓，『精實案』更像一個具體執行的計畫。我們認定『精實案』是因為之前有『十年兵力案』在持續成長的研討中，更能結合我們在調整組織時的環境，所以在『精實案』裏實際談到了職缺的調整、裁撤，直到每一個人，每一個兵的定位，作明確的指示。所以它比十年兵力計畫更明確，更具體，是一個眞正執行的計畫。而『十年兵力案』只是一個架構，那架構可能與執行中的環境變化不盡吻合，就慢慢研討，把理論與實務結合起來，十年規劃是一個理念，精實案是一個實務。」「因為計畫疏密度不一樣，原先『十年兵力案』的時候，是理念及規劃方向；到『精實案』時，是具體到職務、官額的裁撤，是多方面的執行。」「軍中是一個很龐大的組織，它的計畫執行是一個漸進的演變……『十年兵力案』時，在思維、理念上探討，在時間上是一個過程，到『精實案』的時候，大致上理念已經溝通到成熟階段，就變成具體行動的階段。」

對於「十年兵力案」，被繼任的羅總長更名為「精實案」，劉總長在約訪時表現出高度的修養，他說：「繼任羅總長是我在職時之執行官，對十年兵力目標案應該很進入狀況。事後國防部更改原案成立新案，我以為不會是他的意見，但我也未再過問。」「如果『十年兵力目標第一期完成後，發現有不妥之處，原計劃必須修正或更改，也是很自然的事。我以為原案由總統核定，已經執行了，只有總統認為要重行更改才是正常的。」羅總長在被問及如果他的繼任者，基於新的形勢，也修正「精實案」時有何意見，他的回應更是磊落：「精實案不是單純的人力精簡案，而是組織再造工程……是永遠持續進行的工作……朝向止於至善的境界……所以繼任的部長、總長認為精實案有缺失待改進，或重新提出對國軍建軍有益的專案計劃，我當然樂觀其成，全力支持。」

在目前國軍高級將領之中，貫穿「十年兵力案」與「精實案」的規劃與推動、以及『精實案』執行的唐飛部長在約詢時說：「『精實案』規劃的時候，就是把原來遭遇困難的問題作一個調整。事實上，它有它的連貫性，沒有前面十年兵力遭遇的困難，沒有經過第一階段的困難，第二階段可能不會做的很周到。」

儘管羅總長也出身陸軍，他也遭遇到劉總長所曾面臨的情況，唐部長在約詢時這樣說道：「陸軍那個時候不接受20萬的數字，一直到李楨林作總司令，還堅持少過24萬，陸軍無法編成，等到『精實案』開始，羅總長是用比較強勢的態度，實際上有個竅門，把陸軍後勤的部分拿過來，放進聯勤，這一萬多人脫離了陸軍，變成聯勤的員額。」就文獻與資料顯示，羅總長在推動「精實案」時，不僅「強勢」，也表現出決心與勇氣。他在約詢時說出了對兩個案的比較：

> 「精實案」其中所規畫之兵力目標，即是延續「十年兵力案」，高司組織及未來三軍兵力結構方向調整，亦與「十年兵力案」所規畫方向大致相同；另「總員額分配」、「將官精簡」、「官士兵及軍官分階配比」、「執行期程」等均是經過務實檢討分析，兼顧理想與現實所修訂；而「精實案」完整的配套措施，則是「十年兵力案」所不及的，包括「人事疏處措施」、「準則法規修訂」、「權責執掌劃分」，故「精實案」各項工作要項均訂定相關計畫與作業規定，較「十年兵力案」案周詳可行。

在面對「精實案」開始時，已比「十年兵力案」原訂第二階段延遲一年，爲何又能提早二年完成「精實案」第二階段工作的質疑時，羅總長仍然非常「強勢」的說道：

> 所謂「十年」僅是個概念，「十年兵力案」也未訂定完整計畫；「精實案」就是接續「十

年兵力案」二、三階段的工作，但我們花了一年多的時間，充分地溝通研討達成共識，並實施多項的專案研究，務實地策訂了各計畫，因此較「十年兵力案」原訂第二階段延遲一年；本人曾在八十五年國軍自強會議閉幕講話中指出：「精簡與結構調整是上下並行、同時併作，才能發掘問題癥結共同解決，只要大家捨棄本位、保守、觀望的心態，不待十年就可完成，長痛不如短痛，愈早定案，緩衝時間愈長」。因此，參謀本部及各軍種「精實案」各項工作均有周密完整的計畫，策訂各項完整的配套措施，尤其是在「人事疏處」上規劃獎勵疏退、輔導就業等多項措施自然消化，排除困難，以至於能較「十年兵力案」提早二年完成。

不過，在這一點上，「十年兵力案」時任計畫次長的沈方枰在約訪時卻有話要說：「紙上談兵很容易，一年就可以作完，現在不能大動。幻象機、F-16一砸，舉世皆知。所以在換裝的階段，不能大動，否則人心惶惶。85、86年應該要動而不動。」「當初我離開時（84年12月），已經繳出去4萬多人，所以我們本來就會提前，但不落入文字，留一點空間給自己，82年至86年應該大動組織調整，87、88、89年則要小動，因爲新船新飛機來了，如果動作愈大，問題愈多，尤其是後勤的部分，軍中講編現、編裝，軍中要編裝前，必定要經過實驗編裝，因爲一錯了就無法挽救……87年至89年海軍的新船來了，空軍的新飛機來了，所以是眞正的戰力提昇，戰力從零開始，好比蛇脫皮，剛脫皮時最危險，最好少動，經過編裝、調整後，90、91、92年才能完成……實驗編裝至少一年，搞軍制學的人都懂。」

十年兵力案與精實案比較表

區分	十年兵力規劃	精實案	備註
計畫時程	82年7月至92年6月	85年7月至90年6月	兵力目標規劃十年 精實案五年
階段劃分	第一階段：82年7月至85年6月 第二階段：85年7月至89年6月 第三階段：89年7月至92年6月	第一階段：86年7月至87年6月準備調適 第二階段：87年7月至88年6月組織簡併 第三階段：88年7月至90年6月完成定編	精實案提早兩年完成
兵力目標	40萬	40萬	相同
兵力結構	陸軍20萬 海空軍5萬8千人	陸軍20萬 海空軍5萬6千人	1.海空軍少2千 2.精實案將「師」級改為「聯兵旅」型態
高司組織調整	中原專案擬有甲、乙、丙、丁四個擬案	以丙案為基礎修改而成	「中原專案」胎死腹中，為「博愛專案取代」
官士兵配比	1：2：2	1：1．78：2．05	
維持員額	占總員額10％	占總員額12％	
員額管制	完成第一階段精簡，達成46萬以下目標	完成各軍種分年分階執行期程，預定於90年度總員額40萬目標	
將領配置	研擬中	將額配置508員 精簡將額190員	
精簡員額疏處	研擬中	頒布疏處配套規定，減低精簡人員衝擊	

形象的比喻

「精實案」整個時程爲5年，第一年用於政策宣導及溝通，至86年7月完成各項計畫與基準另頒，其餘的4年區分爲三個階段，第一階段（86年7月至87年6月）準備調適期，時間爲一年；第二階段（87年7月至88年6月）組織簡併期，時間亦爲一年。羅總長的任期至87年3月5日，他離開參謀本部時，「精實案」已進入第二階段的緊鑼密鼓之中，繼任的總長，對於「精實案」的態度，影響「精實案」的落實關係至大。

繼羅總長之後的，爲唐飛總長及湯曜明總長。唐總長的任期大約十一個月，而湯總長任期則貫穿「精實案」第二與第三階段，他們二位總長，都曾參與「精實案」的規劃與推動，就任之後，也都宣稱要全力貫徹「精實案」。

唐部長在約詢時表示：「我當總長已經到執行階段，第一個要貫徹，怎樣按著計劃去作，我們現在還是有些問題，……有些問題是要在下一階段才能解決的。」「我在十一個月執行的時候沒有去做改變。」「因爲一去改變的話，可能牽涉很多很多問題，我們希望這段時間很順利把工作做完，所以『精實案』計畫沒有動它。」

湯總長在約詢時也表示：「『精實案』是國軍邁向現代化建軍的重要工作……因建軍是長期性、持續性、連貫性的工作……我就任總長以後，要求各軍種必須全力貫徹『精實案』，達成預期的目標。」「我是將羅總長的計畫具體化，並加以落實。」湯總長也說：「本人在就任總長時，總統要求我貫徹『精實案』。」

由於兩位繼任總長的堅定支持，「自去年7月開始執行至今，已經10個月的時間，是在平穩的情況下進行的，但毫無瑕疵是不可能的。」湯總長在約詢時說：「執行『精實案』，總長必須要有堅強的意志，要有擔當，因爲執行的階段最困難，過程中難免有瑕疵，但不能因爲其中的小瑕疵而放棄執行。」

在執行的過程上，最困難的，便是人員的疏處，特別是現員的疏處，唐部長在約詢時生動地說：「『精實案』必要性是大家認同的，但眞正規劃時，都不願意動到自己」，「因爲人都是有『爲什麼先減到我頭上』這種反彈的想法」，以及「你爲什麼讓他多一個讓我少一個的爭論」，因而衍生執行時的第二項困難，便是溝通。唐部長說：「爲避免第一階段的缺點，不斷溝通想要把它說明白，所以到最後，大家雖不滿意，卻都可以接受，因爲大家都曉得非這樣不可。」湯總長在約詢時也說：「人員疏處是件很痛苦的事情，這些都是幾十年的工作夥伴了，現在請他走，這些在研擬階段是不會實際面臨到的。我離開陸軍總部時，都已經把89年度要疏處的人員各單位都列出來，他們的同意函也都寫好了，否則現任的陸軍總司令剛上任，……人生地不熟，馬上叫他做這種事，是很爲難的。」

執行時身處第一線的人事次長陳金生在約詢時表示：「前面講40萬，兵力下降，但還不『切身』；等到『精實案』開始了，與個人切身關係到了，單位、職位要被裁撤，所以那時聲音比較多，比較辛苦，溝通的事比較多。」「在劉總長的時候，軍種跟總長之間，及各軍種跟參謀本部之間對總兵力目標的討論，大結構的意見摩擦與溝通，所需要的時間比較多；但到『精實案』時候，個體單位和個人之間權益的意見溝通，所需要的時間更長、更為複雜。」同樣身處執行第一線的計畫次長劉志遠在約詢時也表示：「我們預警的時間比較長……在作計畫時候，每個人都知道哪個職務在哪一年要裁，哪個職務做到那一年哪個月，因此，需要溝通，溝通後定下來，大家都心平氣和……所以現在我們要做的，就是貫徹管制，希望在90年確確實實達到40萬。」

雖然有這些困難，在進行人員疏處時，湯總長有其依循的基本原則，他在約詢時表示：「我進行人員疏處時把軍中的人員分成三種人，第一種是品德不好、不敬業的人，我們要淘汰他；第二種是品德好、性情好、敬業精神好的人，但已達到了經管期，因為軍中要一些精壯的人，這些人我們要想辦法照顧他，疏處時首先要維護他的尊嚴，其次要照顧他的權益，而且要儘量輔導他找適當工作；第三種則是品德好、性情好、敬業精神好，又在經管期的精壯人員，則予以留用。而這些人的區分不是總長或總司令個人決定的，我們分三個系統來考核評估，即按主管的系統、幕僚的系統、兵監的系統來評估。……三者綜合以決定他應該淘汰、疏處或留用，大家並於人評會中進行評核，這樣比較公平。」

除了人員疏處和溝通問題之外，「工作量重」也是執行時所碰到的主要困難之一，唐部長在約詢時說：「並不是有什麼窒礙難行的地方，不能突破的，這中間陸軍的確是最困難的，它由原有的師，變成聯兵旅……不但是架構縮小，而且組織的內涵調整了，這很困難。所以這個時間要很長，不單是人的問題，還有裝備的問題……但是規劃不斷，計畫不斷地討論，現在還沒有發現哪一件事做不到。」在這個問題上，湯總長也有相同的感受，他在約詢時說：「劉總長及羅總長的時候，都是40萬，分配各軍種的員額也沒有變。我當陸軍總司令時，陸軍的部分是我提報告……從劉總長到現在，陸軍都一樣是20萬。……分配這20萬，裝甲兵要多少，步兵要多少，學校要多少，幕僚群要多少，這才是大工程。」「這麼大的組織要進行調整，各軍種先提計畫，再作實驗編裝，目前則是進行檢驗編裝的階段。」「就陸軍來講，實驗編裝的期間概約是一年」，而在進行編裝時，「有些是因爲經費不足的關係，使得編裝裝備無法如期獲得。」從唐部長到湯總長的談話，也可以看出「精實案」的執行能否貫徹，與預算的能否完全支應有關。

「精實案」延續「十年兵力案」，將國軍兵力總員額由50萬裁減爲40萬，但要對國軍總兵力有正確了解，必須對國防部使用的幾個名詞有正確了解，這些包括：

總員額：係包括編制員額及維持員額。

編制員額：爲納入編制表內之編制人數。

維持員額：係在訓學員生、新兵、傷患、囚犯等未納入編制表內員額，然爲維持國軍編制單位正常運作所需之最低需求人力。

預算員額：係各機關組織法所訂之編制員額。國軍按年度施政需要，以接近發放薪餉現員計算人員費用所使用之員額。

現員：係指發放薪餉的實際人數。

編現比：爲現員數除以總員額數。

民國82年，國防部宣稱兵力總員額爲大約50萬，指的是「編制員額加維持員額」，而實際兵力，亦即「現員」，依當時沈次長的說法爲「40萬」，而孫部長則說「大約39萬多」。所以，「十年兵力案」第一階段，將兵力總員額由82年的49萬8千多人，裁減到85年的45萬2千多人，其所裁減的，絕大多數都是編制上的缺額；同樣的，「精實案」的三階段，將兵力總員額由86年的45萬2千多人，裁減到90年的40萬，其實所裁減的，絕大多數也都是編制上的缺額。湯總長在約詢時說：「兵實際沒有裁到，現員裁到部分士官，但是士官現在還有缺額。我以現任總長的立場，應該把事情說清楚……以前士官的部分空缺太多，是虛胖的。」不僅「士官的部分虛胖」，兵的部分更是「虛胖」，眞正裁到現員的非常少，其中裁到的大多屬於高層，聯五的高玉丘處長在約詢時說：「高層都是裁現員，尤其是中校以上，而士兵則是缺員慢慢減掉，將官與校官都是減實員。」

「精實案」的核心，除了編制與組織的空前調整，裁減編制上龐大的缺額以外，便是精簡高層的將官與校官的實員。從「十年兵力案」到「精實案」，精簡將官員額一直是一個持續的政策。「精實案」訂定將額為508員，經提報軍事會談奉總統同意，以精簡將官190員為目標，目前正按88、89、90，三個年度，每年分別精簡將官64、62、64員。國防部並訂有「國軍將級員額分配」，令頒執行。依「精實案官士兵配比及員額分年目標管制表」，到90年度應精簡的校官為7千多人，不過其中中校約2千人，上校約1千人，其餘為少校，而依國防部的說法，中校以上的才會精簡到實員，所以整個「精實案」精簡中校以上的高級軍官，大約3千人左右，這也是「精實案」最辛苦的部分。

從「十年兵力案」到「精實案」，經歷過四位參謀總長，四位國防部長（孫震、蔣仲苓、唐飛、伍世文），不論就兵力結構或軍事組織，都代表國防部50年來空前的變革，可算得上是國防盛事。劉和謙總長開風氣之先，繼任的羅本立總長、唐飛總長及湯曜明總長，都一致表示：「二者是具有關鍵性與連續性」。羅總長說：「『精實案』就是接續『十年兵力案』二、三階段的工作」；湯總長說：「我認為『十年兵力目標規劃』是開始，訂定精簡目標，『精實案』則完成詳細的執行計劃來落實，兩者具有關連性與延續性。」

不過正如《腳步——黃煌雄監委工作紀實（1999～2005）》一書所指出：「當『精實案』進行調查之時，就國防部所提供的所有資料，以及國防部有關人員到立法院所做的各種報告，幾乎看不到任何人，對『十年兵力案』與『精實案』表示『是有關連性與延續性』

右為劉和謙總長、左為作者

由左至右依序為沈方枰次長、
作者、劉和謙總長、呂溪木委員

左為羅本立總長、右為作者

左為蔣仲苓部長、右為作者

的任何談話或內容；聯參的有關人員，雖已將『精實案』當作一個『劇本』在執行，但對『十年兵力案』卻所知不多。因此，『精實案』在進行調查後，黃委員感到最欣慰、也最有意義的，便是促使國防部有關人員，對兩案進行客觀的評估；同時，也促使國防部高級將領，包括歷任參謀總長，都要虔誠地表示兩案的延續性。湯總長對於這種延續性，曾這樣比喻：「譬如要蓋一棟大樓，要先評估在哪裡蓋，先選地點，地點選上來以後，找設計師來畫藍圖，藍圖畫好了，再找營造廠來蓋……蓋的時候，我當然希望用最好的材料，但必須考慮財力夠不夠……蓋好了，還要裝潢……劉總長的階段是選位置，羅總長的階段是畫藍圖，唐總長的階段開始破土動工，現在（我）就是動工蓋的階段。」

湯總長這項比喻頗為形象，不過，更貼切地說，應該是劉總長的階段不僅主動選好地點，也畫了架構式的藍圖；羅總長則是將原架構式藍圖塡滿，予以精細化，以利按圖施工；唐總長是動土開工；湯總長不僅要按圖施工，也要負責監工。

從宏觀的觀點言，「十年兵力案」與「精實案」都是國軍走向現代化必然要做的工作，國防政策改變了，國防預算調整了，但國防組織卻始終未變，這是國防部早該做而尙未做的事，所以國軍的現代化實比國家的現代化晚了一些。況且，兩案執行之後，國軍兵力總額員雖裁減為40萬，編現比由原本不到70%的破軍提升到80%以上，但由於兩案所裁減的絕大多數是編制上的缺額，而非實員；加上，「精實案」執行的結果，又未能發展出兵力結構與預算分配的邏輯程序，因此「精實案」只能達成「組織減肥」，未能達成「組織再造」。唐飛即如此表示：

『精實案』達成精簡的目的，沒有達到再造的功能。就拿國防部來講，國防部組織結構，四十年以前到現在一直未變……現在我寄望國防組織法把這個做好。」

中原專案

爲解決國防部所屬單位散駐台北市的問題，民國81年（1992年）3月，劉和謙總長召集相關人員研究，決議（一）國防部及空軍總部疏遷郊區；（二）暫停「博三大樓」規劃。爲及早獲得遷建用地，經審慎評估與劉和謙總長核定，以遷往桃園八德較爲適宜；同年4月，後勤參謀次長室完成「國防部與空軍總部疏遷至郊區可行性研究報告」，經陳履安部長核定，陳送行政院核辦；同年5月，行政院函覆：「同意備查，並以大直營區爲遷建優先考量」。爲利全案管制執行，頒布國防部疏遷專案代名爲「中原專案」。同年6月，國防部再將「中原專案」陳報行政院，行政院考量預算因素，並「囿於國防組織型態、兵力結構及員額需求等未來發展擬案尚未定案」，函覆：「應予緩議」。其後，劉總長於「中原專案」研討會裁示：「確立部本部與參謀本部及各總部之組織型態」，研訂「參謀本部及三軍總部合署組織規劃擬案」，並針對「國防部及三軍總部合署組織規劃」進行專案研究，擬議甲、乙兩案。83年（1994年）8

月，由計畫次長室向劉總長提報「中原專案高司組織規劃」。由於國防組織法尚未定案，爲切合規劃意旨，本案更名爲「中原專案高司組織規劃」，經作業小組規劃研究，除原擬甲、乙兩案外，另增列兩案。

本案規劃計四案，區分兩種型態，甲、丙案爲同一類型，乙、丁案爲同一類型，每案均設聯合作戰指揮機構，並採合地辦公。在組織上力求簡化層級，增加指揮幅度，精併高司組織之事務性單位，強化專業性之組織與能力：

一、甲案

（一）構想：以現行國防組織體系爲基礎，維持各軍總部、聯勤總部、軍管部、憲令部組織架構，將三軍共同事務工作歸併參謀本部，統合三軍作戰指揮作業單位，成立聯合作戰指揮機構。

（二）組織：（略）。

二、乙案：

（一）構想：採國防軍型態之參謀本部組織架構編設，裁撤三軍總部與參謀本部徹底合併，僅維持聯勤總司令部、軍管部、憲令部，成立聯合作戰指揮機構。

（二）組織：（略）。

三、丙案：

（一）構想：參謀本部主管用兵與建軍，各軍總部（司令部）負責教訓、準則發展，並向參謀本部提供軍種建軍工作建議。聯勤掌管國軍通用後勤、三軍掌管軍種後勤；動員、後管工作納入作戰區，採就地動員、立即動員；參謀本部負責三軍作戰與情報工作，統一遂行聯合作戰指揮，精簡作戰指揮層級；貫徹選訓用合一作法，軍事教育與部隊訓練分別由人事與作戰部門掌管。

（二）參謀本部下轄陸、海、空、聯勤總部、憲令部，裁撤軍管部、師管部，編成海巡司令部；參謀本部下設督察部、總政戰部、總辦（務）、人事、情報、作戰計畫、後勤、軍醫、通電、國軍決策中心等參謀組織，另設軍購局、動員局直屬參謀本部；總政戰部政計會、各總部戰計會、督察室與督察部併編；總政戰部政三處移編督察部；作次室學校教育處移編人次室；參謀本部總務局、史編局與總辦室併編；三軍總部情報署除情報訓練組外，餘移編參謀本部情次室；原陸海空三軍總作戰署更名爲教訓署，除保留部隊訓練、圖書管理、準則發展組外，學校教育組移併各總部人事署，餘移編參謀本部作計室；三軍總部情報訓練與情報部隊訓練移編教訓署；各軍種總部後勤署與後令部併編，裁撤後勤署；各總部計畫部門移編參謀本部作戰計畫部門；各軍總部眷管併入後勤單位，陸軍福利處裁撤；各軍總部軍醫署與軍醫局併編，陸軍軍醫部隊訓練移編教訓署；三軍通電單位之電子作戰組織移編參謀本部通電局，通電訓練移編教訓單位，通信補保勤務移編軍總後令部，陸軍工兵、化學兵署比照通電單位編組調整；軍管部裁撤，參謀本部成立動員局；各軍種總（勤）務處與軍種總辦室併編；成立軍事採購局，直屬參謀本部，聯勤總部物資署裁撤。

四、丁案：

（一）構想：參謀本部與三軍總部（憲令部）併編，主管建軍與用兵，下轄作戰區、三軍部隊；三軍作戰由聯合作戰司令部掌管，指揮系統經由聯合作戰司令部——作戰區（防衛部）——作戰部隊；政戰幕僚組織回歸同聯參一般幕僚組織型態；作戰區採三軍聯合編組，編設陸海空軍人力及編配三軍部隊，作戰區負責責任區內三軍所有軍事單位、部隊教育訓練、行政支援、人事勤務、軍紀維護、軍事動員、地面作戰，計畫策定與執行；強化聯合勤務司令部功能，負責國軍全般後勤支援、補保作業，下轄地區後勤支援指揮部，配編作戰區司令部，對地區內三軍部隊提供後勤支援；憲兵任務回歸軍中憲兵，各地區憲兵指揮部納編作戰區。

（二）組織：（略）。

在甲、乙、丙、丁四案中，當時之計畫次長室，於「綜合討論」時表示：「就組織編制、員額精簡、指揮層級、協調聯繫等因素考量，丁案較符合上述條件，乙案次之。考量香港『九七』大限前夕，國軍正處戰力間隙，維持原高司組織仍屬必要。直接採丁案裁撤總部高司組織，使國軍組織大幅更改，況且修法費時，不宜直接採取乙、丁案，故採漸進方式，逐步精簡編組，先由甲、丙案逐步實施，俟執行狀況後再檢討後續之組織規劃。」而在「組織法制」方面，計畫次長室則表示：「採行甲、乙、丁案，均涉及國防組織法、參謀本部組織法及各軍種總部組織規程之修訂，需完成立法程序。惟丙案因組織名稱未改，未增加法定組織內結構，暫可不修法……配合國軍十年兵力目標規劃推動，初期採行丙案較爲可行。」

劉總長在約訪時說：「當時『中原案』只是開端，未經溝通與會議」，只是「由計次室先擬定中原案之綱要計畫，頒發各總部各有關單位，先作研究」而已。蔣部長在約訪時也表示這種看法：「本人認爲『合署辦公』顧名思義，應爲單位不變、任務不變、體系不變，各單位集中到一處辦公，像行政院各部會集中在中央辦公大樓一樣。但沈次長的『合署辦公』，是裁撤三軍總部，重編參謀本部。這根本是兩回事。我們三軍總部各有其功能，各軍種有其本軍種特性，人才的培養、部隊作戰、訓練、裝備、保修都不一樣。各軍種官兵各有其歸屬感，都以各軍種總部爲中心。目前各軍種均有一完整制度，如改編還須先研擬完整的制度，訂定有關的法令規章，而且有的還要立法，概略需要五年或十年的時間，不是那麼簡單的事，此事僅爲少數人研究案，亦未取得三軍共識。以後因爲84年6月劉總長辭職，我就沒有催他們。」確如蔣部長所說，「中原案」，「此事僅爲少數人研究案」，不過「少數人研究案」其中的丙案，後來卻成爲「精實案」規劃調整高司組織的主要基礎；甚至其後「精進案」與「精粹案」的調整，在一定程度上，也都有「中原案」的投影。

博愛專案

「博愛專案」的主導者為羅本立總長，他在約訪時對「博愛專案」的始末及過程，有著詳細的說明：

國防部及參謀總部早年進駐介壽館內，有當時特定的時代背景及需要，隨著時空的改變，以及組織的調整與業務的擴展，辦公室空間不足的情況已日趨嚴重，乃於民國57年及73年於介壽館後（西）方博愛路興建博一大樓及博二大樓，分別於民國61年及76年完工啟用，擁擠的狀況雖得以略為疏解，但各聯參仍然散駐多處，未能集中辦公，工作協調與管制極為不便，再加上國內民主政治的發展，軍事機關不適宜再留駐總統府，於是在民國78年就有國防部及參謀本部遷建之議，當初的構想係利用三軍軍官俱樂部及國軍文藝中心現址構建大樓，預期樓高十六層、地下三層，並著手委託建築師規劃設計，但因涉及台北都會區捷運南港線地下工程須穿越貴陽街的影響，以及博愛特區地下管線密集、遷移困難，施工期間周邊形成的交通瓶頸不易克服等，殊多窒礙難行之處，遂停止規劃，另謀其他方案。至81年4月，又完成「國防部、參謀本部及空總遷至郊區之可行性」研究報告，奉行政院核覆：「研究結論同意備查，惟應以大直營區爲優先考慮。」經本部深入研究及實地勘查後，後因大直健康醫院土地另有運用計畫，至遷建幅員不足，遂於同年6月以「中原專案」爲代名，規劃以桃園八德爲遷建預定地再報行政院，9月行政院函覆：「緩議」。經檢討「緩議」原因，主爲遷建經費需求龐大，國防預算一時無法容納，且遷建案又涉及國軍軍事組織與兵力結構調整規劃，當時各項擬案正在研議中，尚未定案，遷建時機並非適切，故而暫緩實施。但由此在思考與作業上產生重大轉折，中原案由原單純的駐地遷建案轉爲國軍組織調整及兵力規劃案，承辦單位亦由聯四轉換至聯五主管，以後歷經四年多時間，參謀本部陸續完成十年兵力規劃及第一階段精簡作業，迄至精實案之定案執行，此時再考量遷建案之時機已趨成熟。

爲排除執行上之困難，解決根本性、關鍵性的土地與預算問題，特於85年11月軍事會談中向總統提報規劃構想，並奉裁示：「同意國防部、參謀本部及空軍總部遷建大直，三軍大學遷建桃園八德，所需經費由行政院專款支應，爾後由營區整建基金分期歸墊。」至此博愛專案才眞正確定。爲配合精實案的實施，縮短遷建時程，計畫採同步施工方式執行，並在不影響指參召訓原則下，三軍大學先於6月28日暫遷桃園龍潭武漢營區，繼續正常施教。各遷建基地亦相繼完成測量、地質鑽勘，並在公開、公平的原則下辦理委託規劃及設計。

當「中原專案」由「單純的駐地遷建案轉爲國軍組織調整及兵力規劃案」，原「單純的駐地遷建案」則由「博愛專案」所取代。「博愛專案」與原「中原專案」最大的不同在於，「中原專案」遷建地點爲「桃園八德」，「博愛專案」則爲「大直營區」。

劉和謙總長認爲「未來台灣的五角大廈」，亦即新的國防部，應如「美國當年在華府郊外興建五角大廈」一樣，「不宜安置在台北市鬧區」，而應遷往「桃園八德」；但羅本立總長所奉李登輝總統裁示卻是：「同意國防部、參謀本部及空軍總部遷建大直，三軍大學遷建桃園八德」。由於「博愛專案」已經總統核定，正式定案，湯曜明在擔任總長時乃說：「博愛案已經定案」，「博愛案已在執行當中了」，這也是今天新的國防部座落在台北大直，新的國防大學座落在桃園八德的歷史背景。

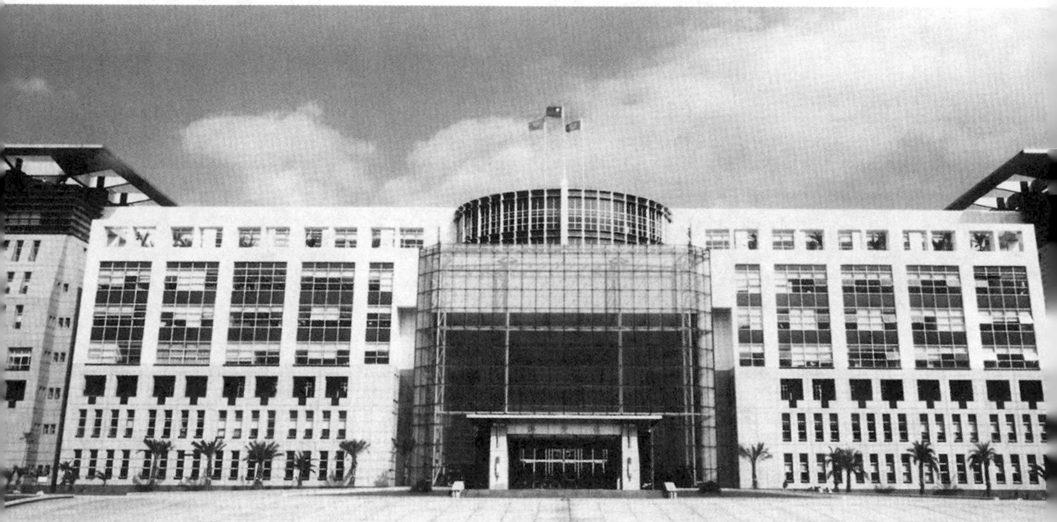

國防部博愛營區新大樓。
圖片出自《精粹國防，傳承創新—國防部遞嬗與沿革》

左為唐飛部長、右為作者

右為湯曜明總長、左為作者

左為李傑部長、右為作者

右為李天羽部長、左為作者

3、從「精進案」到「精粹案」

從民國82年（1993年）8月1日開始的「十年兵力案」，到103年（2014年）11月1日完成的「精粹案」，國防部組織的變革雖然起步較晚，卻歷時20餘年；前面十年，從「十年兵力案」到「精實案」，依當時國防體制，主導國防組織變革的關鍵人物為參謀總長；而後面十年，從「精進案」到「精粹案」，隨著國防二法的實施，以及湯曜明總長變成湯曜明部長，湯部長又宣稱部長依國防二法的精神，係「總其成，負全責」，因此主導組織變革的關鍵人物，乃由以前的參謀總長變成現任的國防部長。

「精進案」從民國93年（2004年）1月1日第一階段開始起至99年（2010年）11月1日第二階段完成止，歷時6年10個月，經過六位部長（湯曜明、李傑、李天羽、蔡明憲、陳肇敏、高華柱），四位總長（李傑、李天羽、霍守業、林鎮夷）；「精粹案」從民國100年（2011年）1月1日開始起至103年（2014年）11月1日完成止，歷時3年10個月，經過三位部長（高華柱、楊念祖、嚴明），三位總長（林鎮夷、嚴明、高廣圻）。「精進案」開始時國軍總員額為38萬5千餘員，完成時總員額為27萬5千員，減少約11萬員；「精粹案」開始時總員額27萬5千員，完成時總員額為21萬5千員，減少約6萬員；兵力精簡是「精進案」與「精粹案」延續「十年兵力案」與「精實案」的兩大精神之一；另一精神則是組織調整，或組織減肥，甚至進一步的組織再造。

當「精實案」執行到後期，國防部準備開始規劃「精進案」時，因國防二法完成立法與準備施行而暫緩，此期間擔任國防部長的伍世文（89年5月20日至91年2月1日）曾說：「精進案當時是由參謀本部研究，在我任內沒有眞正開始。」時任參謀總長（88年2月1日～91年2月1日）後來接任國防部長（91年2月1日至93年5月20日）的湯曜明作了這樣的說明：「89年國防二法通過，依法通過3年內即92年國防二法要實施，因爲國防二法實行，國防組織變動很大，國防組織又涉及參謀本部及各直屬機關，而參謀本部組織條例等相關配套法案尚未通過立法，基於組織調整於法無據下，89年即暫緩『精進案』，先執行國防二法組織調整規劃……92年3月1日國防二法施行，組織依法完成調整，同時也開始重新規劃『精進案』，……因此89年、90年絕對不可能同時執行『精進案』與國防組織調整。」隨著「國防二法組織完成調整」，在湯曜明任職國防部長期間擔任參謀總長的李傑便說：「精進案原由參謀本部規劃，配合二法調整，權責移轉至國防部軍政部門辦理。」李傑接任國防部長後延續這種作法：「精進案第一階段由湯曜明部長確立，我執行第一階段後半段；第二階段我確立，並執行第二階段前段；原本第二階段，我於部長96年5月20日卸任前可以完成，但後來改成精進案第二階段執行到97年11月1日完成，李天羽接任部長後又延到99年11月1日。」

李天羽擔任總長（93年5月20日～96年2月1日）與部長期間（96年5月21日～97年2

月25日），大多數時間處在「精進案」的第二階段，此時政府已採行徵兵、募兵並行制度，並逐年向募兵爲主、徵兵爲輔傾斜，國防部繼「精進案」之後再推動「精粹案」時，已是第二次政黨輪替，接任國防部長的陳肇敏（97年5月20日～98年9月10日），特別是高華柱（98年9月10日～102年8月1日），更將「精粹案」與募兵制的推動期程同步化（如下圖）：

國防二法與募兵制也因而分別成爲影響「精進案」與「精粹案」的重要元素，甚至是上游元素，這是「十年兵力案」與「精實案」推動時所未曾有的遭遇。

在「精粹案」調查期間，我們的工作團隊，於102年（2013年）4月11日，帶著33個議題到國防部進行面對面座談，國防部包括高華柱部長、嚴明總長等共約20多位將領與會，互動了兩個半小時，整個過程坦誠、認

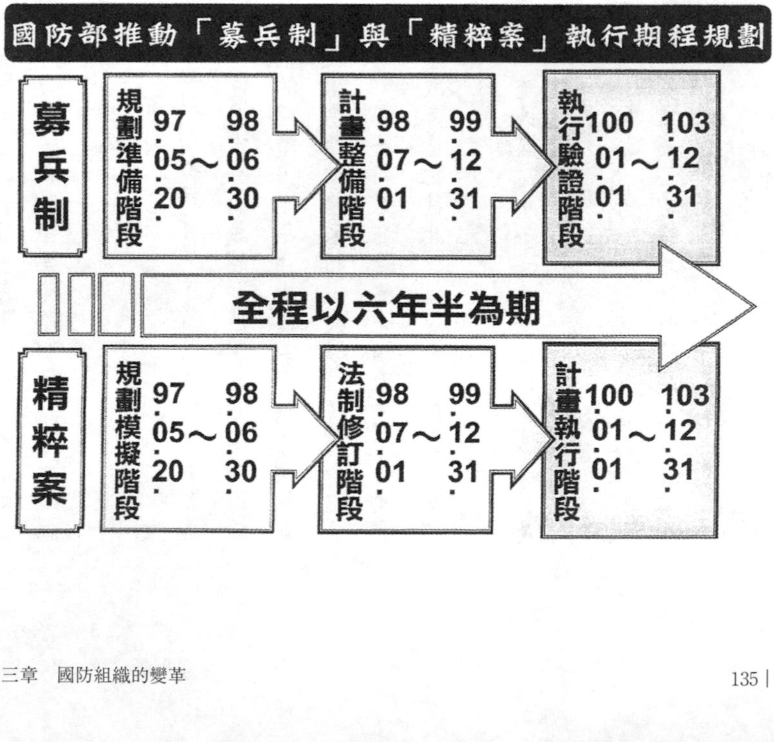

眞而負責。在有關「國軍自38年隨政府播遷來台後，軍事戰略隨時代脈動調整，從攻勢戰略至守勢戰略，從確保空優、制海、反登陸，到不讓敵人登陸立足，對此軍事戰略有何論述」的議題，我聽了國防部答覆後，即席作了這樣的發言，大要是：

以我之前作精實案調查的經驗來講，那時候十年兵力規劃跟精實案，當時國防部的報告從來不曾提過兩者間有關聯；後來那個調查案，我做了一件非常有意義的事情，就是讓四位總長、四位部長都共同承認，精實案精神上是十年兵力規劃的延續，十年兵力規劃是精實案的前身，這樣就把政策連結起來。我覺得國防事務上，現在最需要連結起來的，大概就是這一塊。理由很簡單，因爲在一個職位上，每個人都有一定的任期，在任期上都是某一個固定的時間，離開了他就無關了，新來的他就接那一塊，所以重點就變成怎樣把彼此連結起來。現在國防部就本議題的答覆，其實就是這一塊的累積沒有處理好。

我要提醒大家，宋長志部長在立法院答覆我的時候，是民國71年，我第一次當立法委員是民國70年2月1日就職；那時我問他：「我國目前的國防政策，到底是以攻勢爲主，還是以守勢爲主？」他是中華民國有史以來，第一位國防部長在立法院公開說：「現階段國防政策採戰略守勢，重點在確保空優、制海、反登陸。」他這段話發表之後，當時的行政院院長孫運璿先生非常擔心，因爲長期以來我們都是要反攻大陸，怎現在變成守勢？變成是守衛台灣呢？擔心軍民一下子會轉換不過來，所以他就藉一個場合，在立法院答詢的時候說：「我們在軍事上雖是採取戰略守勢，在政治上是採取攻勢」，所謂「攻守一體」，就是這樣來的。

所以國防部在詮釋這個問題的時候，一定要抓住整個大時代的背景，譬如說，宋部長答覆我是在民國71年，但國防部的答覆，在這裡卻寫58～68年就變成攻守一體，這到底是誰詮釋的？誰確定的？文獻在哪裡？你們的根據在哪裡？至於攻守一體到底持續多少年，坦白講，我也沒有把握，你們倒可以從文獻上去查一查，或者是看軍史館、史政編譯處可不可以做這個工作，查一下當年的文獻，從宋部長講話以後，這個時期到底維持多久，或者它只是個政治語言。那眞正進入守勢防衛，就是那兩個詞的調整而已，先是防衛固守、有效嚇阻，然後到湯部長那時才調整爲有效嚇阻、防衛固守，現階段又調回來；馬總統講的那句話「固若磐石」，只是形容詞，是總統要求你們，在採取守勢時，要做到這個目標，叫做固若磐石，它本身並不是國防政策，從孫子兵法以來，有這樣的一個國防政策？它是形容我們的國防政策要達到這個目標，要求國防部應該要做到這個程度、這個境界。所以這個議題，我想是不是可以請部長督促把它釐清一下。

另外，我之前做的幾個總體檢的案子，歷任的總長、部長，我們都有訪談過，我常常在想，這些資料可不可以成爲限閱資料，因爲那麼多資深將領，在每一個階段，他們的看法、主張，還有見解，這些不應該由我獨享，或是只有國防部少數人看到，是不是可以給國軍將領看，看到哪一個職務以上，可以不可以把它做爲限閱的讀物，也藉這個機會提出來給部長參考一下。

高部長回應相當誠懇，他說：

謝謝委員，我想我們朝委員這樣的說法把它再整理一下……我想委員講的，時間必須要有一個轉折點，尤其是文獻方面。另外剛剛委員也特別提到，有些都是形容詞，防衛固守其實就是守，就是防衛，要怎樣固守，就像磐石一般的堅硬，把它守住，這是形容詞，另外有效嚇阻就是嚇阻，把嚇阻做好就是有效的嚇阻；所以那八個字其實就是防衛跟嚇阻二個詞，其他都是形容詞。至於前面的攻勢作戰，或者是攻守一體、防衛嚇阻、嚇阻防衛等等，重點就是時序不能亂，要把它整理出來。

還有，委員剛剛提到的總體檢報告，我記得99年2月份，我們接到馬總統的指示，他非常重視黃委員總體檢報告內容，所以我們花了3個月，先後利用3次軍事會談向他做簡報。這些相關資料都是黃委員跟很多先進心血的結晶，我覺得應該在適度的範圍內，供我們國軍幹部去研析，或者可以作論文的研究，放在國防大學相關學院裡面，或者是戰略研究所，讓一般非軍職人員也可以去研究，我想這樣子會讓我們的國防事務跟戰略構想方面，有更好的作法。

在有關「自十年兵力案、精實案、精進案到精粹案，有無一貫走向及精神？其延續之基本原則有哪些？」以及有關「上述各階段之計畫目標如何？各階段各種員額若干？精簡數若干？」的議題，國防部這次的表列說明（如下附二表），可能是這些年來，相對來講，難得比較清晰的一次。

聽到這些說明後，我即席有感而發，大略表示：

國軍從82年起陸續推動的國防組織變革，包括十年兵力規劃、精實案、精進案、精粹案，從縱的面向來看，中間或許有些困難、有些阻力，但組織變革的方向大致是相同的；不過每個階段有它的重點。現在我們從國防部歷次的答覆當中，找不到這樣的軌跡，所以國防部怎樣做到這些讓它暢通；如果一定要把精進案第一

國軍歷次兵力結構調整原則

區分		緣起	調整原則
十年兵力規劃82.8.1-85.7.7（92.7.1）		因應役男獲得逐年困難，國軍維持龐大之組織結構，已不合未來國軍現代化之進程，故軍種未來員額之運用，應賡續執行精減，達成降低國軍兵力目標。	綜合國軍建軍構想，從事兵力整建，檢討無效兵力，精實組織，調整兵力結構，籌建小（兵力）、精（武器精）強（戰力）之國防武力。
精實案86.7.1-90.7.1		鑒於國防預算占中央政府總預算比例逐年降低及役男人數逐年減少，國軍推動「精實案」以降低人員維持支出，挹注於軍事投資。	本「精減高層、充實基層」之要求，檢討高司組織及兵力結構調整，並依「階層愈高、精簡幅度愈大」之基本原則，考量任務特性、組織功能、建軍備戰、教育訓練、管理支援等因素完成規劃。
精進案	第1階段 93.1.1-94.7.1	因應國際情勢演變、中共軍力快速發展及我國防資源有限等因素，配合國防二法施行，賡續高司組織再造，以「軍事事務革新」思維，秉持「持續精進戰力」之理念，研訂未來三軍兵力結構。	優先充實資電攻防、防空、特戰及飛彈等常備作戰部隊，強化聯合作戰效能、增進快速反應能力、調整後勤體制，建立常後分立制度等手段，針對組織結構調整、兵役制度、後勤體制、軍事教育、人事經管、動員機制、準則發展及資訊系統建置，研擬政策指導及調整建軍方向，使國軍組織精進與戰力提升。

精進案	第2階段 95.1.1-99.11.1	秉陳前總統93年11月「4年內裁軍10萬」與「推動募兵制」的大政指導，提前於95年推動第2階段組織精進調整，原訂97年11月1日完成，經前部長李天羽裁示，展延至99年11月1日。	整合高司幕僚組織，研究軍事轉型，著眼於強化三軍聯戰效能及減少指揮層級，賡續加強聯合作戰軟、硬體整合，更新武器系統，置重點於防禦性反制武器籌獲，俾建置遠程精準、攻防兼具之反制兵力，並依兵役制度，調整常備部隊主戰兵源，以「募兵為主、徵兵為輔」，精練三軍戰力，爭取質的優勢，提升嚇阻能力。
精粹案 100.1.1-103.11.1		◆ 調整作戰理念：確立「擊敵於海峽半渡，不讓其登島立足」為戰略指導原則。 ◆ 集中國防資源：為能創造關鍵時空下之相對戰力優勢，國軍必須集中有限的國防資源，將之挹注於可遂行「不讓敵人登陸立足」之主作戰兵力。 ◆ 建構現代化國軍：建立一支小而精、小而強，使敵人「嚇不了」、「咬不住」、「吞不下」、「打不碎」的募兵制現代化國軍，取代以徵募併行的傳統部隊。	國軍兵力結構調整，以精簡高司幕僚組織、汰除老舊裝備、檢討行政、後勤人力委外等為主軸，將國軍總員額由27.5萬人調降為21.5萬人；同時為減少指揮層級，增進指揮速度，便捷後勤支援，將現行6個司令部整併為陸、海、空軍3個司令部及後背、憲兵指揮部，國防組織朝「小而精、小而強、小而巧」方向發展，並強化三軍聯戰效能。全案配合「募兵制」推動期程，於民國100-103年漸次完成。

國軍歷次兵力結構調整計畫目標

區分	計畫目標	員額統計
十年兵力規劃82.8.1-85.7.7（92.7.1）	三軍編制合理化、建立基本戰力、編現合一。	82年8月國軍總員額為49萬8千餘員，迄85年7月以45萬2千餘員定編。 總員額:45萬2千600員 編制員額:41萬5千餘員 預算員額:41萬餘員 維持員額:3萬6千餘員 實際員額:41萬8千餘員 精簡數:4萬5千餘員

精實案86.7.1-90.7.1		由上而下、整體規劃調整任務、劃分權責符合需求、精實編設穩定士氣、妥善疏處。	86年7月國軍總員額為45萬2千餘員，迄90年7月以38萬5千餘員定編。 總員額:38萬5千餘員 編制員額:33萬6千餘員 預算員額:36萬8千餘員 維持員額:4萬9千餘員 實際員額:34萬0千餘員 精簡數:6萬7千餘員
精進案	第1階段 93.1.1-94.7.1	國防一元化文人領軍、全民國防組織再造、權責相符平行簡併、垂直整合。	93年1月國軍總員額為38萬5千餘員，迄94年7月以29萬6千餘員定編。 總員額:29萬6千餘員 編制員額:27萬餘員 預算員額:32萬3千餘員 維持員額:2萬6千員 實際員額:23萬5千餘員 精簡數:8萬9千餘員
	第2階段 95.1.1-99.11.1	減少指揮層級、加快指揮速度、便捷後勤支援、強化三軍聯戰效能、有效降低兵力目標。	94年7月國軍總員額為29萬6千餘員，迄99年11月以27萬5千員定編。 總員額:27萬5千餘員 編制員額:25萬員 預算員額:24萬4千餘員 維持員額:2萬5千員 實際員額:21萬2千餘員 精簡數:2萬1千餘員
精粹案100.1.1-103.11.1		預期將陸、海、空、聯勤、後備、憲兵等6個司令部，整併為陸、海、空3個司令部。建軍後勤納入軍備系統整合，用兵後勤回歸軍種專業，三軍通用後勤作業統由陸軍負責，並將「災害防救」列為國軍中心任務之一。	99年11月國軍總員額為27萬5千員，預於103年11月達成21萬5千員之目標。 預期達成21萬5千員 編制員額:19萬6千員 預算員額:22萬5千餘員 維持員額:1萬9千員 實際員額：員額精簡刻正執行中 精簡數:6萬員

階段跟第二階段切開，我是覺得會不會自尋麻煩，因爲它們背景恐怕是一樣的。精進案第一階段、第二階段可以說它組織變革內容那些重點突顯，那些地方強化了。國防二法又代表新的階段，國防二法也是把國軍組織現代化推向一個新的里程碑；現在國防六法，本質上應該也是國防二法精神的延續，有些填補、充實或強化，因爲狀況已有改變。

我建議部長，是不是可以請國防部相關單位，或學校也好，研究所也好，如果從70年、71年宋部長開始，從國防政策到國防預算到國防組織變革，這樣30年了，我們30年如一日，但是在國防組織變革上，因爲牽涉到人，也牽涉到具體的利害關係，所以最辛苦，也分成好幾個階段，現在就五個階段了：十年兵力規劃、精實案、精進案第一階段、精進案第二階段、以及目前的精粹案；然後有二個最重要的法律變革，一個是國防二法，一個是國防六法。這些整個是一體的，但是我看國防部給其他委員，包括給立法院的說明，如果不把這個暢通的話，他們一定很痛苦，你們自己都糊塗，別人看你們的資料也要跟著糊塗啊。所以這裡可不可以把這個脈絡釐清，而且要保持那個連續性，要保持對前輩應該要有的尊重、懷念，跟肯定，他們做了什麼，不必用現在把它蓋過去，你現在增加了什麼，就把他寫上去增加了什麼，這樣每個階段讓人覺得國防部是一體，是連續的，是傳承的。我從精實案的經驗，四位總長也都同意：從劉總長到羅總長，到唐總長，到湯總長，最後都一致這樣說。我想高部長也領導一下，可不可以從當時那個精實案，一直到現在精粹案，然後經過國防二法跟國防六法階段，想辦法讓它暢通、讓它連續、讓它傳承，每個階段有些背景是一樣的，就不要多說，不要製造一些形容詞或名詞，背景一樣差不多就差不多，但是階段有些重點不一樣，就把它說明清楚，這樣看起來就會條理清晰。

這一次我是特別語重心長，因爲這次做了以後，大概也差不多了，從國防二法到國防六法，應該也要到一個穩定的階段，而且21萬總員額、14萬多的戰鬥兵力，我看大概也可以維持一段期間，所以怎麼讓它有一個脈絡，有一個傳承，有一個任何人的定位是什麼，就給它應該有的定位，做了什麼，就給它應該有的獎勵。

高部長的回應同樣也很誠懇：

非常謝謝委員的指導，我想我們戰規司應該把這個整體的題目，做一個研究，因爲紀實很重要；如果沒人研究，我認爲兩個辦法，第一可以委託研究，因爲這沒有什麼機密，第二就是我們有研究所，研究所應該指定題目把它整理出來。事實上我剛剛也講，我們當初的兵力再往前推，更有很多史料去掌握，每一個部隊精簡的過程，都有它的目的。我覺得我們應該朝要有一個專責單位；如果光二、三人寫這個東西，我自己看了都很汗顏，應該還有很多的空間，把它整理出來，包括戰略構想的演變，跟兵力的組織調整，把它掌握起來，對過去有功於國家的這些幹部、長官們，不要忘記。相關過程，我們都要很完整的紀錄，我覺得這是很重要的課題，請戰規司，我們有預算，可以編列一下，用一年的時間，我們把它完成。

4、勇固案

１０３年（２０１４年）１月21日，代表軍方的青年日報，在頭版頭條的標題寫著「國軍持恆調整未來兵力結構」，內文稱：「因應未來作戰形態、政府財務及武器裝備籌獲等狀況，國防部持恆調整兵力結構。國防部長嚴明首度說明初步規劃，從１０４年至１０８年將實施『勇固案』，國軍兵力從今年底的21萬5千人，繼續往下調整至20萬人以下，大約在17萬到19萬人之間，期達到防衛固守、有效嚇阻之目標，建立小而強、小而精、小而巧的國防戰力。」

這是嚴部長在國防部舉辦「１０３年春節記者聯誼會」上所作的說明；這項說明和不久前在我主持的相關調查案件的約詢，嚴部長對於「勇固案」的說明頗爲一致；但一直到嚴部長離開國防部（１０２／８／８～１０４／１／30）前，「勇固案」卻始終是只聞樓梯響、未見人下來。１０５年（２０１６年）12月12日，我親訪嚴部長就有關「勇固案」的狀況進行了解，他大略表示：在他部長任內，「勇固案」曾經過內部建案的作業流程，並在軍談向總統報告過，後來由於立法院外交國防委員會決議要求國防部於勇固案實施前，應先到立法院外交國防委員會作專題報告，總統因而表示暫緩；一直到現在，勇固案仍處於暫緩狀態，並未正式實施。

組織變革雖然是30多年來，國防事務三大變革之中來得最晚，但卻持續最久。從１９９３

年「十年兵力案」開始，至2014年「精粹案」完成，歷時21年，國軍總員額由「十年兵力案」時約50萬，減至「精粹案」的21萬5千，減少將近約30萬員額；國軍將領員額也由「十年兵力案」的698位，減至「精粹案」的290位，減掉約400位；這種兵員及將額減少之多，歷時之久，可說是國軍遷台後組織上空前的瘦身與減肥。

日頭條 Headline

中華民國一〇三年一月二十一日　星期二

農曆癸巳年

4版 兒盟募捐紅包 讓偏鄉童過好年

5版 炸彈客揚言攻擊 素溪冬奧高度警戒

9版 市售「鴨血」 7成5竟摻「雞血」

北部地區 10-14度　南部地區 11-21度　馬祖地區 8-10度

中部地區 12-18度　東部地區 11-20度　金門地區 10-15度

104年至108年將實施「勇固案」 兵力約在17至19萬人之間

國軍持恆調整未來兵力結構

記者黃一翔／臺北報導

因應未來作戰形態、政府財務及武器裝備籌獲等狀況，國防部持恆調整兵力結構。國防部長嚴明昨日首度說明初步規劃，從一〇四年至一〇八年將實施「勇固案」，國軍兵力從今年底的二十一萬五千人，繼續往下調整至二十萬人以下，大約在十七萬到十九萬人之間，期達到「防衛固守、有效嚇阻」之目標，建立小而強、小而精、小而巧的國防武力。

嚴部長指出，經募兵制推動工作小組精密計算，國軍一〇三年、一〇四年、一〇五年需要的招募兵力，每年只需要一萬多人；一〇六年步入正軌後，每年僅需要七千多人，即可滿足部隊需求。

此外，國防部昨亦同步公布一〇三年專業志願士兵暨儲備士官甄選規定，將招募一萬零五百五十七員（國軍部分），並放寬甄選年齡、身高限制，以及增加

馬祖地區考場，以利達成招

國防部昨日舉辦「一〇三

聯誼餐會」，嚴部長致詞時

界在新的一年，持續給予國防

督促國軍精進；並針對國軍

構調整初步規劃，以及募兵制

說明。

嚴部長表示，我國各個階

調整，都依照當時的國家政

任務做建軍規劃。包括光復

臺灣、建設臺灣，以及守護

，皆以此為主軸，策定我國

想，訂定備戰目標。

嚴部長指出，國防部戰略

小組已完成兵力結構及組織

規劃，並依照未來作戰形態

財務狀況及武器裝備獲得，

構，在達成「防衛固守、有效

略構想目標之下，調整組織

結構，進而建立小而強、小而

發行人 楊中

三、採購稽核小組

FAX：(〇

四、端木青檢舉專

五、戈正平檢舉專

左為嚴明部長、右為作者

第四章

國防現代化的腳步

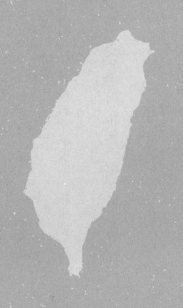

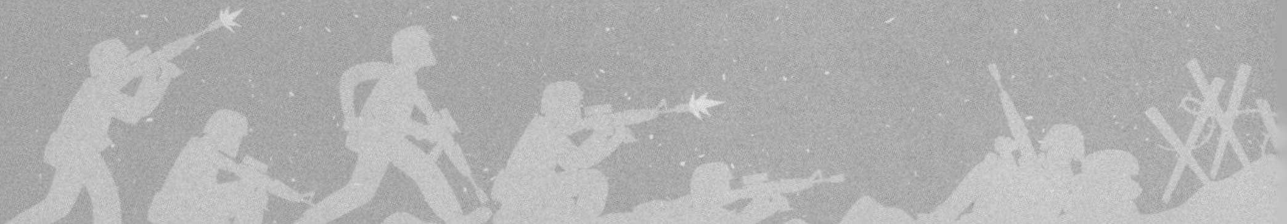

1、軍隊國家化

六項主張

台灣在民主化過程上，軍隊國家化既是走向常態政治必要的一項重要工程，也是邁向民主憲政不可或缺的一項重要工程。

但在台灣，軍隊國家化並非從天上掉下來的禮物，也非一蹴即就，而是經過一段令人憂心的奮鬥過程。

28年前，1988年11月10日，立法院就參謀總長應否到立法院列席備詢議題，舉辦前所未有的辯論，我在院會發言時這樣回顧：「1月13號當天的晚上，本席恰好在國民黨中央黨部附近，7點半左右，中央黨部燈火通明，而八點左右，只見一部部轎車向總統府駛去，本席就預料到總統已經順利繼位了。」繼任總統的李登輝，不久發布了參謀總長郝柏村留任一年的派令，此一派令立即引起軒然大波，我在院會發言歸納其根本因素有三：

一、**制度因素**：我國政府係內閣制，抑或總統制，不僅李總統及行政院長沒有答案，本院同仁意見亦相當分歧。在眞正之內閣制國家，其軍政、軍令沒有分別，完全由國防部長負責，而國防部長本身即爲國會議員，因此，不會有人有興趣或熱衷花一整天的時間，要求參謀總長備詢。而在眞正的總統制國家，行政、立法分立，參謀總長至多列席聽證會說明世界局勢或戰略形勢。現在我國的問題癥結乃在於我們既不承認我們是完全的內閣制，亦不接受我國是完全總統制，在總統制與內閣制之間搖擺，上游搖擺便導致下游搖擺。

二、**個人因素**：軍政、軍令之分實肇因於特殊政治人物背景下所作之特殊設計。軍令系統乃蔣介石先生在台灣爲維持國家元首對三軍實質之掌握所作之特殊安排。由於此一安排，使蔣介石先生成爲當時特殊之政治人物，無人有能力向之挑戰，亦無人敢於向其挑戰，因此，此一制度便沿襲下來，且由於蔣經國先生亦爲一特殊政治人物，故亦無人敢向此一制度挑戰，即使敢於挑戰，亦不會發生問題。但現在問題是像蔣氏父子這樣的特殊人物已從我國的政治舞臺上消失，今後恐怕也很難出現類似的特殊政治人物，因爲我們正要迎接一個平凡人來臨的政治時代，而當平凡人來臨的政治時代，我們便需要一套長期而穩定的政治制度。

三、**時代因素**：剛才所謂特殊的政治人物係1950年代的產品，而今年是1988年，即將邁入21世紀，在特殊政治人物已然消失於政治舞臺上，而我們仍面對特殊政治人物所遺留下來的時代產物時，我們有權力、有責任、也有能力對所謂軍政、軍令二元化制度作一修正。

但直接因素則是：「此一派令之所以引起全國的爭論與質疑，理由如下：（一）李總統本身學農，乃是位農經博士，最近本席於考察各兵種總司令部時，參觀了中山科學研究院。中科院在發射飛彈時，邀請李總統講話，由李總統的談話中，本席發現李總統對軍事事務相當陌生。身爲三軍統帥的國家元首，在特殊的政治人物消失後，對於軍事事務如此陌生，令人不得不爲之操心而保持高度警戒心。（二）郝總長長期擔任參謀總長一職，集大權於一身。由於李總統在倉促間接掌國家元首與三軍統帥，其心理缺乏準備、對軍事事務又相當陌生；再加上集大權於一身的參謀總長，而現在郝總長的任期又再延長；行政院的各位先生們，這才是我們關切的要點，我們並非針對個體，我們關切的是邁向民主國家的大道。……隨著特殊政治人物消逝後的過渡階段，本席認爲，無論是李總統、俞院長、或是國防部鄭部長，均負有責任。本席並要向郝總長提出公開的喊話，他必須做一決定與抉擇，並接受輪調的制度與精神。此亦乃全民應集中社會力量來達成的目標，因爲軍隊國家化是實施民主憲政不可或缺的必要因素，而民主憲政則是國家的唯一生路。」

在發言中，我也談到軍隊國家化的要求已逐漸變成當時全國上下及海內外共同的呼聲，以及在這種背景下國防部的回應：

我們再來觀察國防部的態度，記得本席於民國七十一年第一次進立法院，審查國防預算時，只要提出刪除一百萬元預算的主張，國民黨籍委員即可能遭受不得提名的命運；而去年本席要求將國防預算每年遞減百分之三，連降六年，以支應社會福利與實施國民中小學小班制的費用，結果第二天本席家中即接到電話警告「小心你的狗命」，最後去年的國防預算共刪減了3千萬元。由去年至今年，國防部在審查預算的過程中，由國防部副部長陪同說明，不足之處，再分別由三軍將領做詳細說明，審查的結果，國防預算刪減了4、5億之多。由此顯示，最頑強與保守的國防部，面對全國要求軍隊國家化的思潮，亦不得不調整。民進黨本院同仁基於對此形勢的體認與了解，深知在現階段加速推動軍隊國家化，乃是貫徹民主憲政一個必要的及不可或缺的過程。在此一共同體認下，乃有八位民進黨本院同仁參加國防委員會，使得此一長期以來一向冷門，不爲人所注意，經常開祕密會議的國防委員會，成爲立法院最熱門的委員會，這反應出海內外各界與全國同胞對軍隊國家化期望的殷切。……

民進黨的本院同仁一向堅守下列原則：

一、要求軍隊國家化是不可妥協的原則，因爲我們必須對歷史及推動民主憲政有所交代。

二、推動軍隊國家化的同時，亦應尊重軍人對國家的貢獻，及軍人特殊的榮譽與尊嚴。……我們並嚴格要求自己以此一原則推動軍隊國家化。

三、此一要求係針對制度，而分非針對個人。我們並未涉及任何個體，我們需要的是國家的長治久安。

在辯論會的尾聲，我呼籲：

經過一整天的辯論，本席希望我們在此廟堂之上經過彼此充分交換意見後，大家對促進軍隊國家化爲我們共同天職已取得共識，至於國防體制的問題，到現在還未求得適當解決辦法，故在本院成立一個由各黨派所組成的委員會，定期研究如何落實軍隊國家化政策，如

總長赴立院 歷史的一刻

朝野立委高度肯定：軍隊效忠人民的重要里程碑

【記者盧德允／台北報導】參謀總長唐飛上將昨天由國防部長蔣仲苓引介，首度到立法院國防委員會報告並備詢。他率所屬著「軍常服」到場，雖遭民進黨立委質疑，但政府遷台後，唐飛首開到立法院接受民主洗禮的先例，仍獲朝野立委高度肯定，認為這是歷史的一刻，軍隊效忠人民的重要里程碑。

上午開會前，唐飛隨蔣仲苓步入會場，一一與立法委員握手打招呼。唐飛身著四星一級上將軍常服，胸前掛滿勳標，一派軍人本色，每次上台發言也都先向主席行舉手禮，在立法院已是多年未見的景象。

立委蔡明憲以「軍裝、西裝」為題先程序發言，十六位立委共耗去約半個小時。會議主席周陽山先覆述大法官會議四六一號解釋，請立委了解正值歷史一刻，務必珍惜機會，妥慎發言。蔣仲苓正式向主席和立委介紹應邀列席報告備詢的參謀總長唐飛，表示尊重立院，之後蔣仲苓退席回部辦公，表示軍政、軍令分立的現況。

對於參謀總長首度赴立法院備詢，朝野立委在程序發言中多予肯定。民進黨籍立委朱星羽上台前還向唐飛一鞠躬，感謝三軍將士保衛國家勞苦功高。不過，民進黨籍立委蔡明憲認為，軍事機密部分不能公開答詢，會議象徵意義高於實質意義。

多次推動參謀總長到國會備詢的國民黨立委丁守中指出，這是國家進步的象徵，軍令系統首長對國會負責，是理所當然，國會將可加強對軍中弊案、預算使用、兵力結構、軍中人權的監督。朱鳳芝肯定唐飛尊重民意依法行事的態度。韓國瑜說，唐飛的一小步，是立法院的一大步。

新黨立委林郁方認為唐飛是儒將，願意到國會的表現，恰如其分，將軍人本色充分展現，尤其站著提出口頭報告，更是注重軍人尊嚴的表現。民進黨立委蔡明憲、葉菊蘭也持肯定態度。

《聯合報》87.10.1

《聯合報》87.10.01

憲政史上頭一遭 憲政史上首位赴立法院報告的參謀總長唐飛，除了提醒中共軍力對我威脅外，也強調獨立是政治問題，國軍在憲法之下從事自己的工作，不會幫助任何政治活動。新聞見二版 記者林永昌／攝影

第3頁 焦點新聞版　自由時報　中華民國八十七年十月一日 星期四

軍令系統與民意機關的良性互動

——參謀總長首次接受立委質詢爲台灣憲政立下楷模

社論

參謀總長唐飛昨天上午赴立院國防委員會進行專案報告，這是為了實踐大法官會議第四六一號解釋的要求，唐飛也成為第一位進入國會殿堂接受質詢的參謀總長，各界咸以「立院新里程碑」、「歷史的紀錄」予以肯定。

何使國防體制更符合憲政體制的運作，……本席以爲唯有如此，方能符合我們立法院的風格與本院的職權，也符合全國各界對我們接受辯論所展示的期待。

這種因軍政、軍令二元化，導致參謀總長應否列席立法院備詢的爭議，以及軍隊國家化能否有效落實的質疑，歷經多年始終是朝野爭論的焦點，即使經過1996年第一次的總統直接民選，這些爭議和質疑仍然是台灣民主化過程上最受關注的焦點。一直到1998年9月30日，唐飛以第一位參謀總長的身分，第一次到立法院國防委員會接受質詢，才邁出戲劇性發展的一步，使參謀總長爭議問題告一段落；而唐總長這個代表先例的「第一次」，對他不久之後接任國防部長，並以部長的身分，極力促成延宕多年的國防二法在立法院三讀通過，實在助益不少。爲延續軍隊國家化的要求，1988年11月，我在立法院正式提出有關軍隊國家化的六項主張：

一、嚴格貫徹軍事將領的任期與輪調制度。
二、軍中的人事升遷應超越黨派因素的考慮。
三、政黨應退出軍隊，軍中所有各政黨的黨部應予廢止。
四、政黨應退出軍事教育體系，軍事教育體系應貫徹軍隊國家化的觀念。
五、政黨應退出政工系統，政工系統如不能超越黨派，則政工系統應予廢止。

六、爲使軍政、軍令系統合一，並接受國家體制有效的監督，應儘速完成國防組織法的立法程序。

同時，在立法院院會中，我也嚴肅呼籲：

本席再重申一次，如果國民黨眞有意落實軍隊國家化、健全國防體系，則其對本席所提的幾個要求：嚴格貫徹軍事將領的任期與輪調制度，軍中的人事升遷應該超越黨派的因素，政黨應該退出軍隊，政黨應該退出軍事教育體系，政黨應該退出政工系統，對於軍政、軍令不合一的狀態應予合理的解決等等，就不應該拒絕，而能儘快完成國防組織法的立法程序。本席不相信，一向以推動民主憲政爲己任有著幾十年歷史的國民黨會對此問題退縮，一旦對此問題退縮，對所有國人來說，將沒有好處。本席認爲，民主憲政將是我們唯一的途徑，而軍隊國家化又是貫徹民主憲政過程中最敏感也最重要的一個課題。民進黨在這個問題上將當仁不讓，在大方向上，仍是浩浩蕩蕩的，是堂堂正正的。本席呼籲中國國民黨有關的人士在這個問題上要作冷靜的選擇，儘速落實軍隊國家化，並健全國防體系。……本席以一位在本會期加入國防委員會，推動軍隊國家化成爲本會期最重要議題的委員，特別向各位同仁呼籲，在目前的階段，如何使軍隊國家化得以落實，是我們兩黨的共同責任。本席要提醒各位，在2千6百68億的國防預算中，有百分之九十九以上是軍令系統下的預算，針對這一點，本席很替鄭爲元部長叫屈。

多年來，立法院對一半的國家總預算無法監督，本席認爲，這個問題需要我們花更多精力與時間來完成，本席不希望由民進黨單獨完成這項工作，本席要號召國民黨籍的委員們跨出腳步，和我們一起做，當然這也需要意志和決心。「……本席希望國民黨籍的增額委員要在這個問題上表現意志與決心，共同來落實軍隊國家化的要求。唯有如此才能挽回立法院的聲譽。我們期許立法院由行政院的立法局提升爲憲法上所規定的立法院，我們在此誠懇的呼籲所有同仁，表現意志與決心，共同來推動關係民主憲政中最重要的一環——軍隊國家化，並加以落實。在今天的過程中，顯然有意氣之爭，我們應該讓意氣之爭結束，讓意氣之爭向理智低頭，讓意氣之爭接受治理國家所需表現的意志與決心，讓它引導我們共同走向落實軍隊國家化及健全國防體系所需要的政治內容。

關於軍隊國家化的第一次嚴厲考驗，則是第一次政黨輪替之際的憲政時刻。2000年3月，中華民國在台灣發生第一次政黨輪替執政，時任總統李登輝，參謀總長湯曜明。湯總長在一次訪談中[1]，曾生動地談起他在第二次總統直選投票日當天關鍵時點的行程，以及在人民完成投票後，他發表事先準備好、並經李總統核可的書面談話，表達「國軍的立場與使命」[2]，態度極爲誠懇嚴肅，我印象極爲深刻，當場也向湯總長建議，最好能留下書面紀錄，因爲這不僅是一份具有歷史意義的紀錄，更是軍隊國家化最有力的實踐與證明。12年前，擔任總統職位的李登輝，處在軍隊尚未國家化的時代背景下，人單影隻，面對集軍權於一身的參謀總長，其處境及動向令人憂心不已；12年後，在總統職位已有12年歷練的李登輝，基於對其當年處境的深刻體悟，加上湯曜明總長所展現「國家、責任、榮譽」的軍人本色，使第一次政黨輪替得以順利地和平轉移政權，爲我國軍隊國家化的眞實考驗邁出關鍵性的一步。

隨著國防二法的通過與實施，這六項主張基本上都已達成，國防二法不僅使軍隊國家化成爲軍人、特別是軍事將領軍旅生涯中的共識與常態，也將我國國防推向現代化之路。當軍隊國家化已孕育成爲國軍共同信念之後，2008年馬英九的第二次政黨輪替，乃至2016年首位女性總統蔡英文的第三次政

青年日報

YOUTH DAILY NEWS

第18188號

中華民國八十九年三月十九日　星期日

農曆庚辰年二月十四日

要聞 1

陳水扁、呂秀蓮當選第十任正副總統

獲得四九七萬餘票，得票率39.3%，陳發表勝選感言，強調將致力兩岸和平，並在就職前訪問大陸，進行和解與溝通之旅。

國軍依據憲法服從元首

湯總長在選舉投票完成後發表談話

第十任總統、副總統選舉結果

查詢還沒有英雄卡？

只有你！

請申辦英雄卡

申辦專線：(04) 471-2567

黨輪替，都是在毫不令人牽掛的氣氛下，順利完成政權的和平轉移。

三大信念

爲了進一步落實軍隊國家化的六項主張，在1988年11月下旬，我在立法院分別以口頭和書面質詢兩種形式，提出應將軍中的五大信念改爲三大信念。

我指出，中華民國憲法第138條及第139條明定：「全國陸海空軍，應超出個人、地域及黨派關係以外，效忠國家、愛護人民。」「任何黨派及個人不得以武裝

軍方聲明服從元首 捍衛國家安全

湯曜明代表國軍發表談話 宣示以憲法為根基 效忠新的三軍統帥

〔記者羅添斌／台北報導〕國防部軍事發言人室昨日表示，參謀總長湯曜明一級上將在第十任總統、副總統選舉完成投票後，以「國軍的立場與使命」爲題發表談話，說明國軍是國家的軍隊，國軍一切作爲均「以憲法爲根基，以民意爲依歸」，國軍依據憲法，服從國家元首，貫徹使命。

湯總長並代表國軍向新產生的三軍統帥保證－國軍必定竭智盡忠，犧牲奉獻，捍衛中華民國的國家安全。湯總長談話全文如下：

「中共總理朱鎔基先生日前在媒體記者會，以強硬的口吻恫嚇、威脅，再次強調以武力犯台的意圖，國防部唐部長已經提示三軍官兵面對中共的威脅要沈著，不求戰，也不懼戰，國軍官兵目前全面提高警覺，加強戒備，確保國家安全，請國人放心。

我今天要以參謀總長的身分，說明國軍的立場與使命：中華民國第十任總統、副總統大選，已在十八日下午四時止順利完成投票，即將產生國家新的領導人。

憲法第一百三十八條規定：『全國陸、海、空軍，須超出個人、地域及黨派關係以外，效忠國家，愛護人民。』第三十六條亦規定：『總統統率全國陸海空軍。』因此，國軍依據憲法，服從國家元首，執行保衛國家安全、保障兩千三百萬同胞的福祉，及貫徹政府政策的職責與使命，同時誓做國家推展兩岸和平關係的堅強後盾。

國軍自建軍以來，始終秉持光榮傳統，克盡職責、勤訓精練、強化戰力，以鞏固國防，維護國人生命財產之安全。目前中華民國已邁向高度民主法治的國家，國軍是國家的軍隊，一切作爲均當『以憲法爲根基，以民意依歸』，服從領導、貫徹使命。

本人謹代表國軍，在此向三軍統帥，堅決保證－國軍必定竭智盡忠、犧牲奉獻，捍衛中華民國的國家安全。」

兩岸觀感

湯曜明：國軍保證服從國家元首

參謀總長代表國軍堅決捍衛國家安全 重點期間「加强戒備」延至一周假期結束 澎湖未接到提升戰備指令

力量爲政爭之工具。」因之，在國家至上的原則下，效忠國家、愛護人民是國軍官兵的天職，也是軍人榮譽的最佳表現。一般民主憲政國家，通常都以「國家、責任、榮譽」爲軍人信念，此即所謂軍人的三大信念。

然而，由於歷史因素，加上退守台灣以後，爲了「鞏固領導中心」，國軍遷台之後，便一直在三大信念之上，加上「主義」與「領袖」兩個信念，而成爲五大信念。但五大信念顯與政府宣稱所要堅守的「民主陣容」精神不相容，隨著軍隊國家化的呼聲日趨高漲，我在立法院國防委員會口頭質詢說：「把個別領袖及主義放在國家之上，是過時而混淆的觀念……在民主時代來臨的台灣……很難再被社會民眾所信服……」軍人出身的國防部長鄭爲元，只能以三民主義、國家元首照本宣科來回應；我乃聯合12位跨黨派委員提出書面質詢，要求李登輝總統應認清民主潮流，主動宣布放棄與民主精神不符、也不合時宜的「主義」、「領袖」兩項信念，重新將國軍信念定位爲「國家、責任、榮譽」，培養軍人正確認識。

這項將軍人五大信念改爲三大信念的努力過程，距今已有28年之久，在初期，包括李登輝總統在內，都沒有給予適當的回應，一直到國防二法通過，第一次政黨輪替發生，在陳水扁總統要求下，五大信念才漸漸淡出，「國家、責任、榮譽」才逐步確立成爲國軍的三大信念。

2、國防二法

三種版本

所謂國防二法，指的是國防法和國防部組織法。

國防二法於民國89年（2000年）1月15日，經立法院三讀通過，總統於1月29日公布，本來預定三年內完成調整準備，後來提早一年，行政院核定自91年3月1日施行，並由總統於同日主持編成典禮，宣布國防二法正式施行。

從國防二法的立法過程可知，行政院送交立法院審議的草案中，先後有蔣仲苓部長及唐飛部長的兩種版本（下稱「蔣版」與「唐版」），立法院三讀通過的又是另一種版本，三種版本間的主要差異爲——

「蔣版」國防二法的特色：

國防二法制定過程紀要

民國年次	過程紀要
三十九	國防部開始研究國防組織問題。
四十一	擬具國防組織法草案送立法院審議。
四十三	擬具國防組織法修正草案送立法院審議。
六十一	鑒於十餘年來客觀情勢多有變更，原規範內容已不合時宜，經立法院同意撤回國防組織法草案。
六十七	修正國防組織法，制定公布國防參謀本部組織法。
七十九	國防部長陳履安指示恢復研擬國防組織法。
八十一	行政院長郝柏村認為國防組織法涉及層級甚高，研擬工作改由行政院主導。
八十二	國防部長孫震依行政院指示會同有關機關完成研擬國防組織法草案陳報行政院。
八十三	行政院函國防部，國防組織法草案應配合憲政改革狀況，視憲政體制之趨向適時研議再行報核。
八十五	國防部派員赴立法院國防委員會說明國防組織法研擬進度。
八十六	完成國防組織法草案甲、乙兩案（甲案：維持現制；乙案：採一元化設計），並由國防部長蔣仲苓及參謀總長羅本立向李登輝總統簡報，總統指示國防組織法應擴大範圍，並更名為國防法，同時應修正國防部組織法，朝軍政、軍令一元化方向設計。
八十七	國防部長蔣仲苓任內研擬完成國防法草案及國防部組織法修正草案。
八十七	立法院國防委員會召開國防法公聽會及國防法草案專案報告會議。
八十八	因第三屆立法委員未完成國防二法審議，行政院函請國防部重新檢討。
八十八	國防部長唐飛任內，經重新研擬完成國防二法草案送立法院。
八十九	一月十五日，國防二法草案經立法院三讀通過，完成立法程序，並由總統於一月二十九日公布，施行日期則由行政院於公布後三年內定之。

一、明定國防軍事會議爲統帥決策機制，使統帥決策更爲審愼周延。
二、行政院長出席國防軍事會議，參與軍隊指揮決策。
三、國防部長綜理全般國防事務，落實軍政軍令一元化原則。
四、參謀總長爲部長之軍事幕僚長及三軍聯合作戰指揮機構，受部長責成指揮軍隊，順應文官領軍及尊重軍事專業之世界潮流。

從上可知，「蔣版」國防二法已確立軍政軍令一元化及文人領軍的原則與規劃，其國防組織體系如下頁圖所示。

「唐版」之國防二法與「蔣版」不同在於：

一、延續「蔣版」軍政軍令一元化及文人領軍原則，更有落實的配套，俾國防部長能扮演「總其成、負全責」的角色。
二、國防部本部增設戰規司、整評室等幕僚單位，強化部本部的決策功能。
三、將原隸屬參謀本部之三軍總司令部改隸至國防部本部。
四、爲軍隊指揮專業需要，國防部將各軍總司令部「編配」參謀本部，以利任務遂行。

蔣版之國防組織體系

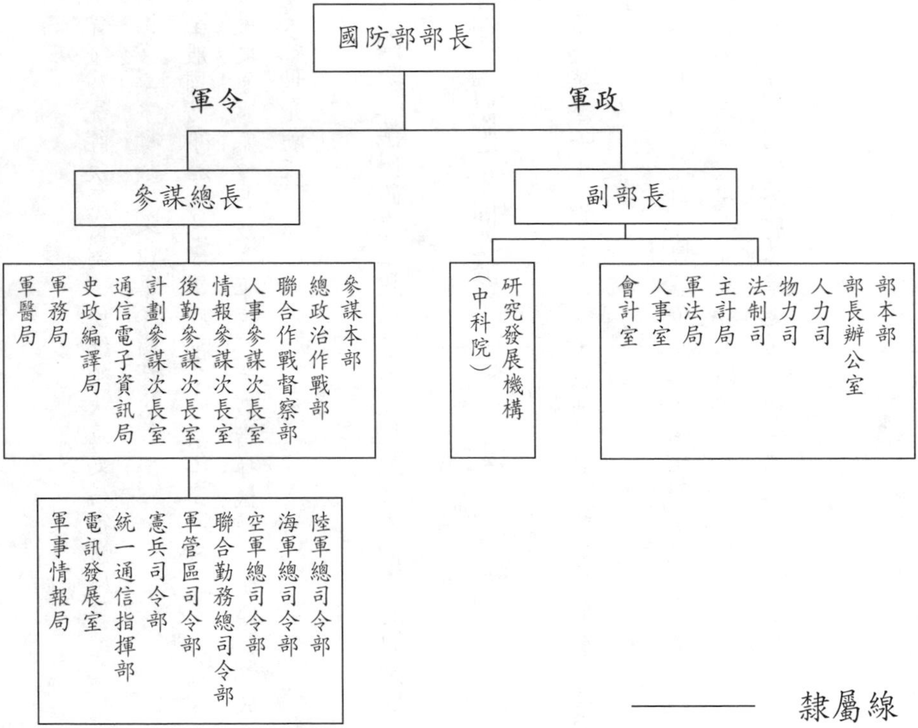
國防部部長
軍令
軍政
參謀總長
副部長
參謀本部
總政治作戰部
聯合作戰督察部
人事參謀次長室
情報參謀次長室
後勤參謀次長室
計劃參謀次長室
通信電子資訊局
史政編譯局
軍務局
軍醫局
研究發展機構（中科院）
部本部
部長辦公室
人力司
物力司
法制司
主計局
軍法局
人事室
會計室
陸軍總司令部
海軍總司令部
空軍總司令部
聯合勤務總司令部
軍管區司令部
憲兵司令部
統一通信指揮部
電訊發展室
軍事情報局
隸屬線

「唐版」國防二法體系如圖所示：

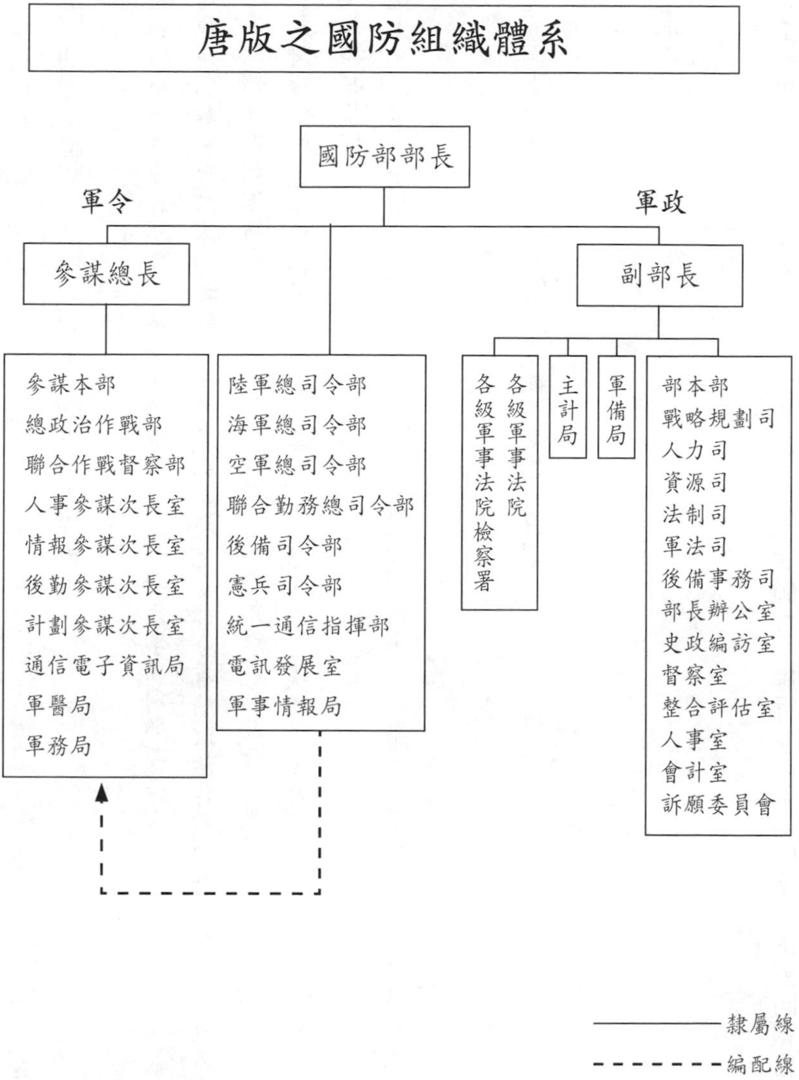

經立法院通過之國防二法與「唐版」的主要差異爲：

一、將國防事務區分爲軍政、軍令、軍備三部分，增設軍備副部長一人。

二、將原規劃隸屬參謀本部之總政治作戰部，除保留部分有關政治作戰執行事項，設政戰次長室外，其餘部分改隸國防部，設總政治作戰局，三年內改編爲政治作戰局。

三、明定國防部僅將各軍總司令部所屬與軍隊指揮有關之機關、作戰部隊「得編配」參謀本部執行軍隊指揮權。

四、陸軍、海軍、空軍總司令部，在三年內改編爲陸軍、海軍、空軍司令部，精簡各軍總部組織與職掌。

立法院通過之國防二法，其國防組織體系如下頁圖：

「新紀元」

國防二法於民國91年（2002年）3月1日正式施行，施行後國防部的第一本國防報告書於同年7月出版，在第六編「國防重要施政」，第二章「國防組織改造」內稱：國防二法確

立法院通過之國防二法的國防組織體系

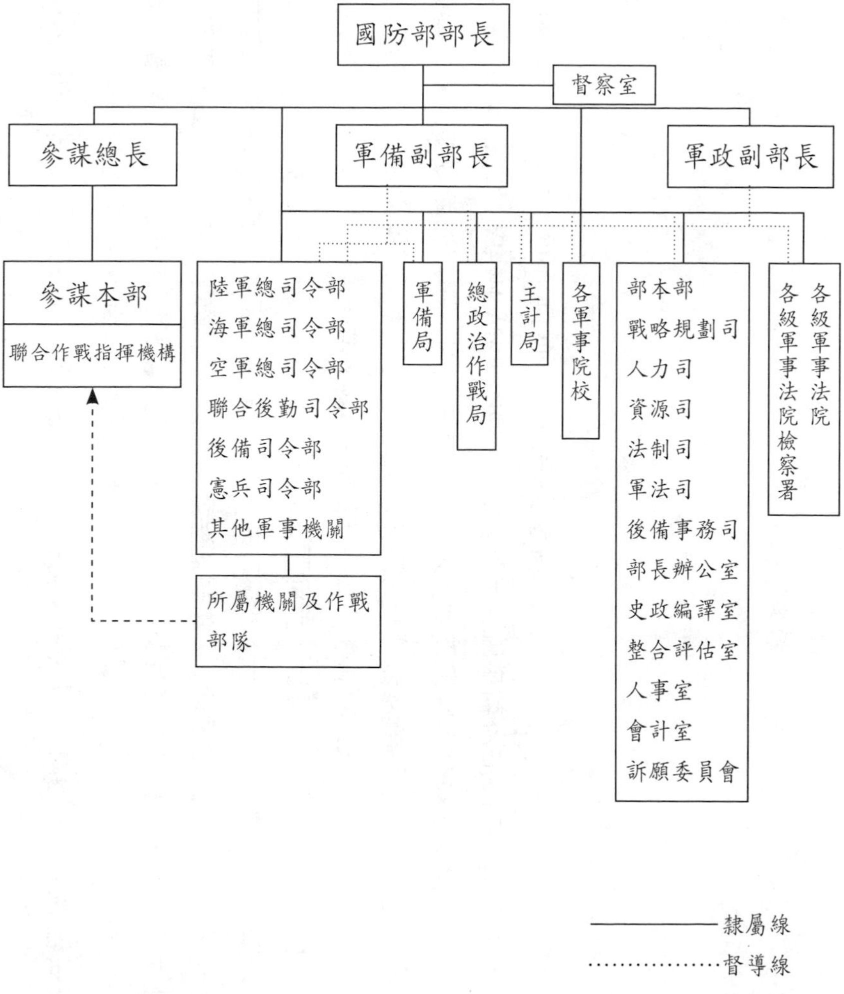

立「『全民國防』、『軍政軍令一元化』、『文人領軍』、『軍隊國家化』、『專業分工與兼顧軍事需要』的內涵，使國防組織調整專業化邁入新紀元。」

國防二法最關鍵的催生者爲時任國防部長唐飛，他在總統公布國防二法之後的半個月左右，於89年2月14日，親到監察院向監察調查人員在職訓練講授：「國防組織法及軍政軍令一元化」。唐飛部長稱國防法是依據五點原則研擬：（一）依據憲政體制；（二）順應世界潮流；（三）尊重民意期盼；（四）兼顧軍事需要；（五）確立國防體制。而國防部組織法的修正，則依循（一）落實文人領軍理念；（二）發揮專業分工效能；（三）配合政府組織再造。

國防二法，從施行到今年已歷經15個年頭，對國防現代化影響最深遠的制度與精神，都已爲第一次政黨輪替的陳水扁政府以及第二次政黨輪替的馬英九政府所共同接受與遵循，因而形成一種有如英國憲法學者戴雪（Albert Venn Dicey）所說比形諸法律條文規定更具有規範力量的「憲典」（Conventions of the Constitution）。其中主要體現包括：

◎軍隊國家化

國防法第六條規定：

中華民國陸海空軍，應超出個人、地域及黨派關係，依法保持政治中立。

現役軍人，不得爲下列行爲：

一、擔任政黨、政治團體、或公職候選人提供之職務。

二、迫使現役軍人加入政黨、政治團體或參與、協助政黨、政治團體或公職候選人舉辦之活動。

三、於軍事機關內部建立組織以推展黨務，宣傳政見或其他政治性活動。

現役軍人違反前項規定者，由國防部依法處理之。

另外，在陳水扁政府執政期間，爲要求國軍確遵「政治中立」，以達「軍隊國家化」目標，依據「中華民國憲法」、「國防法」及「國防部組織法」之規定，以及依95年（2006年）NDR第一篇迎接挑戰、第四章國內環境考量、第三節軍隊國家化訴求所載，國防部於民國91年（2002年）9月18日訂頒「國軍現役軍人及軍事學校學生無論上班、下班時間，都不得參與政黨或其他政治團體之活動」；92年（2003年）10月23日令頒「自92年11月1日起，後備軍人相關聯誼不得在營區舉辦；國軍人員不可參加類似活動」；94年（2005年）12月15日令頒「國軍人員未經奉准不得參加政治活動」之規定，並於其後歷次選舉中，要求全軍官兵切實遵行。

這些規定及令頒，一面遵循憲法第138條規定，全國陸海空軍，須超出個人、地域及黨派關係以外，效忠國家、愛護人民的軍隊國家化精神，一面又明定軍隊國家化的具體內容，使得1980年代後期至1990年代台灣民主運動者所關心的軍隊國家化呼聲，包括我前述提及的六項主張，都得到落實，並經由法制使軍隊國家化更加鞏固。毫無疑問，我國民主憲政終能得以順利推展，軍隊國家化的實踐提供了最有力的制度保障。

◎軍政軍令一元化

依國防法第7條至13條之規定，中華民國之國防體制與職權，架構如下：

一、總統
二、國家安全會議
三、行政院
四、國防部

此一國防體制根本上將以往實行多年的軍政軍令二元化，明確確立爲軍政軍令一元化，而開啓軍政軍令一元化新時代；再加上文人領軍，我國國防乃眞正走上現代化之路，堪稱具有里程碑的意義。

2004年在陳水扁政府期間出版的國防報告書，第一次將「國防體制與權責」以圖解示意如下頁圖：

2004版本

國防體制與權責圖

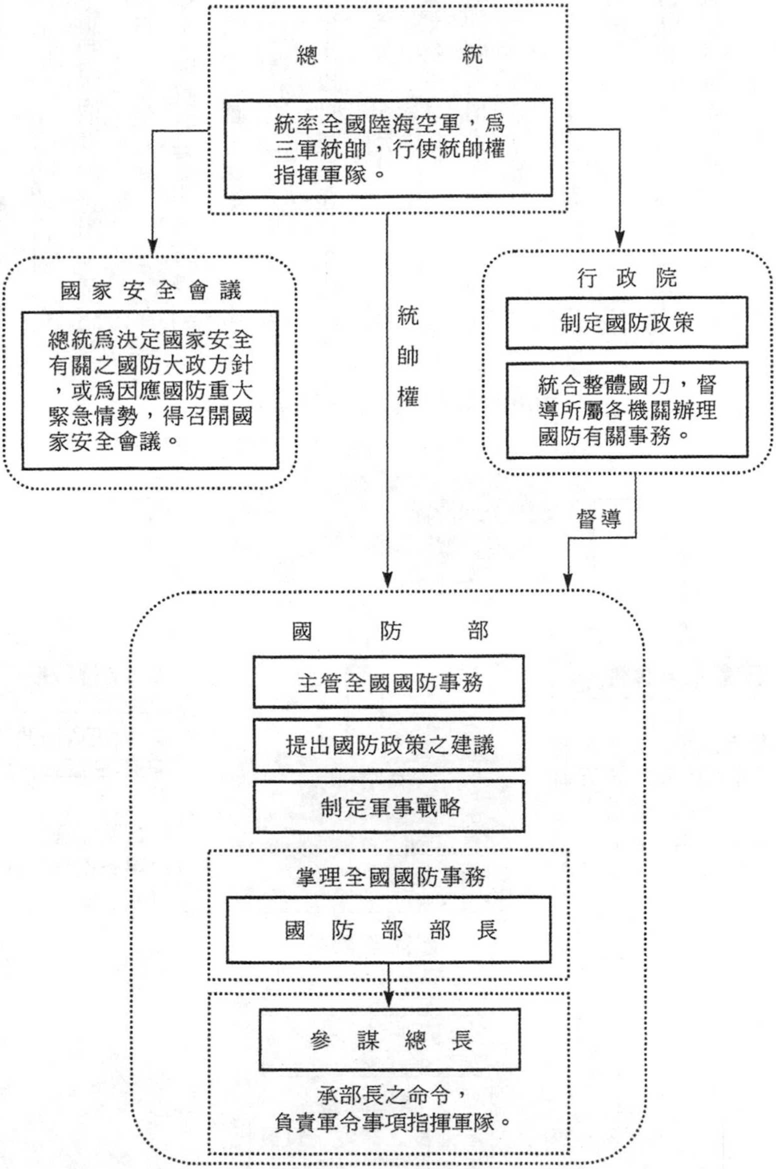
總　　統
統率全國陸海空軍，爲三軍統帥，行使統帥權指揮軍隊。
國家安全會議
總統爲決定國家安全有關之國防大政方針，或爲因應國防重大緊急情勢，得召開國家安全會議。
統帥權
行政院
制定國防政策
統合整體國力，督導所屬各機關辦理國防有關事務。
督導
國　防　部
主管全國國防事務
提出國防政策之建議
制定軍事戰略
掌理全國國防事務
國 防 部 部 長
參 謀 總 長
承部長之命令，
負責軍令事項指揮軍隊。

２００８年陳水扁政府出版其任內最後一本國防報告書，有關國防體制與權責示意圖，精簡如下圖：

陳水扁政府有關國防體制與權責的示意圖，爲第二次政黨輪替後的馬英九政府所完全接受。馬英九政府在２００９年及２０１５年，分別出版其任內第一本及最後一本國防報告書，有關國防體制與權責與陳水扁政府任內最後一本國防報告書的示意圖（１７１、１７２頁圖表）完全相同。

陳水扁與馬英九都是經由人民直接選舉產生的總統，只要總統選制不變，現行憲政體制不

2008年版本國防體制與權責圖

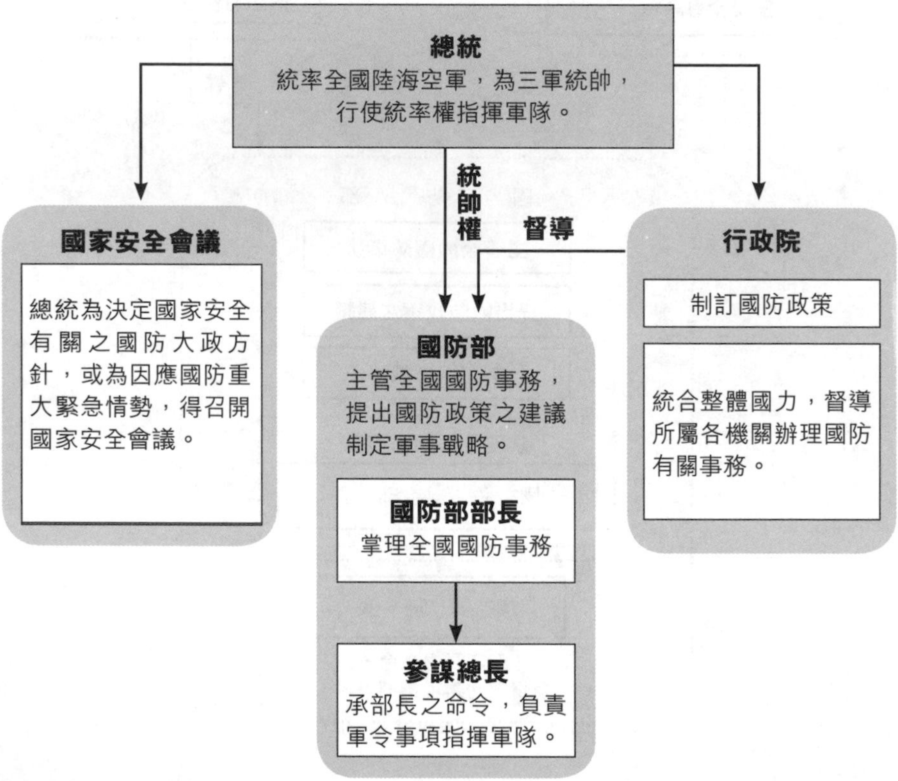
總統
統率全國陸海空軍，為三軍統帥，
行使統率權指揮軍隊。
統帥權
督導
國家安全會議
總統為決定國家安全有關之國防大政方針，或為因應國防重大緊急情勢，得召開國家安全會議。
國防部
主管全國國防事務，
提出國防政策之建議
制定軍事戰略。
國防部部長
掌理全國國防事務
參謀總長
承部長之命令，負責軍令事項指揮軍隊。
行政院
制訂國防政策
統合整體國力，督導所屬各機關辦理國防有關事務。

變，以後不論哪一個政黨，哪一位候選人當選總統，對從國防二法實行以來，歷經兩位分屬不同政黨的總統所共同遵循的國防體制與權責示意圖所涵示的軍政軍令一元化，應該也會繼續遵循並奉守，包括現今的蔡英文總統在內。

◎文人領軍

國防二法制定的時代背景，主要呼聲包括軍隊國家化、軍政軍令一元化、以及文人領

2009年版本
國防體制與權責圖

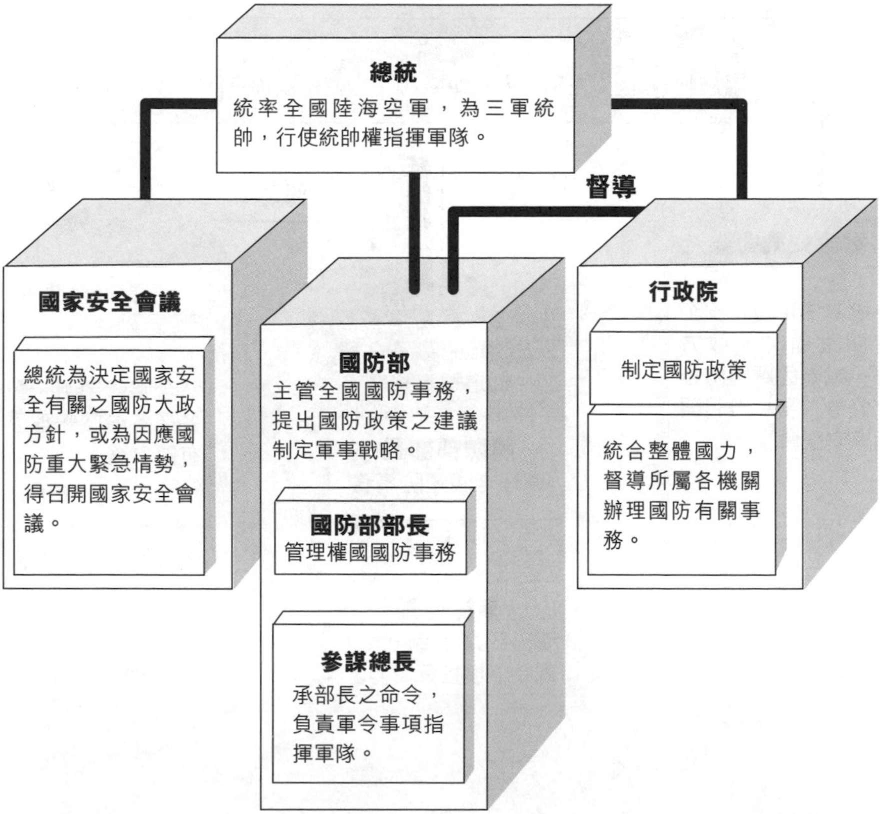

總統
統率全國陸海空軍，為三軍統帥，行使統帥權指揮軍隊。
督導
國家安全會議
總統為決定國家安全有關之國防大政方針，或為因應國防重大緊急情勢，得召開國家安全會議。
國防部
主管全國國防事務，提出國防政策之建議制定軍事戰略。
國防部部長
管理權國國防事務
參謀總長
承部長之命令，負責軍令事項指揮軍隊。
行政院
制定國防政策
統合整體國力，督導所屬各機關辦理國防有關事務。

軍。爲落實文人領軍的民意要求，國防法第8條及12條，確立軍隊指揮權由總統直接責成國防部長，再由部長命令參謀總長指揮執行，並明定「國防部長爲文官職，掌理全國國防事務」；更爲配合國防二法的施行，確立軍政、軍令、軍備三區分的國防組織，將建軍規劃、資源分配，整合評估及人事、預算權責，由參謀本部移轉至國防部本部，使部長能「總其成，負全責」，實踐文

2015年版本
國防體制與權責圖

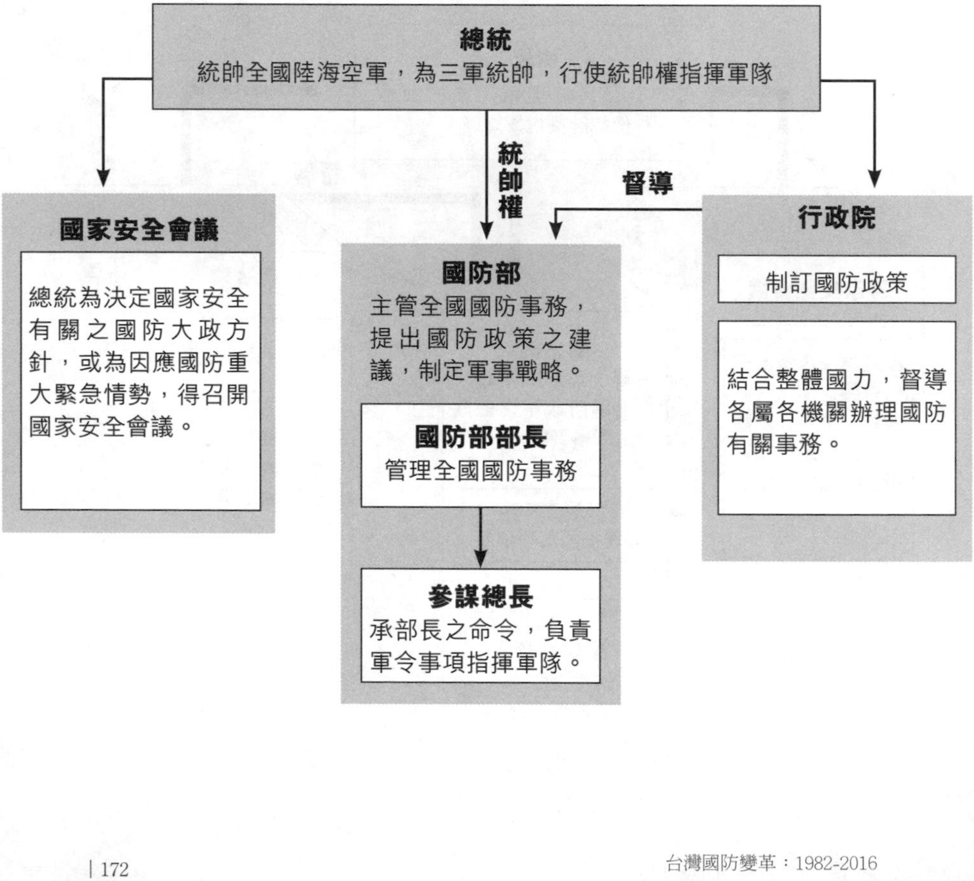

總統
統帥全國陸海空軍，為三軍統帥，行使統帥權指揮軍隊
統帥權
督導
國家安全會議
總統為決定國家安全有關之國防大政方針，或為因應國防重大緊急情勢，得召開國家安全會議。
國防部
主管全國國防事務，提出國防政策之建議，制定軍事戰略。
國防部部長
管理全國國防事務
參謀總長
承部長之命令，負責軍令事項指揮軍隊。
行政院
制訂國防政策
結合整體國力，督導各屬各機關辦理國防有關事務。

人領軍的目標。

最能凸顯部長「掌理全國國防事務」及決策權由參謀本部移轉至部本部的案例，可從國防二法施行前、後兩個年度，參謀本部及國防部本部本身運作經費及所主導支配經費總額、暨該等經費數額占各該年度國防預算總額之比例看出，如下表：

主要爭點

包括主導國防二法的國防部長及其主要幕僚，以及參與國防二法審查的主要立法委員，都承認國防二法是妥協下的產物。當國防二法送到立法

年度	參謀本部運作經費（單位:億元）	參謀本部主導支配預算（單位:億元）	國防預算總額（單位:億元）	參謀本部運作經費占國防預算總額比率（單位:%）	參謀本部主導支配預算占國防預算總額比例（單位:%）
八十八年下半及八十九	142.14	4,025.89	4,029.33	3.53	99.91
九十	120.45	2,664.51	2,667.46	4.52	99.89
九十一	114.40	0	2,610.47	4.38	0
九十二	90.17	0	2,571.94	3.51	0

年　度	部本部運作經費（單位:億元）	部本部主導支配預算（單位:億元）	國防預算總額（單位:億元）	部本部運作經費占國防預算總額比率（單位:%）	部本部主導支配預算占國防預算總額比例（單位:%）
八十八年下半及八十九	142.14	3.44	4,029.33	3.53	0.09
九十	120.45	2.95	2,667.46	4.52	0.11
九十一	114.40	2,610.47	2,610.47	4.38	100.00
九十二	90.17	2,571.94	2,571.94	3.51	100.00

院時，立法院已經有八種版本；而國防「部內呢？」唐飛部長說「在參謀本部裡面，其中困難是有」，但最終國防二法能跨越軍隊國家化、軍政軍令一元化、文人領軍這種難以跨越的歷史性門檻，主要也正是因爲「這些困難起碼是參謀本部這個阻力沒有拿到檯面上來」。

不過，隨著國防二法通過，特別是其中國防部組織法第10條第一項、第二項的規定，終於引發成爲時任參謀總長湯曜明和國防部長唐飛主要的爭點。依89年當時由國防管理學院教學部主任調到國防部當參事的劉立倫教授，在我主持的諮詢會中說：「……最早的時候我記得部長和總長有提到，他們有一個共識就是，各總部編配到參謀本部，基本上部長和總長有共識，可是最後出來的時候，只有作戰部隊編配過來，那個時候聽說總長是震怒。」兩人的爭論雖然也「沒有拿到檯面上來」，卻驚動三軍統帥，並責成國安會祕書長，邀集資深老將，共商大局。劉和謙總長是一位熱情、豪爽、有戰略素養、且保持與時俱進的海軍將領，他每次接受訪談時，跟我們工作團隊都可暢談二、三個小時以上，毫無倦容，又似意猶未盡。有一次，很意外的，他跟我們談到：「記得在八十九年初吧，當時的總長湯曜明在閒談中，曾經向我表示倦勤之意，因爲國防二法他無法適應……很出人意料的是，當時的部長唐飛也曾向我表示，國防二法使他裡外兩難，也有倦勤之意……」在劉總長向湯總長建議下，經李總統指示，丁懋時祕書長兩度邀集宋長志、蔣仲苓、陳燊齡、劉和謙、羅本立五位老將，共商國防二法第10條第一項、第二項所衍生的問題。

也正由於有這種癥結，在國防二法通過後、尚未正式施行前，擔任國防部長的伍世文（89

年5月20日~91年2月1日），雖然為國防二法的施行準備全力以赴，當即編成「國防組織規劃委員會」，他擔任主任委員，下設「審查協調會報」，由國防大學校長夏瀛洲擔任會報主席，前者召開13次會議，後者召開28次會議，使國防二法得以提早一年，在91年3月1日正式施行。但由於「『參謀本部組織法』無法依期限修訂成為『參謀本部組織條例』，直到91年1月的會期才完成……比原來的計畫晚了一年，也就等於沒有一年的試行運作機會，所以一開始施行並沒有先經過驗證運作的階段，從91年2月起，依法就要把三軍總司令部改隸部長……因為『參謀本部組織法』未完成修法，很多原屬參謀本部的業務與權責就移轉不過來……」

面對這種情況，時任參謀總長湯曜明在後來的訪談時表示：

現在國防二法最大的問題，它將國防體系先從縱向做了切割，就是參謀本部帶著第三層的作戰部隊，國防部又帶著第二層的總部變成兩個不同的體系在流，縱向切割最大的影響就是指揮；第二個問題是做了橫向切割，把原來完整的幕僚功能切開，其中政策歸部本部、指揮留在參謀本部，但是會使原來「打、裝、編、訓」的準則被打破，要用兵的單位對將來軍隊如何建立沒有發言權，而由不是用兵的單位來規劃，這中間就要有一個很好的機制去連結，目前這個機制還沒有研究出來，所以縱、橫向分割後，將來初期的運作可能有些問題。

當湯總長身分於91年2月1日轉換為湯部長後，他乃依「國防法」第八條條文：「總統統率全國陸海空軍，爲三軍統帥，行使統帥權指揮軍隊，直接責成國防部部長，由部長命令參謀總長指揮執行之。」之精神，以行政命令方式，命令參謀總長自91年3月1日起督導各軍種總部辦理「國防法」第十四條所列軍隊指揮事項；後續並擬將「國防部組織法」第10條「第一項」、「第二項」修正增列「及其」兩字爲：「國防部設陸軍總司令部、海軍總司令部、空軍總司令部、聯合後勤司令部、後備司令部、憲兵司令部及其他軍事機關……國防部得將前項軍事機關『及其』所屬與軍隊指揮有關之機關、作戰部隊、編配參謀本部執行軍隊指揮。」

湯部長於約訪時談到：

當初爲何會將各軍總部從參謀本部改隸部本部的原因，主要係考量避免總長權力過大，惟目前已無此疑慮，按照『國防二法』，各總部及其所屬，皆隸屬於部長而非參謀總長，參謀總長只能指揮十個戰略執行單位，十個執行作戰單位依輪值規定經常調整，並且僅能夠待命編配，但如果僅將升空的飛機、制海的艦船交參謀總長指揮，則參謀總長如何能有足夠的作戰部隊來執行作戰？所以當時我是憂慮此事，現各總部皆已編配予參謀本部，此問題已經不存在了……即藉行政命令先將各總部編配予參謀本部，現在則準備修法，有了法的依據則較爲周延。

這種主要爭點，隨著湯總長變成湯部長，唐部長又變成唐（行政）院長而告一段落，但其如影隨形的影響，便是使國防二法之後的國防部長，有如國防二法之前的參謀總長，變成國防部新的權力中心；加上繼湯曜明之後的李傑、李天羽，也都是由參謀總長接任國防部長，有湯曜明模式可循，乃使國防部長變成法制上的「集權」者，而參謀總長則有如當過海軍總司令的苗永慶所說，變成一個「幾乎沒有聲音的人」，「搞得現在好像沒有人知道總長是誰」，「總長在國防二法之後，幾乎消失掉了」。

多年後，唐飛在回顧國防二法的施行有感而發地說：「……當時國防法的立法以及國防部組織法的修正工作雖然完成了，但參謀本部組織法卻沒有同步在那個時間點完成修法，這也就是造成後來在執行面偏差的一個基本因素。我們當初原本希望能達到『文人領軍』，以及『分層負責、逐級授權』這兩個基本原則，而不再是像之前集權式的管理；然而實際執行結果，只是從原來集權於參謀本部，轉換成集權於國防部而已，仍沒有按照當初『分層負責、逐級授權』的規劃來做。」

這就難怪當唐飛受命組閣，要帶其國防二法幕僚長帥化民同往行政院時，帥化民反而建議唐飛不要去接行政院長，而應留在國防部，推動國防二法的施行；唐飛從公職退下來以後，有一次曾跟我提到，如果他當年不去行政院，而留在國防部，也許國防二法的執行將會有一番不同的景象。

代理順位

我在兩任監委期間，對國防二法的執行進行過兩次調查，第一次在民國92年（2003年）2月立案，93年（2004年）4月完成審議；第二次在民國98年（2009年）2月立案，99年（2010年）1月完成審議；兩個調查案的時間相距約6年，我一直對國防二法的執行情況保持高度的關注。

國防二法的施行，將國防事務區分為軍政、軍令與軍備三大區塊，國防部組織體系也因此配合調整，亦即除參謀總長外，在部長之下另設置軍政副部長、軍備副部長各一人，分別協助部長專責掌理軍政、軍備事務，軍令部分則維持由參謀總長負責。這種設計固然符合國防專業的分工，卻忽略了部長職務代理順位。況且依「國防部組織法」第十三條：「國防部置部長一人，特任；副部長二人，特任或上將。」及「國防部參謀本部組織條例」第六條：「參謀本部置參謀總長一人，一級上將。」之規定，均未明定部長職務的代理順位，一旦國防部長不克行使職權時，可能造成一級上將參謀總長與二級上將副部長間代理順位問題，對於素來重視階級與倫理的軍方不免滋生困擾。

在國防二法施行之初，國防部對於部長職務代理順序，似乎有意迴避，由於國防部的拖延，我在調查案進行老將訪談時，也聽到兩種不同的聲音，一為主張部長職務之第一代理順位應該是參謀總長，因爲軍政、軍備副部長的階級爲特任或三星二級上將，參謀總長則爲四星一級上將，位階較副部長爲高；另一則認爲應該由特任之文人副部長爲第一代理順位，因爲這樣比較符合文人領軍的立法精神。由於有這兩種不同聲音，在第一個調查案的調查意見中，我才要求國防部對於「部長職權代理順位，允宜明確律定，俾資依循。」

但這個代理順位問題，對國防部而言，似乎是敏感的，回應也顯得比較遲緩，而又不很明確。作爲國防二法正式施行後的首任國防部長，湯曜明在就任部長一年九個月後的訪談中，對於部長職務的代理順位，所作的說明是：

一、部長若因公出國，以目前科技資訊之發達，沒有代理人問題。

二、部長因故不能視事時，由行政院長發布代理部長，行使部長職權。

湯部長這種說明也等於沒有針對問題答覆；國防二法施行兩年之後，亦即93年國防部的態度仍是不很明確：

一、依國防部組織法第13、14條及考試院「各機關職務代理應行注意事項」，副部長爲法定之副首長，故國防部長職權的代理順位，爲副部長、常務次長。

二、憲法第36條：「總統統率全國陸海空軍」、國防法第8條：「總統統率全國陸海空軍，爲三軍統帥，總統行使統帥權指揮軍隊，直接責成國防部部長，由部長命令參謀總長指揮執行之」，因此，統帥權行使係由總統─部長─總長；若部長因故公出，應由副部長代行處理政務，有關軍隊指揮事項則由總長依法指揮執行。

一直到96年11月，亦即國防二法施行五年之後，國防部才以函令明確規範部長職務代理順位：

一、立法院開議期間，部長因故無法備詢時，屬軍政事務部分由軍政副部長爲第一代理人，軍政常務次長爲第二代理人；屬軍備事務由軍備副部長爲第一代理人，軍備常務次長爲第二代理人。

二、部長因公出國、休假、或其他事故，就法制面貫徹文人領軍，並考量各部會協調運作，應以軍政副部長爲第一順位代理人，軍備副部長爲第二順位代理人，軍政常務次長爲第三順位代理人，軍備常務次長爲第四順位代理人。

對於這種回覆，我在第二個調查案調查意見上表示：「上開國防部對於國防部長職務代理順位的函令解釋，係符合國防二法文人部長精神。爲了深化其效果，國防部仍應將該函令解釋予以法制化，俾利落實。」

國防六法

所謂國防六法，是指國防部組織法、國防部參謀本部組織法、國防部政治作戰局組織法、國防部軍備局組織法、國防部軍醫局組織法、及國防部主計局組織法。國防二法施行11年之後，國防六法於民國101年（2012年）11月27日立法院三讀通過，同年12月12日公布，102年（2013年）1月1日正式施行。

國防六法是國防部因應精粹案的規劃理念及執行期程，並配合募兵制的推動所進行的組織調整。精粹案的戰略指導爲「不讓敵人登陸立足」，在「符合打的需求」與「可負擔的財力」之間，改變以往資源分散之「平衡建軍」思維，代之以「任務導向」之「重點建軍」思維，以發揮最大成本效能；兵力結構調整將總兵力由27．5萬精簡至21．5萬；精簡高司幕僚組織，4年內將額由393員調減爲292員；同時將陸軍、海軍、空軍、聯勤、後備、憲兵等六個司令部整併爲陸、海、空三個司令部，以強化三軍作戰整體效能。隨著國防六法的修法完成，代表國防事務革新進入另一個新的階段，並確立國軍組織再造的新方向。

從歷史觀點言，2002年施行的國防二法，開啓我國國防邁向軍隊國家化、軍政軍令一元化及文人領軍的新紀元；而國防六法則是在國防二法的精神與方向基礎下，因應國內外環境的變化、建軍備戰的需求，所完成的法制化建構及適合國情的國防運作體系。兩者可謂前後輝映，都展現出主事者的決心與毅力。

現行國防二法從立法通過、規劃施行到正式施行，歷經唐飛、伍世文、湯曜明三位部長；到國防六法施行前，又經過李傑、李天羽、蔡明憲、陳肇敏四位部長。而國防六法從立法準備到正式施行，都是在高華柱部長任內（98年9月10日～102年8月1日）完成。

回顧與展望

國防二法正式施行時，發生了如伍世文部長所說的：「由於『參謀本部組織法』無法依期限修訂為

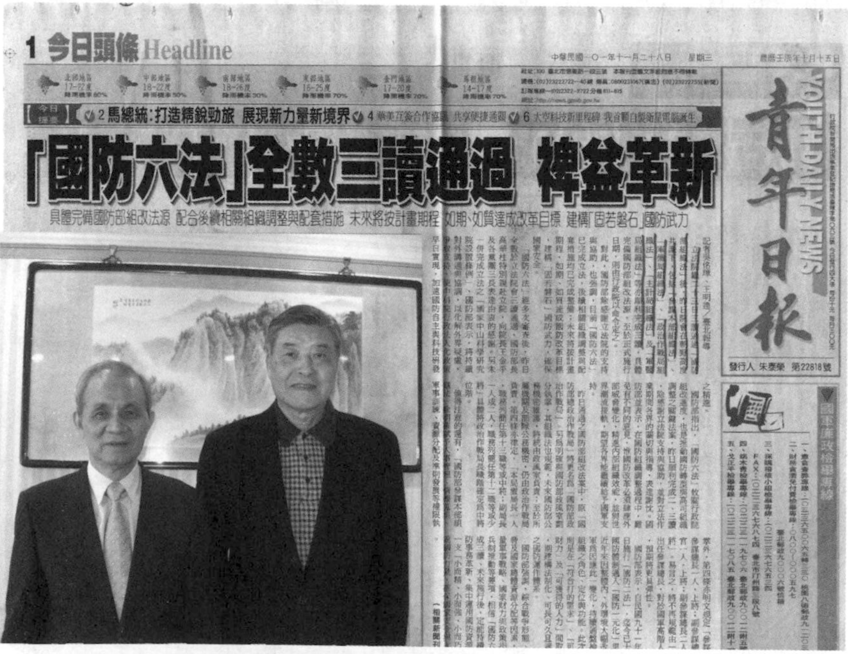

1 今日頭條 Headline

中華民國一〇一年十一月二十八日 星期三

青年日報 YOUTH DAILY NEWS

發行人 朱慶榮 第22818號

2 馬總統：打造精銳勁旅 展現新力量新境界

「國防六法」全數三讀通過 裨益革新

具體完備國防部組改法源 配合後續相關組織調整與配套措施 未來將按計畫期程 如期、如質達成改革目標 建構「固若磐石」國防武力

右為高華柱部長、左為作者

『參謀本部組織條例』……比原來的計畫晚了一年，也就等於沒有一年的試行運作機會……開始施行並沒有先經過驗證運作的階段，……」

這是導致國防二法剛上路時，高司組織幾度調整，使組織趨於不安，又使執行者壓力太重、近乎不得喘息的根源。

◎「爹娘是誰？」

最凸顯的，便是部本部人力司和參謀本部人次室磨合的案例。擔任國防二法施行後首任部本部人力司長（可能是有史以來權力最大的人力司長），後來擔任參謀本部副總長的吳達澎，在三年司長任內，人力司由國防二法施行前的兩個處，變成五個處，業務權責增加，在我主持的諮詢會上，他說：「那時候正好是二法施行的開始，很多東西在磨合」，「那段時間可以說大部分時間都在做法令的調適、修整」，「那段時間我幾乎都待在辦公室」，「就我個人而言，那段時間是比較辛苦吧」……不過「雖然辛苦，但也沒說推動很困難」。而從95年11月1日到96年10月1日，由陸軍步兵學校校長調任爲參謀本部聯一次長、後來也擔任國防部常務次長的黃奕炳則說：「我那段期間剛好跟吳（達澎）副總長是相反，是把人力司的業務以任務編組的方式移到人次室來……我和我的執行官等於增加一倍以上的業務量……剛剛吳副總長說他那時每天都睡辦公室，我也是每天都睡辦公室，禮拜六、禮拜天幾乎都到辦公室加班」，「整個制度的變革換得太快，幾乎沒有一個驗證或休養生息的時間」。幾經調整，吳達澎和黃奕炳似乎很有共識，「法制面或政策面，應由部本部人力司來負責；而實際執行面則在人次室，在軍令系統上」，「這應該就是執行後所得出磨合的結果，也比較合理」。

國防二法施行後，十多年來，期間又歷經精進案兩階段及精粹案的執行，而執行過程上，像後勤署的併編又復編、反潛機部隊及防空飛彈部隊的組織隸屬反覆調整，身處第一線的負責將領及基層官兵不免有話要說，當過海軍總司令的苗永慶在我主持的一次諮詢會上便這樣說：「這麼多年來，我們的國防組織變來變去，能量都流失掉了。沒有一次是做驗證後去做，每次都不知道爲什麼要改。」曾在聯四與聯五服務過、後來接劉立倫教授擔任國防管理學院教學部主任的陳珠龍教授更坦率直陳：「國防二法之後，現在變成部隊裡面很多人不知道上面的爹娘是誰、左邊右邊的兄弟姊妹是誰，常常會出去找不到爹也找不到娘，然後好事大家管。不好的事情沒人管，這個最嚴重。」

◎「新瓶裝舊酒」

爲什麼會發生這些現象，國防二法草案幕僚長帥化民立委，伍世文部長時任「調查協調會報」主席的夏瀛洲校長，以及擔任過海軍總司令、國防部副部長的顧崇廉立委等，都曾發表過相同的看法，主要原因即在「當初制定國防二法的各位大員都已經不在位了，現在在位的，都是當時對國防二法有意見的在執行。」國防二法組織改造主稿者、時任國防管理學院決策所所長的陳勁甫教授說道：「問題的核心就是當初推動國防二法的組織結構，法過了後，原先那批人就淡出，之後執行的人並不知悉國防二法設計理念，因此有很多後面規劃，只是以過去想法套這樣組織架構，造成新瓶裝舊酒的問題。」帥化民說得更透徹：「湯曜明當總長的時候，抱怨國防二法；當部長的時候，李傑在抱怨……李傑上去當部長，下面又一個人抱怨。這不是他們交情出了問題，這叫結構上出了毛病。一個是抱怨以前傳統，我參謀總長有這個權，一個是新任的部長，也不知道怎麼管這個國防部，他只有把軍令的參謀總長的角色搬到部長去。」

李天羽也是循湯曜明、李傑模式，由參謀總長接任國防部長，他在訪談時，坦誠這職權移轉的過程：「我當總司令或部長時，因領導一元化，國防部長總理全責。各軍種全向部長做整個計畫的報告，看部長有何裁示，而後三軍種會向總長報告相關需求，總長認同後，再向部長報告有無任何意見，依部長意見指示辦理。」「我擔任總長時，三軍總司令基本上也是這種模式先向部長報告」，「一般來講，因部長領導一元化，各軍總司令先向部長報告，然後向總長報告……這是湯部長就任後形成的慣例。」

這種現象就造成霍守業總長所說「現在的部長就如同以前的總長」的通俗印象。在國防二法施行前後，身歷其境，先後擔任副總長、國防大學校長，退役後接任過退輔會主委的曾金陵，說出他的感想：「國防二法以前，部長跟總長的運作模式（在蔣仲苓部長與羅本立總長之間）是靠相互的協調模式來做。那時候部長只負責部本部的區塊，……除了政務的事情以外，都是總長的事情，總長的權限跟運作的資源都比部長大，非常大……等到國防二法下來以後，總長跟部長之間的權責完全變了……現在總長就像一個幕僚長，他沒有任何的人事權、經費權，所有的權都集中在部長的手上了。」「我在二法施行後半期，倒覺得部長找一個純文人最好，也不要有軍人背景的下來。有軍人背景的下來，他會把總長的職權，很多事情都會干預。我親身體驗，幾個總長默默無聞，什麼話都沒有，沒有辦法講話。」「我們做組織結構調整，軍令部分都等於是在背書。根本不是從我們這邊的意見所產生，但是拿回來就叫我們背書、開會，總長只能開個會，開完以後還是原案端上去。我的感觸是，我現在比較傾向於就找個純文人當部長。軍令這一塊，他會尊重總長的位階跟專業，這樣才運作得起來，不然他一手抓，不是一個好事。」「二法以前，軍方所有的人事權都是總長跟總統那邊去報，或是總長作了一個決定以後，回來跟部長講，已經決定了，就是這樣，部長只是蓋個橡皮圖章上去。部長很少管軍方的人事權，也管不了。可是國防二法執行以後，所有將級，要上總統的人事權，幾乎都是部長決定好了，由聯一來簽，簽完以後告訴總長，人事就這樣簽了，總長想表達意見都沒有辦法，變成總長蓋個橡皮圖章上去。」

唐飛在回顧時也說道：「湯部長接了以後，權責調整就加速進行，現在我覺得做過頭了……當時的用意是參謀本部把全部的精神集中在作戰訓練，不再干預其他軍政、軍備方面的問題，但是對於軍令這部分要充分授權，……但現在顯然很多參謀本部應該可以自己做決定的，卻沒有了，參謀總長眞的變成一個軍令幕僚長而非指揮官了。」

◎「左右腦」

「唐版」和「蔣版」的國防二法最大的差別，就是「唐版」的國防二法，在部本部設立兩個重要的單位，一為戰力規劃司，一為整合評估室，用唐飛的話來說，這兩個單位是文人部長的「左右腦」，或「左右手」，也是文人領軍的基礎。

戰規司主要任務著重在國防政策建議、軍事戰略規劃及戰略研析事項，負責勾勒國防願景，並配合國軍組織調整與再造，精進軍事戰略計畫作為，以打造現代化國防軍事武力；整評室則在於就軍事戰略、計畫、兵力結構、軍事能力與資源分配等，以計量評估與驗證方式，提供公平客觀的分析評估與建議，同時負責國軍重大投資建案的成本效益分析、國軍模式模擬政策的發展規劃與執行；該兩單位所提出的分析評估與建議，係文人部長下達決策的重要參據，也是決定國防二法施行後能否有效貫徹文人領軍的樞紐所在，其重要性不言可喻。

2009年4月17日，在國防二法施行八年之後，我主持了一場諮詢會，參加者為歷任戰規司司長與整評室主任，包括王立申、高廣圻、董翔龍、陳永康等後來都出任海軍總司令，沈國禎則出任空軍總司令，金乃傑出任國防大學校長，這兩個單位在運作初期，他們共同的心聲是：人才不足、經費不夠、基本設備有待更新。

依國防部組織法第13條至第15條規定，國防部本部自部長、常務次長以下的職位，均採軍文職併行方式辦理人員進用；國防部組織法第15條第2款並規定文職人員的任用，不得少於編制員額的三分之一。國防二法施行後，國防部本部編制員額爲635員，其中文職人員爲204員，但所進用的文職人員主要集中在辦理一般行政庶務的單位，幾乎占文職人員總額的半數，且階層不高；而扮演文人部長「左右手」角色的戰規司與整評室兩個單位現有的文職人員額，大約僅爲戰規司與整評室編制員額的四分之一到三分之一，能量顯然不足，特別是整評室，連湯曜明在國防二法施行初期接受約訪時也都坦誠以對：「整評室的功能，必須具有前瞻性、宏觀、深謀遠慮之人員才能在整評室內工作，目前整評室僅建立部分的能量，尚未達到預期的功能，我期望該室能就國防部五年、十年、甚至二十年後，可能發生之問題預先考量，要有前瞻性，但是目前還未做到這一點，……本部整評室因屬成立初期，故現在的能量，尚無法影響到國軍未來的發展方向。整評室的功能如果能充分發揮，則應於五年、十年或更有前瞻性的預判，向部長報告未來防衛作戰可能遇到的問題建軍的需求，如此自然能形成較正確之建軍政策。……」

民國98年，高華柱部長在與我們國防二法調查案的工作團隊座談互動時也直言：「國防文官的專業考試制度如無法建立起來，文官體系的這條路將還會很漫長！」我在訪談多位卸任國防部長與參謀總長時，他們也都表示，文職人員進入國防部的目的多爲占缺，且再晉升管道有限，故流動率甚大。國防部針對上開癥結，在文職人員的進用上，不應僅爲滿足法定員額爲已足，更應考量如何打通人事關節，諸如設置政務文官、研究員、副研究員等、與相關部會建立人才交流、開放國防大學戰研所部分員額給其他部會、舉辦國防專業特考等，以廣拓文官來源；未來也應檢討研究開放高階國防文官參與軍事深造教育（如指參與戰略教育）的訓額薦訓，以強化文官人員軍事教育及國防專業知能，建構整體之軍、文官培訓體系。

在國立中正大學戰略暨國際事務研究所擔任教授的宋學文，談到這三分之一文官時強調說：「我是覺得國防部裡面千頭萬緒，就是要引進外面的力量，就是那三分之一的文官，一定要想辦法，不但要進來、要落實、要留任，而且要位居重要的位置，我想關鍵在這邊。」

催生國防二法十多年後，唐飛部長仍有感而發地說：如果只有文人擔任部長，沒有確實建立起文官制度，則不可能眞正貫徹文人領軍的理念。文人沒有本位主義，也不受到軍種利益的干擾，比較能爲國防（文化）的改革，帶來實質性的轉變。

◎「與中華民國同壽」

國防二法審查時，擔任立法委員，國防二法施行後，曾擔任第一位眞正文人部長不足三個月（97年2月25日～97年5月2日）的蔡明憲，在我主持的諮詢會上這樣表示：「我必須承認國防二法在十年前，在立法院討論、制定，有很多地方是不完美的、不完整的，甚至是有缺陷的，因爲那個時候我們有很多妥協。」但無論如何，蔡部長又說：「國防二法是我們國家有史以來，把包括國防制度、人事、預算的國防政策法制化，這是相當難得的，可以媲美美國的高尼法案。」「事實上，美國的高尼法案，從80年代執行以來，還是經過不斷的修改，幾乎現在還在修改。」

曾任國防大學管理學院院長的王央城教授在我主持的諮詢會上嚴肅地說：「我覺得國防二法對國軍真的是產生很大的影響，不只是權力轉移，也包括文化跟組織，真的是影響很大。我是身歷其境，我很慶幸我當時能參與。」「我認為權力轉移、組織調整，還有文化改變，確定是有的。我認為國防二法再走下去，一定從國防二法開始施行的時候，以後大家一定都會提到國防二法。」

苗永慶司令說：「國防二法是我們國家過去50年以來所沒有的，而且是在沒有戰爭的狀況下制訂的，這樣的制訂背景，加上又已實行一段時間，一定會有若干問題，值得我們來做檢討。」「畢竟已經50年沒有戰爭，（國防二法）這些規定屆

右為伍世文部長，左為作者

時到底適不適用，沒有辦法得到驗證，這個才是我們最大的困擾。不像中共這幾年打過不少戰爭，美國更是一年一小打，三年一大打，都是不斷在革新。」儘管苗司令有不少檢討，但他的結論則是：「國防二法不能沒有。」在國防二法施行之後當上部長的李天羽也說：「整體上，我對國防二法是肯定的」，「中華民國存在國防二法，是國軍的心聲。」

在「唐版」國防二法草擬時擔任副部長，國防二法立法通過後、施行前擔任權力移轉期間部長的伍世文更語重心長地說：「我們的國防法一直到89年才完成立法……國軍建軍從39年開始重建，39年到89年，經過50年才完成立法……國防部應該一直維護下去，已訂出這個體系，應該好好維護，這是一種正常的程序。」「經過50年才有的國防二法，應該要維護下去，很大的原因是其所代表的精神符合時代潮流。」「照我的想法，國防二法應與中華民國同壽。只要中華民國存在，國防法沒有理由做重大修改或廢除，除非不要建軍、不要國防了。」霍守業總長也說：「伍（世文）部長講國防二法與中華民國同壽，我同意這個說法。國防二法本身是否有涵蓋不足值得檢討的部分，當然可以討論，必要時可以做部分補強和修正，但這二法確是有必要的。」

3、聯戰機制

高尼法案

蔡明憲所說「國防二法可以媲美美國的高尼法案」，更準確地說，應該是國防二法所建立的聯戰機制，「可以媲美美國的高尼法案。」

2009年4月17日，在我主持的一場諮詢會上，當年曾非常用心參與國防二法審查的立委，現任退輔會副主委李文忠，曾以有趣的方式引介高尼法案：「大概四年前，國務院邀請我去一個月（訪問），我要求都是到軍事單位，到航空母艦、海軍學院、西點軍校、陸軍訓練基地、五角大廈，每一個簡報都會談到高尼法案，認爲它們的今天都是跟高尼法案有關……我可能聽過20個以上單位的簡報，每個簡報都提到高尼法案，可以看到他們對這個東西（高尼法案）的重視。」

李文忠所說「每個簡報都提到高尼法案」，全名爲「高華德尼古斯國防部重組法案」（The Goldwater-Nichols DoD Reorganization Act），是由共和黨參議員高華德與民主黨眾議員尼古斯共同領銜提案，於1986年10月1日正式生效的法案。很微妙的是，爲了顧及軍方的反對和敏感性，雷根總統簽署高尼法案時，並未舉行公開儀式。

「高尼法案」的背後主稿者，被視爲高尼法案之父的時任美國參謀首長聯席會議主席大衛．瓊斯（David C. Jones），於1982年2月3日，正式展開國防改革的行動，他在向眾議院軍事委員會作證時力陳：「僅有資源、經費和武器系統是不夠的。我們必須要有一個能夠發展適切戰略，作必要的規劃以及發揮完整戰力的編組。」然後，他以僅僅13個字，開啓軍事事務革命：「我們目前缺乏適當的編組架構」。

經過四年又兩百多天的努力，瓊斯主席在十年後的〈改革起始〉一文中，將當年聯參體系存在的主要問題歸納爲四項，並針對這四個問題，提出四項因應之道：

一、確定參謀首長聯席會議主席爲國防部長及總統的主要軍事顧問。

二、聯參機構係爲參謀首長聯席會議主席而非爲會議任事。

三、設立參謀首長聯席會議副主席一職，其位階爲排序第二的軍官。

四、任何一名軍官調派高階聯參職務或在其軍種晉升將官之前，須具備更豐富聯參經歷。

聯參主席瓊斯稱，這四點也正是高尼法案中的「主要建議事項」。

1996年12月，美國國防大學舉辦一場名爲「高尼法案10年回顧」的研討會，與會者表示，過去十年間，高尼法案爲美國的軍事專業提供轉型注入新的力量。在巴拿馬的正義作戰

（鮑威爾將軍曾說此戰是高尼法案的完全測試，也可說是高尼法案的初顯身手）和在波斯灣的沙漠之盾／風暴作戰所獲壓倒性的勝利，證明了法案的成效。裴利（Perry）部長曾說：「所有對沙漠風暴／之盾作戰的評論和報導，都把成就歸因於高尼法案的指揮體系所作基本和結構的改變。」富比士（Forbes）雜誌更評論道：「波灣戰爭中軍方所展現的傑出效率和作業順暢，全屬高尼法案的功勞。這個法案將個別軍種的權責轉移到執行軍種協調的官員身上；沒有高尼法案，就沒有錢尼部長、鮑威爾將軍或史瓦茲科夫將軍。」

經由戰場上的驗證和勝利，高尼法案不僅見證其改革的正當性，也鋒芒畢露，裴利部長甚至用一項歷史標的來衡量說：「高尼法案是二次世界大戰以來的最重要立法」。曾任參謀首長聯席會議副主席的海軍上將歐文也說：「高尼法案是二次世界大戰以來的重要分水嶺，它有效改變了美國軍

美國高尼法案相關資料

方的文化。在過去的七、八年間，我們從不願接受高尼法案，進展到現在各軍種完全接受，認爲這才是未來的作戰方式。」這些發展與評論，印證了當高尼法案在國會山莊立法通過時，兩位國會議員的前瞻性預言。時任參議院軍事委員會主席高華德參議員說：「這項立法可能是美國歷史上最具重大意義的國防組織立法」；而時任眾議院軍事委員會主席亞斯平眾議員更說：「這是美國歷史上立法的里程碑。這可能是自1775年美國大陸會議創立大陸軍以來，在美國軍事史上最重大的改變。」

組織與運作

國防二法有關「三軍聯合作戰指揮機構」的規定，不但開啓我國建軍史上的里程碑，更將我國國防的現代化水平提升到與世界潮流同步化，在高尼法案正式上路14年之後，我國國防二法所建立的聯戰機制，實是我國國防現代化的重要標幟。

國防法13條確立：「國防部設參謀本部，爲部長之軍令幕僚及三軍聯合作戰指揮機構，置參謀總長一人，承部長之命令負責軍令指揮軍隊。」國防部爲建構有效的聯合作戰指揮機制，從民國90年（2001年）起，即展開國軍聯合作戰指揮機制的規劃研究、演習驗證，歷經兩年多，於93年（2004年）2月確立全般編組架構與運作方式。

依93年2月確立的國軍聯合作戰指揮機制全般組織架構，區分爲「聯戰指揮」與「作戰支援」兩大體系；「聯戰指揮」體系區分爲「戰略決策與指揮」與「戰略執行」兩個層級；「作戰支援」體系區分爲「政務協調中心、戰爭資源協調中心」與「各軍種綜合協調中心」兩個層級。

另依國防法第8條規定：「總統行使統帥權指揮軍隊，直接責成國防部部長，由部長命令參謀總長指揮執行之。」故參謀總長係承國防部長命令，負責遂行軍隊的指揮。而在「國軍聯合作戰指揮機制」中，參謀本部爲「戰略決策與指揮層級」的「聯合作戰指揮中心」，戰略執行單位爲「戰略執行層級」，兩者爲「聯戰指揮體系」用兵指揮之上、下級關係；「聯合作戰指揮中心」並向「政務協調中心」（軍政副部長指導）及「戰爭資源協調中心」（軍備副部長指導）提出作戰需求，三者之間是以「作戰需求」爲主軸的支援與協調關係。至於各軍總（司令）部爲「作戰支援體系」的一部，屬支持作戰指揮與用兵的性質，與國防部「政務協調中心」及「戰爭資源協調中心」共同支持作戰指揮與用兵；基此，國防二法施行及「國軍聯合作戰指揮機制」確立後，各軍總（司令）部的角色與功能，與國防二法實行前最大的不同，在於「不負責作戰指揮」。

從前述的組織架構與運作方式，可知「國軍聯合作戰指揮機制」的「聯合作戰指揮中心」，係以參謀本部爲核心，由聯合參謀運作，依據敵情與戰況發展等資訊，提供參謀總長決策參考，並按參謀總長的決心，下達命令、調動部隊及遂行戰場管理。「戰略執行單位」則按「聯合作戰指揮中心」的命令，由各單位指揮官督導及管制所屬部隊執行作戰任務。

從2008年陳水扁政府任內最後一本NDR及2009年馬英九政府任內第一本NDR均以簡明的圖示說明國軍聯合作戰指揮體系（如197、198頁圖）。

國軍聯合作戰指揮體系圖（2008年NDR）

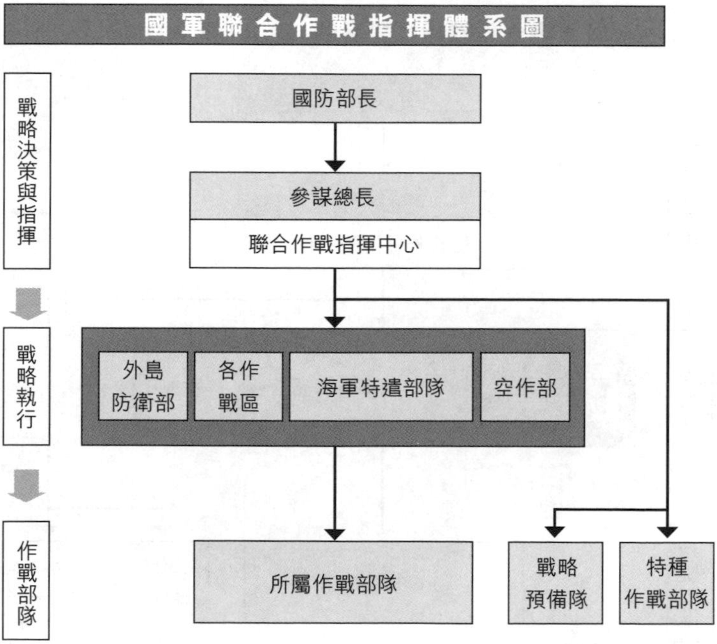

國防部長承國家安全會議之戰爭決策，授權參謀總長透過聯合戰指揮機制，指揮各外島防衛指揮部、作戰區、海、空軍作戰指揮部等戰略執行單位及所屬作戰部隊遂行作戰。

指揮鏈

由於台澎防衛作戰具有「預警短、縱深淺、決戰快」的「初戰即決戰」特質，爲了縮短平戰轉化落差，達成「用兵指揮單純化」、「指揮層級扁平化」、「指揮速度高速化」、「戰爭持續力支援快速化」的作戰效能，國防二法所建立的聯戰機制，開啓我國建軍史上指揮鏈上最重大的一次改變。參謀總長在國防二法規定下，具有兩種身分，扮演兩種角色，平時爲三軍的參謀總長，戰時爲三軍指揮官。

國軍聯合作戰指揮體系圖（2009年NDR）

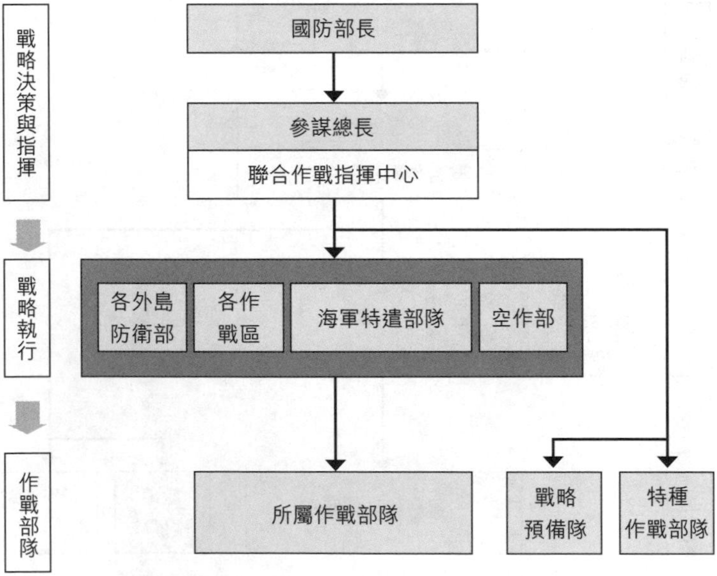

國防部長承總統召開國家安全會議之戰爭決策，授權參謀總長透過聯合作戰略指揮機制，指揮各戰略執行單位及所屬作戰部隊遂行作戰。

受到這種聯戰機制影響最大的，便是三軍總部由以往「負責作戰指揮」，到「不負責作戰指揮」，其角色與功能，平時爲「建軍規劃」、「戰備訓練」、「專用後勤」及「部隊管理」，戰時納入「作戰支援體系」，負責「人員補充、動員執行、專用後勤支援」；三軍總司令也不在指揮鏈上，只擔任參謀總長的「決策諮詢」。

這種嶄新的聯戰機制，在初始運作時，便發生了霍守業總長所說的「浪費」：「國防二法剛開始施行時，把各軍種司令部虛級化，這是一個很大的浪費，因爲各軍種司令部的部隊是它的孩子，司令部最清楚其部隊的狀況。」「各軍種司令部是很有效率的單位，可以好好運用，不然就閒置。」不僅如此，當過陸軍總司令，軍備副部長的朱凱生更說：「三軍總部在現制下是地位尷尬，不過三軍總部地位最尷尬的還不是平時，因爲平時畢竟還是有個總部的形式機制在……但是一進入漢光演習，他變成一個『輔助小組』！『只是』一個輔助小組！……但它卻擁有很龐大的人力，人數上不但不亞於參謀本部，甚至當初還有很多職務是選優的才能留在軍種；結果在戰時他卻變成沒事做，只負責兵力補充，等於類似現在聯勤或以前警備總部的工作。」苗永慶司令說得更徹底：「現在各軍種司令在作戰時，根本就沒有指揮權。譬如說，現在海軍司令，作戰有功發不到勳章，作戰失利也殺不了頭，因爲權責根本不在他手上，對海軍部隊他沒有指揮權，對海軍修護也沒有完整的修護權。所以現在三軍司令，根本就是……唉！」

因此，在驗證過程上，指揮鏈問題浮現了，霍守業說：「我當總司令時就遇到這個問題，變成沒有事做，後來把總司令拉去當顧問，但這樣還不夠。李天羽時候就開始修正，總司令加入開會，但是司令部的功能還是沒有發揮，司令部有完整參謀群……指揮鏈可以縮短、扁平化，但是還是要注意功能的發揮。」我在國防二法兩個調查案以及國軍聯戰機制的調查案上，都持續關注這個指揮鏈問題，並訪談不少三軍司令及參謀總長，正視這個問題，其中，苗永慶司令在2009年5月的諮詢會上最早提出一種看法：「我建議可以讓現有的三個副總長各兼一個軍種司令，再增設一個執行官，合計四位副總長。這樣一來，指揮鏈不但更短，權責更明確，後勤的執行也掌握在手中，且可以讓上將的員額更精簡。」朱凱生說：「讓副總長去兼任軍種的司令，我覺得非常值得參考，這樣就可以把陸、海、空軍所有的人力整合到參謀本部，變成一個聯合作戰指揮機構，然後24小時隨時保持作戰的裝備。」霍守業說：「我個人認為副總長兼司令是最理想狀況，可以解決參謀本部和各軍種之間的隔閡，參謀本部的意志可以透過副總長兼司令直接傳達，可以彌補缺失，也省了三個將軍（員額）。」「但這樣的狀況下最好合署辦公。」

三軍司令在指揮鏈上的問題，一直到2012年國防部才正式表示：「三軍精粹案後，在聯戰指揮體系方面，……戰時由參謀本部立即轉換為聯合作戰指揮機制，參謀總長任聯戰指揮官，陸、海、空軍司令任聯戰副指揮官」，而得到明確的解決，但距國防二法上路時已有10年之久。2013年1月參謀總長林鎮夷在訪談時回顧說：「……一旦有狀況，總長是聯合作戰指揮官，陸、海、空三位司令是上將，是副指揮官，這是去年（即民國101年、2012

年）開始執行的，由我與高（華柱）部長研究的。」「有明確規定三軍司令在戰時聯合作戰指揮機制中爲聯合作戰副指揮官。」「以前三軍司令在漢光演習是沒事做，司令在指揮鏈外，因軍種必須成立諮詢組，司令爲諮詢組長，當總長有什麼事才問諮詢組……我擔任司令時，也到裡面去（衡山指揮所），坐在旁邊，總長一問司令，大家都說沒意見。現在三軍司令是副指揮官了，有責任了，指揮官問有沒有意見，三個副指揮官都要提出具體的方案，出事要負責任的，已不是總長一個人扛。101年二次漢光演習就這樣作驗證，也向總統報告了。」

博勝案

夏瀛洲校長在2004年9月我主持的一場諮詢會上，及其後的訪談中，有力地談到C4ISR發揮聯戰的效果，他說：「……蘇聯沒有解體以前，……以阿富汗戰爭來說，蘇聯用了150萬的兵力，打了10年的時間，傷亡15萬以上……結果失敗；美國打阿富汗，以空中力量配合特種部隊爲主，打了61天，死亡16個人，以極少的傷亡，就贏得戰爭的勝利，就把塔利班集團消滅了……美軍勝在戰爭觀念和戰爭技術上……美軍是以絕對的C4ISR在整合聯合作戰……蘇聯打的是以常規平台、陸軍爲主的戰爭；美軍打的是C4ISR的聯合作戰，把太空、天空、本土的總部、前線司令部，甚至一個單兵聯成一體，所以他的作戰是最小的代價、最快的速度，獲得最大的戰果。」「……C4ISR對戰爭的影響，我們從目標的偵測研判、定位、瞄準打擊、戰果研究……像這種程序，從波斯灣戰爭到阿富汗戰爭，從伊拉克戰爭到科索沃戰爭，整個流程益加縮短，戰力得到更大的發揮。……C4ISR建立的重要性不言而喻。」「（我們）目前最迫切的是把現階段各種作戰平台加以整合，如果不整合的話，不要說打未來的戰爭，（打）現在的戰爭都有問題。」

唐飛是引進C4ISR的關鍵人物，他在一次訪談中說：「我接總長之後，美國國防部主動邀請我去……參訪兩個星期，蘇聯解體之後，美國把大西洋總司令部改組成國防部的三軍聯合作戰司令部，我去的時候，那個單位才剛成立不到一年，只能給我看他的concept（概念），就是爲什麼要這樣做，因爲過去所有的戰爭發生，所有聯合作戰的規劃要從根本上做起……我去的時候，第一個帶我去看的是他們正在做聯合作戰機制的一個指揮管制，就是怎麼用現代的科技把它們整合在一起。今天我們的博勝案不用像他們一樣大規模地做，我們只要把規模縮小去做就可以了。」

「網狀化作戰」是聯合作戰的最新發展趨勢，也是聯合作戰的神經傳導，而達成「網狀化作戰」的主要工具，就是一套數位化的C4ISR（指揮command、管制control、通信communications、資訊computers、情報intelligence、監視surveillance、偵察reconnaissance）

系統。這套系統也正是國軍近年來積極推動「博勝案」的建置目標。

「博勝案」是一套最先進的C4ISR系統，它最大的能力，包括可非對稱同步交換即時資訊；由於頻寬大，也可同時傳輸語音、資料和影像。博勝系統如建置完成，國軍從「聯合作戰指揮機構」至「戰略執行階層」，各級指揮所可以建立「共通作戰圖像（COP）」與「共通戰術圖像（CTP）」，並自動整合偵蒐系統所獲的海、空情資，連結到武器載台。這樣既能強化整體指管能量，提升指管品質與速度；也能讓從總長到各級戰略執行單位指揮官，同步掌握全般動態，達到「戰場透明化」與「自我同步化」的要求，指揮權責可充分下授，大幅增進指揮與指管效能。

李天羽擔任總長時曾說：「聯戰機制的原則是要『看得見、聽得到、指揮得到』，爲了達到這個目的，就要有好的耳朵和眼睛，『博勝案』就是配合做到這個目的而建置的，它可全般掌握到以上的原則，而且指揮扁平化。」從某種角度言，C4ISR就如同沈方枰次長所說，只是一個「工具」，有如「水電配管工程」，但它卻是既先進而又昂貴的「工具」，因此國防部必須培養專業人才，必須自己會點菜，「就好像到館子吃飯，我們自己點了菜，……不能美國人問我們要吃什麼，我們講不知道，它就把滿漢全席給你開出來，讓你付滿漢全席的錢。」這是繼博勝案之後，國防部陸續推動C4ISR這種建軍項目時所應謹記在心的。

劉和謙總長曾說：「C4ISR系統是將近代通電與資訊等科技新觀念、新能力之精華，結合總其大成。其對軍事上之鉅大貢獻，已在中東作戰中證實。任何一個現代國家皆以積極發展Ｃ４ＩＳＲ爲其建軍之首要項目。」因此，將代表Ｃ４ＩＳＲ最先進系統的博勝案納入成爲我國聯戰機制的建軍項目，也是我國國防現代化的一個重要標幟。

4、從NDR到QDR

三位總統與NDR

國防部的國防報告書（National Defense Report，NDR），從1992年起出版第一本，其後每2年出版一本，到2015年10月，已出版13本，其間經歷過三位總統——李登輝、陳水扁、馬英九。NDR的編排方式，從2004年起，由直排改為橫排。

國防部的四年期國防總檢討（Quadrennial Defense Review，QDR），從2009年3月起出版第一本，其後每4年出版一本，到2017年春，已出版三本QDR，其間經歷過馬英九和蔡英文兩位總統。

NDR並非是天上掉下來的禮物，而是經由黨外力量與民間團體長期的共同努力與催生，以及1989年台研會率先出版民間第一本國防白皮書的衝激，國防部才在兩年多之後，正式出

此為1992-2015年十三本國防報告書

版官方第一本NDR。QDR則是立法院在97年（2008年）7月修訂國防法第31條，增加第4項條文，要求國防部在每屆總統就職後10個月內，向立法院公開提出「四年期國防總檢討」。從NDR到QDR的出版過程，也見證我國國防從軍隊國家化走向國防現代化的腳步與旅程。

從1992年起算，在李登輝任總統期間，共出版四本NDR。基本上，從陳履安、孫震到蔣仲苓三位部長，已確立NDR每2年出版一本的慣例，蔣部長在序言中提到，希望NDR能「兼具工具書功能」以及兼顧「理論與實際」，並首度在1998年NDR揭露國防預算公開與保密預算比重，都爲以後的NDR所遵循。李總統卸任前，國防部已完成十年兵力案第一階段及

左為李登輝總統、右為作者。1998年攝於總統府

精實案，立法院則三讀通過國防部所提國防二法的立法。

陳水扁兩任總統，任期八年，卻出版五本NDR。理由是陳總統任內前四本NDR出版的時間，都在下半年度（也有到當年度12月），但第五本則提早於2008年5月20日卸任前出版，這也反映出陳總統本人對國防事務的高度興趣與關注。陳總統執政期間，正是國防二法正式施行，以及精進案推動從第一階段進入第二階段之時，他也爲其任內後三本NDR寫「總統序言」（這是他之前的李登輝與之後的馬英九都沒有做的事），並在序言中強調「國防轉型」與「軍事事務革新」，甚至提到「玉山兵推」與「兩岸軍事互信機制」。從2004年到2008年的三本NDR，也都有「編後語」，

左為陳水扁總統、右為作者。2000年攝於總統府

2004年版本的NDR在「編後語」上表示：「國防部國防報告書可以說是本部最重要的法定文書。」五本NDR分別有伍世文、湯曜明、李傑（兩次）、蔡明憲的部長序言。

馬英九總統在位8年期間，出版四本NDR，分別由高華柱（兩次）、嚴明、高廣圻寫「部長序」。馬總統任內，大力推動募兵制，將「災害防救」列爲國軍中心工作之一，因此在2009年及2011年的NDR，針對募兵制與災害防救，分別都有詳細的說明；另外，精粹案與國防六法也是在馬總統任內完成。嚴明部長在2013年的NDR序言中寫道：「國際透明組織今（102年，即2013年）年初公布以客觀評量指標來評比的政府國防清廉指數，在全球列入評比的82個國家中，我國與美、英等六個先進國家同列爲『低風險等級』。」

左為馬英九總統、右為作者。2008年攝於總統府

陳水扁總統在第一次政黨輪替上台後不久，由於建立兩岸軍事互信機制一直是各界關注的議題，國防部便於2000年10月成立專案小組，依國統綱領，區分為近、中、遠程三個階段，進行相關議題的研究。2002年的NDR，第一次以「章」之下的「節」，將有關建立兩岸軍事互信機制的「認知」與「展望」，做了基本的呈現。

2004年5月20日，陳水扁總統在連任的就職演說中，主張未來兩岸關係的發展，應以「一個原則（和平原則）」、「四大議題（建立協商機制、對等互惠交往、建構政治關係、防止軍事衝突）」為主軸。在同年10月10日的國慶演說，進一步提出「兩岸正式結束敵對狀態」、「建立兩岸軍事互信機制」、「檢討兩岸軍備政策」及「形成海峽行為準則」等主張。國防部在這些原則指導下，於2004年出版的NDR，12年來第一次（從1992年第一本NDR算起），也是到目前為止，歷經陳水扁執政8年、馬英九執政8年，唯一一次就兩岸軍事互信機制規劃構想及海峽行為準則，有著較詳細而具體的說明（也是以「章」之下的「節」呈現）：

◎兩岸軍事互信機制規劃構想

兩岸軍事互信機制應建立在雙方互信之基礎，惟中共始終不放棄武力犯台及未能展現具體善意，因此爲確保國家安全，在作爲上必須區分近、中、遠程三個階段規劃執行（如下圖）：

（一）近程階段——「互通善意，存異求同」

1.續釋善意並爭取國際輿論支持。

2.藉由民間推動軍事學術交流。

3.透過區域及國際「第二軌道」機制擴大溝通。

4.推動兩岸國防人員合作研究及意見交換。

5.推動兩岸國防人員互訪與觀摩。

（二）中程階段——「建立規範，穩固互信」

1.推動台海及南海海上人道救援合作，共同簽署「海上人道救援協定」。

2.協商合作打擊海上國際犯罪，逐步建立海事安全溝通管道及合作機制。

3.共同簽署「防止危險軍事活動協定」，相互避免船艦、軍機意外跨界或擦槍走火。

4.共同簽署「軍機空中遭遇行爲準則」及「軍艦海

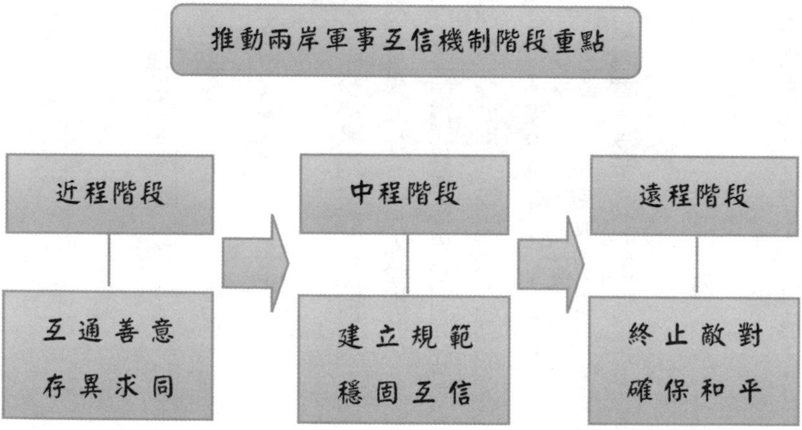

上遭遇行爲準則」，防止非蓄意性的軍事意外或衝突發生。

5.共同簽署「台海中線東西區域軍事信任協定」，規範台灣海峽共同行爲準則。

6.台海中線東西特定距離內劃設「軍機禁、限航區」或「軍事緩衝區」。

7.雙方協議部分地區非軍事化。

8.撤除針對性武器系統的部署。

9.雙方協議共同邀請中立之第三者擔任互信措施的公證或檢證角色。

（三）遠程階段——「終止敵對，確保和平」

1.配合雙方政府和平協議之簽訂，結束兩岸軍事敵對。

2.進一步發展兩岸安全合作關係，確保台海和平穩定。

◎形成「海峽行為準則」

國軍以「預防軍事衝突」爲主軸，咸認爲降低雙方誤會、誤判，避免意外軍事衝突，並促使兩岸彼此相互瞭解，確保海峽情勢穩定，兩岸宜簽訂「海峽行爲準則」相互規範，具體規劃如後：

（一）雙方航空器、船舶不對他方航空器、船舶進行雷達鎖定、追瞄等模擬攻擊或電子干擾，並不得向他方航空器、船舶發射任何物體。

（二）一方航空器、船舶對他方航空器、船舶進行監控時，應保持適當距離。進行監控時，應避免妨礙或危及他方航空器、船舶運動。

（三）潛艦進行操演時，參演的水面船舶必須依照國際信號代碼，標定適當的水域，顯示適切的信號，警告潛艦活動水域內的其他在航船舶。

（四）雙方航空器及船舶於夜間在海峽飛、航行時，應全程開啟敵我識別器及航行燈。

（五）當雙方船舶接近時，應使用國際信號代碼告知對方本身意圖與行動。

（六）金、馬、東引、烏坵等外島及福建東南沿海實施演訓及火炮射擊前，依國際規範公告通知。

（七）緊急安全程序

1.共同發展「緊急安全程序」以降低危機因應之不確定性。

2.包括意外海（空）域侵入與海上、空中事件的處理程序，以避免造成情勢升高難以控制。

爲確保台海長久的和平穩定，未來將逐步依「建立軍事互信機制」之規定進程，推動軍事學術交流、籌設軍事緩衝區等，進而檢討軍備政策、武器數量與部署，以正式結束兩岸敵對狀態。

兩岸軍事互信機制是一個敏感的議題，國防部的負責單位是國防二法上路後新成立的戰規司，首任戰規司司長王立申在我主持的諮詢會上說：「戰規司一開始成立就把它列成一個議題。那時候只是想法，沒有執行，只是做規劃。」第二任司長高廣圻說：「我們內部的草案已經有了」，「就是外面常常談的近、中、遠程。那時候我們找了很多學者、專家、國外的案例來研究。」「在王（立申）學長跟我的時候，都是在我們部裡面。」第三任司長董翔龍說：「我任內報出去的」，「已經報行政院」，王立申說：「行政院會叫國安會研究，那是國安會的層級。」

在陳水扁第二任總統期間，兩岸關係日趨緊張，兩岸軍事互信機制不但未有任何進展，反而在國安會「復安專案」主導下，從2005年起進行「玉山演習」，其目的是針對中國大陸一旦對台灣發動奇襲與斬首行動，當此軍事危機期間，如何確保政、軍首長的安全，以及持續政府的核心功能與運作。玉山演習參與的成員包括總統、副總統、行政院長、政務委員、參謀總長及各部會資深幕僚。這種針對性的演習，也預告建立兩岸軍事互信機制在現實上的不可行，因此互陳水扁執政期間，雖大力倡導建立兩岸軍事互信機制，但並無任何實質進展，最多只能視爲陳水扁政府片面的政治宣告。

馬英九於2008年5月20日就任總統，一年後，在馬政府第一本NDR內（2009年10月）的最後一章「開創和平」的第一節，也談到「推動軍事互信」，一方面有延續前政府主張的意味，一方面也顯得極爲謹愼：

> 爲了區域和平，我國除遵守聯合國安理會第1540號決議案，不協助核生化武器擴散外，並明確宣示絕不發展核子及大規模毀滅性武器。同時我政府曾多次呼籲中共撤除對台飛彈部署，提出兩岸協商「建立軍事互信機制」之主張，以緩解台海軍事壓力，避免可能的軍事意

外或武裝衝突。然而，台海間的「軍事互信」因中共目前仍未調整對台軍事部署，亦未改變其《反分裂國家法》得採取「非和平方式」處理兩岸問題的條文，故未能進一步推展至溝通性（建立熱線）、規範性（如訂定「海峽行為準則」、雙方機艦遭遇行為協定等）或限制性措施（如限制特定兵力部署與軍事活動、裁減兵力等），使得兩岸間發生軍事意外與衝突的風險依舊存在。

儘管目前兩岸關係初見緩和，但中共仍未承諾「放棄以武力犯台」，國軍仍需堅定自我防衛決心與強化建軍備戰能力，以嚇阻戰爭的發生。國防部現階段除持續致力建軍備戰本務外，在國際輿論、國內民意及兩岸情勢發展等綜合考量下，針對未來兩岸建立互信機制進行綜合性分析評估，研擬各項整備計畫。企盼在兩岸互動時機成熟階段，藉由溝通促進了解，以交流化解敵意。

爲維護國家安全，國防部秉持「臨深履薄、步步爲營」的態度，以穩健、務實及循序漸進的方式推動兩岸軍事互信。初期，經由多元交流增進兩岸軍事上的相互瞭解、互通善意、傳達立場與看法，以累積善意與信任的基礎。隨著雙方互信的增加，在「互利合作」的基礎上，就共同關切的議題進行對話與協商，逐步建立制度化機制，以達終止敵對、確保和平與永續我國家的生存發展爲目標。

在馬政府後三本的NDR，並未再以「章」之下的「節」，來表述對兩岸軍事互信機制的看法，但在馬政府第二本QDR（2013年3月），在「章」「節」之下，雖提到「四年來兩岸由於恢復制度化協商，逐漸走向和解道路，現階段台海情勢是60餘年來最和平穩定的狀態」，但面對中共提出建立「兩岸軍事安全互信機制」議題，QDR則表示「當前我政府兩岸政策係依『先急後緩、先易後難、先經後政』原則，以經貿、文化及民生議題為主軸，逐次推動兩岸交流，累積互信。就此議題目前主客觀條件尚未成熟，未來將配合政府政策，審慎研議推動。」

從QDR到NSR

民國97年（2008年）7月17日，立法院通過國防法第31條修正案，要求國防部在新任總統就職10個月內提出「四年國防總檢討」（QDR），2009年3月，亦即在新任總統就職10個月之內，馬英九政府的第一本，也是我國國防史上第一本QDR，正式向立法院提出。在第一本QDR內，指出首次公布的QDR具有三個重要意義：

一、將總統的國防理念體現在國防部的施政規劃之中，落實文人領軍的精神。

二、完備我國的戰略規劃體系，上承總統國家安全理念，下接國防戰略及建軍理想規劃，以確保有效遂行國防戰略，達成軍事戰略目的。

三、建立四年爲週期的常態檢討機制，使國防部通盤審查重大政策，擘劃未來的革新與發展方向。

因此，「QDR的意義不僅是對國防現狀的省思，更代表一種整合評估與前瞻革新的精神……易言之，QDR並非僅是『回顧』與『總結』，更是『領航』與『出發』。」第二本QDR於2013年3月出版時，在「結語」中說：「本部第二次編纂……展現國防檢討工作的常態化與制度化。」

國防部第一本QDR於2009年3月公布時，NDR已出版了九本，同年10月又出版第十本；2013年3月第二本QDR公布時，同年10月又出版第12本的NDR；如果將第一本及第二本QDR的內容，和2009、2011、2013、2015年的四本NDR的內容比較，基本上，可看出兩者具有連續性與一致性，而NDR則比QDR更爲周延詳細，因此QDR的公布並沒有像17年前第一次發表NDR時那樣具有新鮮感或吸引力。不過這項參考美國QDR的做法，和NDR一樣，都更加強國防事務的透明化，更凝聚全民國防的共識，更展現國防現代化的決心。

但不管是NDR也好，QDR也好，正如同戰規司第三任司長，後來也擔任海軍司令的董翔龍所說：「我們的源頭是國家安全戰略……就國安會來講，國安會應該出版國家安全策略，在2006年的時候，曾經出版過。目前，是大家在蒐整過去國家的政策，但都是擷取，沒有一個正式的文件出來說這就是我們國家安全策略。我們國防部的作爲，就是說不管是（行政）院裡也好，總統（府）也好，國安會也好，他們所發表的文章意見，我們都在蒐集。但是如果有一個正式的文件出現，說這就是我們的國家安全戰略，會更明確，因爲我們的軍事戰略是爲了要支撐國家安全戰略。」擔任過整評室主任，後來也當過海軍司令的陳永康也說：「……但是前提上面還是要有一個國家安全戰略，我們的國安會要出這個。美國白宮每年出一本書交給國會，他們的國防部才有根據，不能說我們自己出四年的國防總檢討，兩年的國防報告書，自己指導自己……這個在國安會的部分……還是沒有一個由總統府發布，直接指導的Bible。」

李傑部長在2006年出版的NDR部長序言中這樣表示：「我國於今年5月20日首度公布〈2006國家安全報告〉，明確闡述我國之國家安全策略，其中更將『加速國防轉型』、『建立質精量適之國防武力』列爲主要策略內容，提供國軍賡續推動國防轉型的指導力量。」但是從2006年迄今已逾十年，國安會迄未再公布有關國家安全報告（National Security Report, NSR）的任何正式文件，因此我在第二個有關國防二法的調查報告，才提出一項調查意見：

由於國安會尚未提出屬於國防大政方針的國家戰略正式文件，是以國防部在策定軍事戰略時，缺乏來自上層之國家戰略指導。不少曾經參與軍事戰略草擬的將領都坦承表示，他們在草擬時對於應當遵循的國家安全戰略，由於缺乏正式文件可資遵循，不但感到模糊，甚至有些還是用臆測的。或謂國防部目前2年出版一次的國防報告書及4年期的國防總檢討載有相關內容，但若以其替代國防法所揭櫫最高層級的戰略指導文件，不僅位階上有所不足，於法更屬未合，尤其面對當前兩岸關係的轉變與國內、外情勢的發展，未來國家發展的願景與走向如何，與相關政策、戰略的制定及國家資源的配置攸關甚大，國安會亟宜正視此等問題，積極依法辦理。

依國防二法的精神，總統所屬的國家安全會議負責擬定國家安全戰略，國家安全戰略指導國防部的軍事戰略，因此，國安會基於國家安全考量，實有責任提出國家安全報告（NSR），但NSR已從缺10年了，這或許是留給蔡英文總統的一個機會。面對新的國內外情勢，蔡總統似乎也到了可以經由NSR，來公開表述她的國家安全戰略觀念的時候了。

1　在九十年（二〇〇一年）二月的一次訪談中，湯總長就「您是政黨輪替之後第一位參謀總長，您以何種心情為軍隊國家化建立良好先例？」的詢問時，他回應說：「……為貫徹民主憲政之精神，本人以軍隊國家化、法制化及無私、無我之精神，落實軍政、軍令一元化，推動國防二法之立法程序組織調整及新一代兵力整建之重大軍事變革，並在大選結束後，強調『國軍的立場與使命』，重申國軍是國家的軍隊，國軍的一切作為，均以憲法為根基、以民意為依歸，並代表國軍，向新任三軍統帥堅決保證國軍一定竭智盡忠，犧牲奉獻，以捍衛中華民國的國家安全。」

2

依湯總長所述，此份書面談話內容，係事先經由學者與幕僚討論後完稿，於投票日（3月18日）當天，湯總長親自送請李總統核正，經總統肯認後，湯總長將原稿鎖在保險箱內，由憲兵負責保護，下午四時投票時間結束後，湯總長才將原稿從保險箱取出，並於四點半交予各電視媒體，下午五時，各電視台開始播出，第二天（3月19日）各平面媒體亦有刊載，全文如下：「中共總理朱鎔基先生日前在媒體記者會，以強硬的口吻恫嚇、威脅，再次強調以武力犯台的意圖，國防部唐部長已經提示三軍官兵面對中共的威脅要沉著，不求戰，也不懼戰，國軍官兵目前全面提高警覺，加強戒備，確保國家安全，請國人放心。我今天要以參謀總長的身分，說明國軍的立場與使命：中華民國第十任總統、副總統大選，已在十八日下午四時止順利完成投票，即將產生國家新的領導人。憲法第一百三十八條規定：『全國陸、海、空軍，須超出個人、地域及黨派關係以外，效忠國家，愛護人民。』第三十六條亦規定：『總統統率全國陸海空軍。』因此，國軍依據憲法，服從國家元首，執行保衛國家安全、保障兩千三百萬同胞的福祉，及貫徹政府政策的職責與使命，同時誓做國家推展兩岸和平關係的堅強後盾。國軍自建軍以來，始終秉持光榮傳統、克盡職責、勤訓精練、強化戰力，以鞏固國防，維護國人生命財產之安全。目前中華民國已邁向高度民主法治的國家，國軍是國家的軍隊，一切作爲均當『以憲法爲根基，以民意依歸』，服從領導、貫徹使命。本人謹代表國軍，在此向三軍統帥，堅決保證——國軍必竭智盡忠、犧牲奉獻，捍衛中華民國的國家安全。」

第五章

從徵兵到募兵

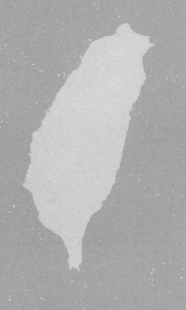

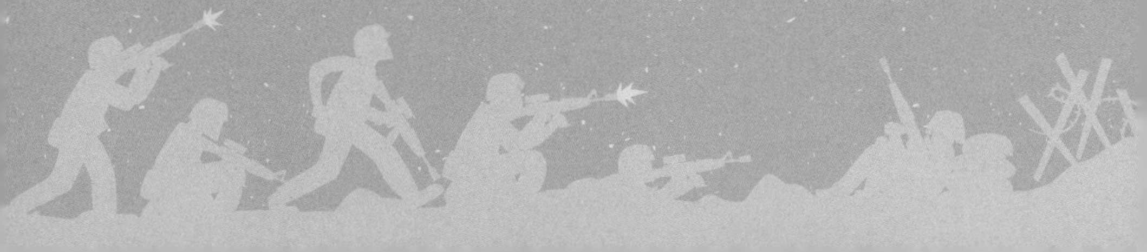

我在兩任監委的12年任期中，在國防領域內，以主查委員的身分，針對同一議題進行兩次立案調查的，只有兩個案：一是前述的國防二法，另一便是募兵。有關募兵制的規劃與執行的調查案，第一次在民國97年（2008年）8月立案，98年（2009年）1月完成審議（下稱「2009第1案」）；第二次在民國101年（2012年）11月立案，102年（2013年）12月完成審議（下稱「2013第2案」），兩案相隔4年多，此案也是我監委卸任前所完成的其中一個特殊重大調查案。

1、新役制的背景

唐飛在募兵案的訪談時表示：「我在國防部服務期間，副總長快3年，總長不到1年，部長1年多，老實說那時真的沒想到募兵制，我服務期間首要的工作目標，是希望把人員維持費壓低到50%以下，因爲國防預算不夠……而那時內部對於十年兵力整建、精實案都有抗拒，推動已經很不容易，……」唐飛是我國國防現代化最關鍵的推手之一，他在89年（2000年）5月20日卸下國防部長職務時，都「沒想到募兵制」，爲何在短短幾年之內，募兵制就變成國防最夯的議題之一，理由何在，難道是從天而降，抑或是有其不得不然的時代背景。

大致而言，兵役制度從徵兵走向募兵，其主要背景有三：

總統選舉的訴求

2000年的總統大選，民進黨與國民黨的總統候選人陳水扁與連戰，都主張改革兵役制度。陳水扁主張逐步推動募兵制度，建立專業化軍隊；連戰也主張推動志願役及精兵政策，但2000年的兵役變革主張，都不是兩黨總統競選主要的熱門議題。

2004年的總統大選，由於國親聯盟成立，選情趨於緊張，爲了爭取青年選票，執政的陳水扁主張以漸進方式朝向募兵制，並將推動募徵兵的比例，由當時的3：7調整爲6：4，亦即朝向以募兵爲主、徵兵爲輔的募徵併行制。作爲在野的連（戰）宋（楚瑜）則主張不必修憲，希望94年（2005年）立法，4年之內完成募兵，以4到6萬的薪水吸引志願役男，屆時義務役男只要服役3個月。

到了2008年，國民黨總統候選人馬英九主張逐年擴大募兵比例，期以4到6年內完成募兵制，士兵最低薪俸爲勞基法基本薪資的兩倍；另外，修法使役齡國民接受3個月寒暑訓軍事教育，結訓後取得後備軍人資格；並要重整退撫機制，推動類似美國蒙哥馬利大兵法案，讓軍人從入營到退伍，都有完善的生涯規劃。

由於馬英九在2008年的總統直選大勝，他的募兵主張有如箭在弦上，勢在必行。在我主持的諮詢會上，與會的不少將領及學者專家，都直言募兵制的緣起，「基本上是因爲選舉支票」，「顯然是（總統）選舉過程中一種政見的喊價」，「政黨互相競標競選口號討好選民……它的趨勢在台灣的政治形勢上已經不可能改了，換句話說，將來不管任何一個政黨勝選，人民不想當兵的意願永遠是他的政策口號之一。」

兵役期限的縮短

我國徵兵役期，從民國43年（1954年）8月起，海、空軍3年，陸軍2年的規定，延續30年以上，一直到75年（1986年），陸軍役期由2年縮短爲1年10個月，海、空軍由

3年縮短爲2年10個月；李登輝總統卸任前，陸軍役期仍維持1年10個月，海、空軍則再縮短爲1年10個月。陳水扁政府8年期間，常備兵役期由1年10個月持續縮短5次，一直到97年（2008年）1月第5次縮短爲1年。茲附我國徵兵役期各次縮短情形及決策說明如下頁表：

對於役期的一再縮短，不少退役將領在我主持的諮詢會上，都憂心忡忡，也指出在此情況下募兵制已不得不然。霍守業說：「有人說募兵是不是不該做，我的看法是勢在必行，不是因爲總統的政見，而是役期短，部隊一天到晚在訓練，戰力不如預期，所以我認爲募兵勢在必行。」帥化民說：「我們的徵兵制就不可行。因爲役期從3年、2年兵縮到成1年，再扣掉100多天的假期，這不是兵啦，這是暑期戰鬥員，所以這個趨勢來講，軍隊是無可用之兵已經確定。」蘭寧利也說：「我們現在爲什麼要採募兵制？……就是目前的兵役制度已經名存實亡……我們感覺與其現在這樣子混下去，不如我們就利用這個機會把募兵做好。」沈方枰也說：「以前海軍訓練一個專業的兵十個月都不夠……現在一年兵，都是爲了選舉，你說兩年，我說一年，把整個國軍都破壞了，到現在，你不辦募兵都沒有辦法……所以募兵制是時代逼它走。」

現代戰爭的需求

由於科技的進步日新月異，改變了現代的戰爭型態。美國在20世紀90年代所領導的沙漠風

我國徵兵役期各次縮短情形及決策

兵役法修正：公布時間	兵役法修正：條次	兵役法修正：法定役期時間	提前退伍：執行時間	提前退伍：縮短役期	提前退伍：行政院長	提前退伍：國防部長	提前退伍：決策說明
40.12.19	7	常備兵現役，爲期2年					
43.08.16	15	常備兵現役，陸軍爲期2年，海空軍爲期3年	75.06.01至75.12.31	2年→1年10個月（陸軍） 3年→2年10個月（海軍、空軍）	俞國華	宋長志	爲使75年度內超額役男能及時徵集入營服役，陸軍（2年）、海軍（3年）、空軍（3年）義務役役期，一律提前2個月退伍。
			79.07.01	3年→2年（海、空軍）	郝柏村	陳履安	79年7月1日爲平衡三軍常備兵現役役期（陸軍2年，海、空軍3年），海、空軍服役2年期滿時，辦理提前1年退伍方案。
			88.10.01	2年→1年10個月（陸軍） 3年→1年10個月（海軍、空軍）	蕭萬長	唐飛	88年10月1日爲處理超額役男問題，及同時考量「部隊任務執行」、「退補適切」、「新訓容量」及「保持人員維持費平衡」之原則，採提前2個月退伍方式騰缺，使超額役男適時入營。
89.02.02	15	常備兵現役，爲期1年10個月	93.01.01	1年10個月→1年08個月	游錫堃	湯曜明	93年1月1日爲落實精兵政策，並使國軍朝向質精、量適、戰力強的現代化部隊，配合精進案實施期程，避免超額役男衍生社會問題，實施2個月提前退伍方案。
			94.07.01	1年10個月→1年06個月	謝長廷	李傑	貫徹行政院「現行兵役制度檢討改進方案」中程施政計畫，兵役制度改革以朝向「募兵爲主」的募徵兵併行制，於97年達成志願役（募兵）60％，義務役（徵兵）40％之目標，國軍人力結構以漸進方式，採增加募兵、減少徵兵並適度縮短役期之既定政策規劃，分年辦理4、6、8、10個月提前退伍方案。
			95.01.01	1年10個月→1年04個月	謝長廷	李傑	
			96.07.01	1年10個月→1年02個月	張俊雄	李傑	
			97.01.01	1年10個月→1年	張俊雄	李天羽	

備註

一、陸軍第一特種兵：56年1月25日至75年12月31日，「陸軍第一特種兵」役男實施臨時召集，於服役2年期滿後，再應臨時召集繼續在營服役1年。

二、替代役：

（一）89年2月2日修正通過之「兵役法」增訂第4章「替代役」略以：在國防軍事無妨礙時，以不影響兵員補充、不降低兵員素質、不違背兵役公平前提下，得實施替代役；服替代役期間連同基礎訓練，不得少於常備兵役現役役期。

（二）現行替代役服勤時間同常備兵役現役役期1年時間，另以常備役體位申請服替代役者，服勤時間爲1年15天。

暴，拉開現代科技戰爭的序幕，也帶動不同地區不同國家的軍事事務革新。現代科技戰爭的威力，一面固然可以火力代替人力，減少兵員數目；一面也同時要求使用現代武器裝備的人力，必須熟練現代武器裝備的操作與維修，才能有效發揮科技戰爭的效果；但要熟練現代科技武器裝備的操作與維修，一定要經過一段期間應有的反覆訓練與驗證，像現行「暑期戰鬥員」式的一年役期是不足以勝任的，在這種背景下，由徵兵走向募兵乃成爲確保國家安全必要的選擇。

唐飛在訪談時說：「若從國防現代的觀點來看，募兵制非做不可。現在的武器裝備，如攻擊直升機或維修的兵都要專業，專業化就要募兵，時間要長一點才能達到水準，非要募兵制不可，因爲兵役役期改了。」曾金陵也說：「現在有兩個因素非走向這條路（募兵）不可，一個主觀因素是戰爭型態改變，科技武器非常先進，必須服一定役期的兵才能熟悉使用這些先進武器。第二個，目前國軍服兵役的制度，從兩年一直減到一年，在一年當中，他沒有辦法把他職務上的新科技裝備學好就退伍，造成許多新武器裝備的損壞。」

2、從量變到質變

從徵兵制走到募兵制，主要經歷陳水扁政府和馬英九政府兩個階段。基本上，陳水扁政府階段採取以「募兵為主、徵兵為輔」的「募徵併行」政策，這是兵役制度的「量變」；到了馬英九政府階段則採取一種徹底的募兵政策，這是兵役制度的「質變」。

2005年的「量變」

由於NDR「是本部（國防部）最重要的法定文書」，在陳水扁政府階段，有4本NDR分別談及募兵制，茲分別說明如下：

陳水扁於2000年5月20日入主總統府，1年多之後，2002年的NDR在第三篇第一章第三節人才招募之下，表達對募兵制的基本態度：

國軍人才招募政策，未來勢必走向專業化與職能化，故在人力需求比例上，必須招募更多素質較高，且屬中、長役期之志願役人員，並輔以少量短役期之義務役士兵。國防部將以三年爲期程，以高中職學歷青年爲對象，選定陸軍摩步營、陸戰隊步兵營、空軍警衛營各一，試辦指職士兵甄選，並逐年檢討成效，以驗證招募士兵之可行性；如實驗評估成效良好，將持續辦理，並逐年調升招募士兵（志願役）比例。屆時將使徵兵比率降至40％，逐步走向以「募兵制」爲主、「徵兵制」爲輔之兵役制度，以利戰時軍民全員動員，達成保家衛鄉之全民國防任務。

而在同年NDR「導言」第七篇「國軍與社會」之下的「七」同樣表示：「國軍招募政策，現階段考量國家安全、政府財力等因素，仍採適合國情之募、徵兵併行制，未來將朝向專業化與職能化發展，逐步走向以『募兵制』爲主、『徵兵制』爲輔之兵役制度。」

2002年NDR這些表示，代表國防部在「最重要的法定文書」上針對募兵制所做的第一次正式表述。

2004年的NDR是陳水扁政府任內對募兵制所作的第二次表述，在第四篇第十章第一節國防人力規劃之下表達兩點：

一、國軍兵力目標與人力結構，將依「常備部隊以募兵爲主、後備部隊以徵兵爲主」之方向規劃，適切調整募、徵兵比例，以因應現代作戰需求。

二、精進招募機制、培育高素質人員、推展終身學習，以獲得建軍備戰專業人才，滿足未來作戰需求。

同年NDR的「總統序言」則在原則上明確表示：「建立眞正專業化的軍隊，是當前國防改革的首要工作。」

在陳水扁政府任內有關兵役制度變革最重要的一個文件，應是2005年行政院所通過的「現行兵役制度檢討改進方案」（下稱「2005役改方案」），其主要內容包括：

一、在「調降總員額」方面

（一）依模式模擬分析與評估後，達成台澎防衛「應急作戰」之最低常備兵力需求，爲27萬5000人。

（二）精簡規劃，結合精進案，區分兩階段實施：

1.第1階段：以達成編現一致爲目標，規劃於94年（2005年）底調降總員額至29萬6000人（精簡約6萬9000人，減幅約19%）

2.第2階段：以達成組織轉型爲目標，規劃於95年至97年底調降總員額至27萬5000人（精簡約2萬1000人，減幅約7%）

二、在「調整官士兵配比」方面：

目前國軍現員人力結構中，官士兵配比平均值爲「1：1．5：2．34」，軍官比例偏高，士官比例偏低。配合總員額精簡，將調整官士兵配比爲「1：2：2」。

三、在「調整募徵兵比例」方面

目前國軍現員結構，募徵兵比例爲4：6，未來結合精進案實施期程，募徵兵比例朝向6：4，達到以「募兵爲主」之目標。

四、改進措施：

包括「擴大招募志願役士兵」、「強化招募作爲」、「士官選訓規劃」、「精進招募具體作爲」、「役政配合措施」等以增加招募效果。

五、結語：

上述規劃均可有效達成兵役制度朝向「募兵爲主」之改革初期目標，並爲長期推動募兵制奠定良好基礎；惟各項規畫目標之能否達成，端視各階段招募成效而定，若招募成效能滿足國軍員額需求，各階段實施期程或可提前；若招募成效無法滿足國軍員額需求，爲避免因兵力不足而形成戰力間隙，致影響國防安全，國防部將依實際狀況，適切調整規劃期程。

「2005役改方案」是陳水扁政府時期有關兵役制度改革最具代表性的一個文獻，其目標是募徵比例爲6：4，若招募成效不彰，「爲避免因兵力不足而形成戰力間隙……國防部將依實際狀況，適切調整規劃期程。」

由於行政院已通過「2005役改方案」，2006年的NDR第一次在第二篇第七章之下的「節」（第一節）「兵役制度革新」，從法制和實務兩個層面，表述推動朝向募兵制的具體作法，這也是陳水扁政府時期唯一一次在NDR以「章」之下的「節」來表述募兵制，其內文如下：

一、在法制面上

(一) 推動募徵併行的兵役制度

過去我國的兵役制度係以徵兵爲主，近年來爲因應國防轉型與民意期許，並依行政院4年中程施政計畫（民國94年至97年），國防部正推動兵役制度改革，以「募兵爲主」的募徵兵併行制爲革新方向，期於民國97年達成志願役（募兵）60％，義務役（徵兵）40％的目標。

(二) 修正相關兵役法規

爲推動兵役制度的改革，國防部邀請行政院所屬各相關部會、地方役政代表及民間專家學者會商後，研修「兵役法」第47條、第48條及「志願士兵服役條例」部分條文，經立法院於民國94年11月完成立法程序，並奉總統於民國94年12月14日令頒後，使高中、職之應屆畢業生得於畢業當年（18歲）直接報考專業志願士兵，同時，增訂女子服志願士兵之法律依據，符合性別主流化原則及開拓與運用女性人力，擴大專業志願士兵招募管道及招募工作。

二、在實務面上

(一) 擴大招募專業志願士兵暨儲備士官

為結合部隊人力精簡與武器裝備日新月異，達到軍事專業化、人員職能化的目標，並配合國軍「精進案」規劃期程，國防部正檢討辦理擴大招募專業志願士兵暨儲備士官。全案規劃自民國93年至97年完成，區分「降低員額、編現合一」、「擴大招募、推動轉型」及「募兵為主、徵兵為輔」3個階段執行。

(二) 配合調整士官制度

國防部為擴大招募專業志願士兵人數，並提升士官人力素質，正逐漸調整國軍志願役士官由專業志願士兵擇優選訓、晉升的體制，以健全部隊組織效能與發揮基層戰力。未來志願役士官來源將由優秀專業志願士兵經鑑測合格參訓後晉任。

(三) 檢討縮短義務役役期

現行義務役（預備軍、士官、常備兵）法定役期為1年10個月。國防部配合「精進案」第2階段組織架構調整後，將使國軍總員額降低，而促進專業志願士兵整體招募作業，將使志願役長役期人力可滿足基層部隊中、高級專長需求，確保部隊戰力不墜。國防部經適時檢討配合志願士兵招募現況及規劃期程，考量國家整體財力等主、客觀因素後，配合逐年檢討義務役役期。自民國95年1月1日起，在營服役屆滿1年4個月即退伍；另並規劃將義務役官兵除役年齡由40歲修正為35歲，俾減少後備軍人列管人數。

２００８年的ＮＤＲ是陳水扁政府任內最後一本ＮＤＲ，其有關募兵制的表述不多，也不是以「章」之下的「節」來表述，而是在「章」、「節」之下，延續「２００５役改方案」和２００６年ＮＤＲ的觀點，簡略提及推動募兵爲主之募徵併行制，在結尾中則說：「結合精進案進程及規劃，至96年（２００７年）現員募徵比已達55％：45％，規劃於97年（２００８年）達成募兵爲主之募、徵併行60％：40％之目標。」所以亙陳水扁政府時期，有關兵役制度的變革，始終處在募兵爲主、募徵比例６：４的「量變」過程。

２０１２年的「質變」

馬英九在２００８年的總統直選中獲勝，由於馬英九在競選過程上，強力主張可在４到６年內完成募兵的實施，而每位志願役薪水又可拿到勞基法最低薪資的兩倍，因此馬英九當選之後，如何將其競選政見落實成爲具體可行的國防政策，備受全國各界關注。

２００９年３月出版的ＱＤＲ是馬英九當選總統之後10個月內提出的，而２００９年10月出版的ＮＤＲ則是馬英九當選總統之後１年５個月後提出的。前者以「章」之下的「節」介紹「全募兵制」，後者更以第二篇之下的「章」（第五章），以全「章」「兵役制度」，分「一、

二、三」節介紹，這是迄今13本NDR中介紹推動募兵制最詳盡的一次，共使用20頁，約占全書內文的八分之一，其比重之高，不僅是空前的，也可能是絕後的。從2009年的QDR及NDR，也可看出馬英九執政之初，面對募兵制的壓力之大與用力之深。

由於2009年QDR是國防史上第一本QDR，也是馬英九執政之後第一份有關募兵制重要的文獻，因此該書第三章國防轉型規劃、第三節全募兵制的內文，頗有可供參考之處，其全文如下：

第三節：全募兵制

壹、「全募兵制」轉型理念

一、依據行政院施政方針，推動兵役制度轉型爲「全募兵制」，以引進高素質、長役期人力，建構精銳國軍。

二、「全募兵制」施行後，由志願人員組成常備部隊，擔負主要戰備任務。義務役男接受基本軍事訓練，結訓後納入後備人員管制，戰時立即動員，支援守土任務。

貳、「全募兵制」轉型規劃

一、執行階段劃分

案期程規劃自民國97年5月20日至103年12月31日止，區分「規劃準備」、「計畫整備」、「執行驗證」三個階段執行：

（一）第一階段「規劃準備」：自民國97年5月20日至98年6月30日止。

1.整體規劃：完成國防組織調整（組織編裝、兵力結構、員額配比等）、兵制轉型、人力招募、部隊訓練、動員機制、後勤整備、待遇福利及權益退撫等配套規劃。

2.法規研修：完成兵制轉型過渡法規研修，核心要項規劃具體周延後，次第研修配套法規。後續並隨推動進程，擴充修法種類，管制修法期程。

3.計畫策頒：完成組織編裝等12類核心要項具體措施研擬及執行計畫策頒。

（二）第二階段「計畫整備」：自民國98年7月1日至99年12月31日止。依第一階段各項規劃作業執行成效，完成配套法規修（增）訂，並評估國防財力許可，陸續將薪資福利、營舍整建、設施改善等事項，適時依序提前推動，藉以增加招募誘因，增加「執行驗證」階段招募目標達成之助力，發揮水到渠成效果。

（三）第三階段「執行驗證」：自民國100年1月1日至103年12月31日止。測定分年目標，逐年執行、驗證及檢討修訂，以達成募兵比例100%之目標。

二、配套作法

（一）結合兵役義務與維持後備戰力兵役制度轉型期間，為維持部隊戰力不墜，義務役期仍維持1年。

達成「全募兵制」後，平時役男除4個月以內軍事訓練外，仍須接受後備動員召集訓練，以持續建立並保持質量兼具之後備戰力，擔負國土防衛任務。

（二）改善軍人工作環境與福利待遇

軍隊工作環境與福利制度的良窳，攸關軍心士氣及軍眷支持，影響兵員應募與留營成效。未來將持續檢討、改善軍隊工作環境，並設計各類福利保障措施，以吸引更多優質、專業青年投身軍旅，網羅民間人才，提升人員素質，並使在營官兵減少後顧之憂，積極服務任事。主要項目包括：

1.營造優質工作環境。

2.理的軍人待遇、權益與福利。

3.擴大進修培訓管道，建立公平的選訓機制。

4.強化退輔（撫）服務與急難救助之完整保障。

5.加強軍眷家庭照顧。

（三）全募兵預算需求規劃

1.配合「全募兵制」推動期程及未來作戰需求、組織調整、官士兵配比及待遇調整等規劃因素，並結合「國軍未來五年財力指導」，依推動進程，逐年審愼編列。

2.配合「全募兵制」推動期程，檢討改善官兵生活設施所需增加之經費，納入規劃。

3.逐年精算預算需求，以年度國防預算核定額度檢討滿足爲原則。

（四）相關法規修訂

依「全募兵制」推動規劃期程，檢討修訂涉及人民權利義務事項與各部會機關主管權責之法規，就兵役、服役、待遇、退撫優待、軍人福利及保險撫卹等22項法案進行研修，區分二階段辦理：

1.現階段已就轉型爲「全募兵制」所需主要法規，研擬完成國防部主管之「兵役法」、「陸海空軍軍官士官服役條例」、「志願士兵服務條例」及「軍人保險條例」等4項修正草案，陳報行政院審議，未來俟立法院審議通過後，即可依法完備轉型「全募兵制」各項配套措施。

2.後續配合「全募兵制」推動進程，結合各階段執行驗證結果，檢討實際需要，於民國103年底前，全面研修國防部及其他部會主管之相關法規，以完善「全募兵制」之法制需要。

2009年3月QDR稱「募兵制」爲「全募兵制」，所有的標題及內文提到「募兵制」時，均稱爲「全募兵制」；但到了同年10月出版的NDR，卻已將「全募兵制」一詞修正爲「募兵制」，其關鍵在監察院「2009第1案」的調查報告，該報告在「伍、結論與建議」第二項，提出：

> 「全募兵制」之涵義若是指國軍兵員100%全係募兵而來，則役男又何須徵服3或4個月之義務兵役，募兵制是個專有名詞，如以「全」或「不全」，來作爲區隔，是否宣

示只要招募志願役官士兵當兵即可，其他的人均不用當兵、免當兵，若在「募兵制」前加入「全」字，可能對國防部產生限制，且對一般民眾造成誤解，國防部允宜審愼評估。

國防部在函覆時表示：爲「避免混淆民眾不再徵招國民兵役義務，該部已修正改用募兵制乙詞」。

2009年的NDR，在第二篇前瞻革新的第五章兵役制度，以整「章」，分三節詳述募兵制，包括第一節維持兵役制度，第二節募兵整備規劃，第三節完善生涯規劃。其中，談到募兵制度的特點，包括：（一）建構國防現代組織；（二）提高國家競爭優勢；（三）提升國軍專業能力；（四）塑造精銳常備戰力。談到募兵制實施後，預期發揮的效益包括：

（一）建構符合國防需求現代化組織。
（二）符合「平募戰徵」的募兵制度。
（三）滿足各類型部隊兵員補充需求。
（四）塑建精銳強悍的常備部隊戰力。
（五）奠定可恃的後備動員戰力基礎。
（六）強化建軍備戰任務的後勤機制。
（七）提升部隊專業化優質人力素質。

（八）落實軍人福利法制化保障權益。

有關募兵期程規劃，也是分規劃準備、計畫整備和執行驗證三個階段，仍以103年（2014年）底為達成募兵比例100%為目標。

至於「完善生涯規劃」則包括：「提高福利待遇」、「建立優質環境」、「規劃生涯發展」、「賡續公餘進修」、「開辦專長證照」、「周延經管輪調」、「精進退撫制度」。這些配套措施和完善規劃，可說是「2005役改方案」的擴大、加深和周延，也是2009年QDR有關募兵制表述更全面的闡釋和說明。

馬英九於97年（2008年）5月20日就職，國防部為落實馬總統競選政見，於同年6月18日令頒「推動募兵制指導綱要」，行政院於99年（2010年）7月成立「推動募兵制專案小組」，並於101年（2012年）1月核定「募兵制實施計畫」，全案期程確定區分規劃準備、計畫整備、執行驗證三個階段實施，力求於103年12月31日達成募兵比例100%的目標。因此從陳水扁政府的「2005役改方案」到馬英九政府2012年的「募兵制實施計畫」，代表我國兵役制度由徵兵到募徵併行到募兵的轉折，也代表我國兵役制度從「量變」到「質變」的過程。

依2012「募兵實施計畫」所規劃的兵力目標包括：

一、兵力規模：迄103年底，兵力規模調減爲21萬5000人。

二、兵力結構：將6個司令部整併爲陸軍、海軍、空軍3個司令部。

三、三軍員額配比：陸、海、空軍比例概爲3：1：1。

四、官士兵配比：官士兵配比概爲1：2・12：1・7。

五、女兵比重：達成女性現員占編制員額8・2％之目標。

六、文官比重：目前該部文職人員，占現員比例約1／5；迄103年底，該部編制員額607人，文職人員203人，可達1／3文官比例要求。

在馬政府任內後續的三本NDR（2011、2013、2015年），都以「章」之下的「節」來介紹募兵制。2011年的NDR在第二篇國防轉型、第三章國防政策之下第三節募兵政策規劃，表示「國防部將循序漸進，穩健推動兵役制度由『募徵併行制』朝向『募兵制轉型』……預計4年時間，採『先緩後增』方式……於103年（2014年）底達成全志願役常備部隊之計畫目標。」

2013年3月出版的第二本QDR，只簡短提到「推動募兵制度朝募兵制轉型，規劃國軍常備部隊全數以志願役人力補充」，但沒有像第一本QDR及2009、2011兩本NDR均明確指出，將以103年底爲達成募兵比例100％的目標。其主要癥結係行政院在102年（2013年）9月12日核定調整募兵制「常備部隊以志願役人力擔任」之目標延至

105年（2016年）底。2013年10月出版的NDR，在第二篇國防方略、第四章國防施政之下第二節兵役革新，稱募兵制為「劃時代的兵役轉型」，並呼應行政院調整期程，表示：「經民國101年（2012年）初迄今1年8個月執行驗證，志願役人力成長未如預期，未達成計畫目標，已奉行政院同意募兵制轉型期程調整至105年底。」2015年10月出版的NDR，也是在第二篇、第四章之下第二節周延兵役轉型，稱「募兵制之建立，不僅是國軍兵役制度最重大的革新，亦為國防轉型是否成功之關鍵」。高廣圻在「部長序言」表示：「我國在幾年之內，就有如此招募成效，已實屬不易……相信在軍人『待遇』、『尊嚴』、『出路』均受重視的情況下，募兵制度將更加健全，並可進一步確保兵制轉型平穩進行。」

全募兵制 6任國防部長全唱衰

退役上將 擔心戰力青黃不接

監委防談 憂少子化危及兵源

郝柏村：陸軍、陸戰隊 還須精減

苗永慶：裁了十幾年 沒完沒了

募兵 要慎重

3、藍色憂慮與定期評估

藍色憂慮

正如我在「2009第1案」的調查報告「伍、結論與建議」所指出：「從十年兵力規劃、精實案到精進案，甚至國防二法的執行，都代表國防組織的重大變革，期間雖曾出現過齊頭式裁減、應裁未裁、先裁後復等缺失，尚容許有犯錯空間；但募兵制則是兵役制度的根本顚覆，如果推動不順，將涉及國家的生死存亡，國防部不能不戒愼恐懼，引以爲鑑，全力以赴。」事實上，這也是我們所訪談過與諮詢過老將及專家學者的心聲。因爲從劉和謙開啓的國防組織變革，到以「唐版」國防二法所引導的國防現代化走向，都是在徵兵制度軌道上進行，時間長達將近20年；但募兵卻改變了兵役制度的基本精神，將近20年國防組織變革所遵循的軌道作了根本地顚覆，其結果正如劉和謙總長所說：「今天募兵，這是一個徹底問題，翻得好，進入現代國家，翻不好就完蛋。」由於牽一髮動全身，募兵引發濃濃的藍色憂慮。

◎鄉愁與民情

曾是美麗島事件8位軍法審判的受刑人之一，後來擔任過立法委員、考試院院長的姚嘉文律師，在根本上，反對募兵制，而其論述的出發點，充滿著鄉土感情及其對民情的理解。他在我主持的諮詢會上說：

事實上，我們募兵已進行了，我們知道很不容易募到中等的士官，不要說士兵……以這個民情來講，我是絕對反對放棄徵兵制，好不容易培養出來了。

我最擔心的是來當兵的是因爲經濟因素當兵……這一點我覺得很不好，……與其要推動募兵制，不如就現在募兵的部分怎麼去加強，增加比例，可是絕對不要放棄徵兵制，如果放棄徵兵制以後，我們還有後備軍人嗎？

這一次立法委員選舉的時候，像我們彰化就有一個口號叫做：「選我的話，台海沒戰爭，青年不當兵」，很多人都很高興就投他的票，這個口號，我覺得實在是很不應該的，因爲當兵這種觀念大家都不要，但是台灣這幾十年來已經養成一個風氣，當兵是自然的事情，這個不容易。徵兵的國家比較容易推動軍隊國家化，所以我們非常反對全面募兵制……我們覺得這個政策實施是非常困難，軍隊的素質，我敢講全募兵制的話，募不到很好的。

我們不希望炒作，指責誰都不好，因爲國防與政黨沒有很大關係，我們希望監察院想辦法疏解，給他們下台階，不要貿然實施……稍微剎車一下，若貿然實施，最後不止破壞國防政策，而且讓社會有些怪論，以爲可以不當兵。

我以民間的觀念來講，一個國家的人民，像台灣好不容易已經有這種觀念，說當兵是自然的事情，你不當兵是會被人家罵的，已經有這種民情、有這種風氣、有這種文化，我們就不應該去破壞它。

◎先射箭再畫靶

出任國防部副部長前，曾在中山大學任教的楊念祖教授，在我主持的諮詢會上說：「政策是政府對國家實行政務的明確文字與執行方案……新政府上來……其實這些文字的內容，都在馬蕭當選總統以後，陸陸續續針對國防事務所發表的一些談話的整理，……所以這個東西，基本上不是政策，就我的瞭解，其實國防部自己也承認，這些都是根據馬總統在歷次各種場合，針對國防事情的講話，所整理的一套東西。」「這是國防部的責任，應該與統帥去講，而不是統帥還沒有很清楚的東西，國防部也沒有政策，然後聽到一句話就開始悶頭做，而且沒有任務的清楚規劃，這是我覺得今天談募兵制最危險的地方。」當過台聯黨主席、台灣時報社長的蘇進強也說：「這樣一個政見在總統候選人當選之後，又成爲他的國防政策，相關部門在推動之前，沒有善盡報告的責任，就是說國防部門並沒有針對這樣的政策，對其中窒礙難行的部分，明確地予總統報告……造成今天全募兵制推動到現在，大家有點騎虎難下的過程。」

擔任過國防部長的蔡明憲也說：「決策過程很重要，依照法定程序，馬總統、行政院、國防部，一定要經過這個程序，要把共識提到立法院報告，取得朝野立委的支持……（募兵）決策過程一定要更謹慎，要給馬總統團隊建議，這樣的決策不符合體制……從台灣國家戰略觀點看，五年內推行全募兵，不可能也不切實際，對國防是負面的。」陳勁甫教授也說：「國防部依據什麼來做這件事？若依據競選白皮書，在法律上沒有依據，……總統府在責任政治上應該要有正式的國防大政方針，不管要做什麼事，有政府的文件，國防部才有依據做這件事，不能把他還沒當選總統之前講的話，當作無上的聖旨，這在民主體制、責任政府、決策過程都會有很大爭議，不僅在國防部沒有政策的激辯，總統府在訂這個東西，內部也該有激辯，訂出一個正式文件後，國防部才根據這個去執行，我覺得這個機制都不見了。」擔任過國安局長、國安會祕書長的丁渝洲也說：「這麼重大的政策，應由總統自己親自主持，但研究工作是由下往上，而不是先做結論再找人來做評估」；「先做結論再找人做評估」的作法，正如馬振坤教授所說，爲「先射箭再畫靶」，這樣會「完全脫離國防戰略需求的考量」。

正是基於這些憂慮，我們在「２００９第1案」的「結論與建議」才嚴正表示：「募兵制雖然是政黨在競選過程上的政見喊價，但國防部作爲受命單位，從競選政見到落實爲國防政策，應有一個決策流程，並依決策機制來充分論證，不能先射箭再畫靶，也不能單憑長官一句話、一個想法，否則將完全脫離國防戰略之需求。」

◎人口出生率

影響募兵制推行的兩個前提，一為人口出生率，一為財政支持度。

當過經濟部長、國防部長及監察院院長的陳履安，在接受訪談時，最強調也最關注的，便是人口出生率，認為這是募兵制的關鍵所在。他說：「把焦點擺在人力，關鍵就在出生率，關鍵在待遇。」

我們8年前（2008年）訪談陳履安時，他很認真跟我們談到，以現在的人口出生率（如下表所附），多年以後，要如何募到所需要的兵員呢？「假設男孩出生率為17萬，現在升大學的人多了，夠資格當兵的，以7成來算，大概10萬人，如兵力目標為20萬，役期4年，每年需募5萬人，4年共20萬，如此即表示每年要有一半的人願來當兵，可能嗎？……所以兵力目標20萬或21．5萬，到底怎麼算，這要問國防部……」

在「2009第1案」報告裡，我們也指出少子化之

76-104年每年出生人口統計

年別	性別	合計
76年	計	313,282
	男	162,935
	女	150,347
77年	計	342,227
	男	177,856
	女	164,371
78年	計	312,984
	男	162,952
	女	150,032

79年	計	336,306
	男	176,378
	女	159,928
80年	計	320,384
	男	168,145
	女	152,239
81年	計	321,405
	男	168,306
	女	153,099
82年	計	325,994
	男	169,360
	女	156,634
83年	計	323,768
	男	168,764
	女	155,004
84年	計	326,547
	男	169,482
	女	157,065
85年	計	324,317
	男	168,961
	女	155,356
86年	計	324,980
	男	169,422
	女	155,558
87年	計	268,881
	男	140,063
	女	128,818
88年	計	284,073
	男	148,456
	女	135,617
89年	計	307,200
	男	160,529
	女	146,671
90年	計	257,866
	男	134,310
	女	123,556
91年	計	246,758
	男	129,141
	女	117,617

92年	計	227,447
	男	119,218
	女	108,229
93年	計	217,685
	男	114,349
	女	103,336
94年	計	206,465
	男	107,697
	女	98,768
95年	計	205,720
	男	107,578
	女	98,142
96年	計	203,711
	男	106,570
	女	97,141
97年	計	196,486
	男	102,768
	女	93,718
98年	計	192,133
	男	99,948
	女	92,185
99年	計	166,473
	男	86,804
	女	79,669
100年	計	198,348
	男	102,948
	女	95,400
101年	計	234,599
	男	121,485
	女	113,114
102年	計	194,939
	男	101,132
	女	93,807
103年	計	211,399
	男	109,268
	女	102,131
104年	計	213,093
	男	110,800
	女	102,293

資料來源：內政部戶政司

後，役男年齡人數會更少，如再扣掉出國、赴大陸就學就業、國外移民……等，可募得的兵員將更少，因此人口出生率的逐年下降將是募兵制的第一個天塹。

◎「錢！錢！錢！」

募兵的代價當然比徵兵昂貴。馬政府已承諾募兵薪資為基本工資的兩倍；除此之外，像美國大兵法案的配套措施、生涯規劃及退撫協助，都需要政府的財力支持才得以落實，因此政府財政的能力以及財政支持度，便成為募兵制施行的第二個天塹。這亦即劉和謙所說：「搞募兵就是錢！錢！錢！」，「錢！錢！錢！」也是「拿破崙作戰的三個大要素。」霍守業也說：「募兵成敗的關鍵，恐怕在錢。講好聽一點，是誘因。」

但是在推動募兵之初，各界最關心的，還是一旦募兵制施行後，國防部的預算，特別是人員維持費每年會增加多少。當時一般的理解是，人員維持費會大增，但其增加如何客觀評估，卻沒有一個基本的共識。在我主持的諮詢會上，精於國防預算研究的劉立倫教授，以五種不同狀態的官士兵配比，在22萬與20萬不同的兵力規模下，估算出人員維持費與國防預算的需求總數（如下頁表），8年前，這可算是一次勇敢的嘗試與突破。

但人員維持費的增加，並不代表募兵制施行之後國防預算增加的總數額，更不代表國家預算增加的總數額，因為國防部的配套措施，以及國防部之外的內政部、海巡署、退輔會，也都會因募兵制的施行而增加相應的預算，這也解釋出募兵制愈進入深水區，政府相關部會壓力就愈大，並愈加嚴格把關，甚至到102年9月之後，行政院終不能不把募兵完成期程從103年底延長兩年到105年底。

定期評估

◎展延兩年

由於募兵制是對現行兵役度作了根本的翻轉，因此在推動過程上，國防部的主其事者大多謹慎以

220,000人兵力規模			國防預算需求數	
官士兵配比*	人員維持費需求**	差額	40:30:30政策	45:25:30政策***
1:2:3	1,662億	367億	4,155億	3,693億
1:2.4:3	1,669億	374億	4,173億	3,710億
1:2.4:2.8	1,678億	383億	4,194億	3,728億
1:2:2.5	1,685億	390億	4,212億	3,744億
1:2:2	1,712億	417億	4,280億	3,805億
200,000人兵力規模				
1:2:3	1,511億	216億	3,777億	3,357億
1:2.4:3	1,518億	223億	3,794億	3,372億
1:2.4:2.8	1,525億	230億	3,813億	3,389億
1:2:2.5	1,532億	237億	3,829億	3,403億
1:2:2	1,556億	261億	3,891億	3,459億

*此處僅假設五種不同狀態的官士兵配比，已包括最理想與最差的狀態，並以此進行人員維持經費的估計。

**士官薪給平均值以$48,000爲計算基準，士兵薪給平均值以$38,000爲計算基準（基本薪資二倍）；軍官薪給平均值計算基準維持現有狀態$58,585，不調薪。

***爲當前220,000人兵力規模下，最理想的官士兵配比狀態，且在三區分相對比率「45：25：30」下，國防預算僅約需3,693億，便可達成既定政策目標。故全募兵制的政策推動，財力並非限制因素，招募策略與推動策略才是影響全募兵制的成敗的關鍵因素。

對。在陳水扁政府時期，李傑與李天羽都是經由參謀總長再接任國防部長，他們在訪談中都確認在他們任職期間，有關兵役制度，「結論是募徵併行」，李傑特別表示一點，「還有一個問題要瞭解，募兵募來的女生比男生多，男女的比例應先框列……不能男的募不到都募女的。」李天羽在任時，「募兵還處於驗證階段」，他對於「104年募兵成敗與否」，表示「目前看起來很困難」；同時特別強調，「如果募兵募不好的話，精粹案可能要輕輕踩點剎車了，因爲你如募不到又通通裁光了，那等於是一根蠟燭兩頭燒，所以一定要剎車，不然到最後就好比一套西裝料，左剪右裁剩條游泳褲。」而在陳水扁政府與馬英九政府交接期間擔任參謀總長的霍守業則說：「募兵制將來走下去，成敗關鍵還是在經費問題……如經費不足……那只有一個辨法，就是繼續縮減

1 今日頭條 Headline

青年日報

國防部：82年次以前役男須入營服常備役 83年次後役男不受影響

國軍推動募兵制 決心未改變

全募兵制延後2年上路

82年次役男 6萬人要當兵

《中國時報》102. 9. 13

部隊的規模。」而在馬英九政府時期擔任參謀總長，並在其任內確立「募兵制實施計畫」的林鎮夷表示：「募兵制是國家的重大政策，要由政府部會共同努力，不是國防部一個單位可以做的，搞了很久，現在行政院才有一個政務委員出來處理」，「募兵制是政府的重大政策，國防部是行政團隊的一份子，當然要徹底執行。」經由實際驗證，林總長進一步說：「募兵制強調的重點有二，一是逐步做；二是以緩濟急，以滾動的方式來做調整。」

這種「滾動調整的作法」，也就是我們在「2009第1案」調查報告「伍、結論與建議」第六項，要求國防部參酌的精神所在，其內容爲：「募兵制在推動過程上，應定期評估與管理，並設有停損點，專業考量應重於政治決定。」唐飛在訪談時即明確指出「應該找個停損點來評估6年內能否完成」，「我覺得應該在4到6年中間訂個時間，來檢討能否繼續推動募兵制……中間點例如兩年，應訂個時間檢討。」

聯合報

UNITED DAILY NEWS

報告班長：沒人想當兵 募兵慘兮兮

全募兵制 延2年上路

82年次6.2萬人'中彈'

全募兵制轉折

高詩友香 三代一條路

首獎1萬元商品禮券

不僅要建立定期評估機制，也應在行政院下成立跨部會機制，劉和謙說：「請監察院要提醒大家，這不單是國防部的事，這麼大的事，不僅僅是國防部，要有關部會配合，行政院要設專案委員會深入討論，充分交換意見，各部會都要支援國防部，若只有國防部，根本做不來。」唐飛也說：「第一步先要跨部會……行政院內部要跨部會，涉及立法的部分，跨黨派也同時要做。」我們在「2009第1案」的「結論與建議」中，也主張「募兵制的改革變化甚大，影響深遠，係國家大事，而非僅是國防部內部的事務，在行政院內，應成立跨部會機制主持其事，而涉及立法部分，更應跨黨派共同參與。」在這些呼籲與催促下，行政院成立「推動募兵制專案小組」，核定「募兵制實施計畫」，國防部採「專案編組」分工方式，歸納出12類38項執行計畫，實施定期評估與管理機制。

由於有這樣的定期評估與管理機制，102年（2013年）9月23日，在我主持的約詢會議上，針對募兵制執行之現況，時任國防部長嚴明與國防部資源規劃司長王天德，才以坦誠而又勇於負責的態度表示：

黃委員發言：請說明募兵制執行概況。

嚴部長回應：募兵制執行驗證階段在100年、101年、102年、103年底募徵比例分別應該達到6：4、7：3、8：2、9：1，但驗證結果因募兵情形不理想，爲避免編現比過低，做些調整，馬上要做的是鼓勵志願留營及提高招募誘因。另外，原先要用1年役期的替代役男改善缺員，但現在要回復爲義務役方式，103年要從83年出生以前22萬尚未服役的役男，除2萬多名服替代役外，仍徵服義務役。此已奉行政院8月核定，這些可能會引起社會上的討論，這是符合兵源需求及兵役法的規定。原先希望在103年達成的目標因爲達成不了，所以要延到105年底。募兵制之推動並不是不做，只是往後延2年，我們仍會堅持做下去。

黃委員發言：部長上任沒多久，國防部即宣布募兵制執行延2年，個人認爲很勇敢，勇於面對眞實，要有決心。募兵政策，國防部是執行層面，在專業立場上，要據實以告，向行政院及三軍統帥表達意見及眞實的看法，國防部宣布募兵制執行延2年之工作流程爲何？

王天德司長回應：101年1月2日行政院核定「募兵制實施計畫」後，國防部每3個月或半年即進行檢討，展開執行驗證，102年1、2月時，就在看去年整年招募成效能否依「募兵制實施計畫」進行，可惜成長速度未如預期，101年底沒有達成預定募兵目標，102年初檢討，7月份進行具體規劃，在8月份的軍事會談向總統具體報告，行政院長也在場，總統指示募兵制期程的確要調整，延後2年，105年元旦以後，義務役男就不會進入部隊。國防部於會後即陳報行政院，奉行政院102年9月12日同意調整募兵制常備部隊以志願役人力擔任之目標至105年底，提供志願役人力成長及健全配套措施所需之時間，後續將陳報行政院103年國軍「兵額配賦計畫」及配合分配替代役員額。國防部於102年9月12日當天召開記者會向國人說明，另於同年月13日再次針對向後調整期程事宜召開記者會說明，同時邀請學者專家召開座談會，提供意見，作爲將來推動募兵制之參考，發言逐字稿亦刊登於青年日報。

嚴部長回應：我們現在所執行的不是全募兵制，而是募兵制，國防部於召開記者會時也特別向國人說明，因爲我們還有4個月的軍事訓練，故非全募兵制。此外，執行募兵制不走回頭路，國防部一定貫徹國家政策，轉換過程中雖會遇到問題，但我們會針對問題解決。

從下面的三張附表（第258～260頁），印證了嚴部長及王司長所說「招募未如預期」，「募兵情形不理想」的實情。正因爲有這種「每3個月或半年即進行檢討」的機制，國防部才勇於在102年9月12日及13日的兩場記者會上，對外公開說明募兵制完成期程將延後兩年；但國防部的記者會說明似乎效果不佳，加上募兵制推動之初，已引發藍色憂慮，招募過程又諸多不順，未能達成預期目標，因此到104年、105年8月間，國內主要媒體便抓住要害，針對募兵完成期程一延再延的新聞，以斗大的標題，在頭版上寫著「又跳票」、「再跳票」、「3度跳票」。

中華民國102年12月25日／星期三　政治新聞 A4　中國時報

http://www.chinatimes.com

募兵慘澹 監委:108年幾無兵源

籲馬卸任前嚴肅評估政策

募兵制成效不佳，監察院昨天通過「政府推動募兵制最新發展狀況」調查報告警示，募兵制108年僅剩7000多名義務役，幾乎已是無兵可徵。監委黃煌雄提出裁減兵力、期程延長、恢復徵兵並行3項選項，呼籲馬英九總統應在下屆總統選舉前，嚴肅評估最有利於國家長遠發展的政策選擇。

快撤救兵

最困難的是錢從哪來

105年面臨嚴厲考驗

軍方：募兵決心不變

A1 焦點新聞　　台灣優先 自由第一　　2015年8月26日／星期三

自由時報 2015年1-6月每日平均實售量 588,867份

自由時報

The LIBERTY TIMES

http://www.ltn.com.tw

全募兵又跳票 徵兵續延明年底

82年次前役男 仍須入營服役

83年次以後 四個月軍訓不變

不能轉替代役 影響二萬多人

恢復徵兵？ 馮世寬：看新政府

全募兵跳票 明年徵兵2.3萬人

募不到人 延1年上路 影響82年次之前的役男

【記者段鴻文／台北報導】全募兵制再跳票，上路時間確定延後一年。國防部原訂明（一〇五）年起就停止徵兵，同年十二月卅一日，國軍將完成全志願化，但因募兵目標未達成，仍然缺兵，昨晚國防部宣布，經行政院核定，明年必須再徵兵兩萬三千一百人。

八十三年次以後役男不受影響

國防部表示，因為明年繼續徵兵，受影響的明年役男，即八十二年次（含）之前的役男，目前仍有十一萬一千多人，明年預計可徵五萬三千八百七十九人，其中義務役常備兵（包含海巡署與國安局）兩萬三千一百人，其餘役男則須服一年替代役。

至於八十三年次以後之役男，則不受影響，後年全募兵制上路後，他們只需接受四個月軍事訓練不變。

不過，明年總統大選後，若政權輪替，全募兵制延後一年（後年）上路的政策是否再變，仍是未知數。

原預計一〇三年底全募兵二度跳票

立法院於一〇〇年通過兵役法修正案，次年一月行政院核定「募兵制實施計畫」，訂立徵兵制的落日時間，原本預計在一〇三年底就要達成全募兵，但由於發現無法募到足夠的志願兵員，因此一〇二年九月十二日，國防部宣布延緩上路時程兩年，這次再度宣布延緩，等於是二度跳票。

國防部表示，依「募兵制實施計畫」，原自一〇五年一月一日起，不再徵集八十二年次以前役男服一年制常備兵役，一律改服替代役，但評估國軍志願士兵招募狀況，至一〇五年底仍無法達到國軍員額百分之九十的計畫目標，因此為了維持部隊戰力不受影響，仍有繼續實施義務役徵兵之必要。

相關新聞見A4

《聯合報》104.8.26

區分（年）		軍官			士官			士兵			總計		
		計畫數	達成數	達成率	計畫數	達成數	達成率	計畫數	達成數	達成率	計畫數	達成數	達成率
94	男	1621	1,092	67%				6,471	6,554	101%	8,092	7,646	94%
	女	67	67	100%				90	90	100%	157	157	100%
	女性比重	4%	6%					2%	2%		2%	2%	
	總計	1,688	1,159	69%				6,561	6,644	101%	8,249	7,803	95%
95	男	2,347	1,577	67%				9,936	8,773	88%	12,283	10,350	84%
	女	197	176	89%				604	1,455	240%	801	1,631	204%
	女性比重	8%	10%					6%	14%		6%	14%	
	總計	2,544	1,753	69%				10,540	10,228	97%	13,084	11,981	92%
96	男	2,481	2,160	87%	1,046	129	12%	12,281	13,558	110%	15,808	15,847	100%
	女	368	371	101%				2,928	3,666	125%	3,296	4,037	122%
	女性比重	13%	15%					20%	21%		17%	20%	
	總計	2,849	2,531	89%	1,046	129	12%	15,209	17,224	113%	19,104	19,884	104%
97	男	3,807	2,969	78%	2,774	2,224	80%	11,904	15,844	133%	18,485	21,037	114%
	女	598	535	89%	384	333	87%	1,587	1,932	122%	2,569	2,800	109%
	女性比重	14%	15%		13%	13%		12%	11%		12%	12%	
	總計	4,405	3,504	80%	3,158	2,557	81%	13,491	17,776	132%	21,054	23,837	113%
98	男	4,346	4,212	97%	6,070	3,264	54%	12,859	13,255	103%	23,275	20,731	89%
	女	663	651	98%	496	474	96%	1,848	1,855	100%	3,007	2,980	99%
	女性比重	13%	13%		8%	13%		13%	12%		11%	13%	
	總計	5,009	4,863	97%	6,566	3,738	57%	14,707	15,110	103%	26,282	23,711	90%
99	男	4,716	4,171	88%	4,920	2,758	56%	23,605	12,241	52%	33,241	19,170	58%
	女	646	641	99%	423	386	91%	1,395	1,527	109%	2,464	2,554	104%
	女性比重	11%	13%		8%	12%		6%	11%		7%	12%	
	總計	5,362	4,812	90%	5,343	3,144	59%	25,000	13,768	55%	35,705	21,724	60%
100	男	4,228	3,493	83%	3,967	2,100	53%	10,721	4,261	40%	18,916	9,854	52%
	女	475	466	98%	310	290	94%	769	772	100%	1,554	1,528	98%
	女性比重	10%	12%		7%	12%		7%	15%		8%	13%	
	總計	4,703	3,959	84%	4,277	2,390	56%	11,490	5,033	44%	20,470	11,382	56%
101	男	3,132	2,880	92%	2,562	1,873	73%	14,512	10,006	69%	20,206	14,759	73%
	女	385	379	98%	344	320	93%	799	1,063	133%	1,528	1,762	115%
	女性比重	11%	12%		12%	15%		5%	10%		7%	11%	
	總計	3,517	3,259	93%	2,906	2,193	75%	15,311	11,069	72%	21,734	16,521	76%
102	男	3,098	1,959	63%	2,869	1,776	62%	26,222	4,311	16%	32,189	8,046	25%
	女	357	317	89%	392	335	85%	2,309	911	39%	3,058	1,563	51%
	女性比重	10%	14%		12%	16%		8%	17%		9%	16%	
	總計	3,455	2,275	66%	3,261	2,111	65%	28,531	5,222	18%	35,247	9,608	27%

備考

1. 94年及95年未招生士官班隊，96年起專業士官班實施招生。
2. 近年志願役人力招募狀況，以97年成效最佳，達成數23,837人，惟100年受預算的影響，管控志願役人力進用，致招募獲得數偏低。
3. 歷年女性報名踴躍，致使達成數超過預期，惟均係增額錄取，且男性錄取人數未足額，故未產生壓縮效應。
4. 102年專業軍士官班年度招收3梯次，達成數統計至第1梯次，第2至第3梯次持續辦理甄選中。
5. 102年志願士兵年度招收計11梯次，達成數統計至第5梯次，第6至11梯次持續辦理甄選中。
6. 資料日期：102年9月13日。

94至102年官士兵募徵比狀況表

年度	官		士		兵		合計		比例	
	志願役	義務役	志願役	義務役	志願役	義務役	志願役	義務役	志願役	義務役
94	48,916	1,050	46,525	13,931	4,950	88,604	100,391	103,585	49,22%	50,78%
95	47,955	797	41,784	16,557	10,624	100,267	100,363	117,621	46,04%	53,96%
96	42,413	582	41,514	14,795	22,648	80,835	106,575	96,212	52,50%	47,50%
97	40,576	185	48,089	13,298	24,097	58,590	112,762	72,073	61,00%	39,00%
98	40,360	36	58,319	9,649	28,205	65,410	126,884	75,095	62,80%	37,10%
99	40,579	37	64,689	6,344	31,399	67,265	136,667	73,646	64,90%	35,10%
100	40,373	35	66,112	3,999	28,923	74,815	135,408	78,849	63,20%	36,80%
101	40,025	34	64,979	3,084	25,714	62,360	130,718	65,478	66,60%	33,40%
102	38,793	47	62,406	2,879	26,253	43,691	127,452	46,617	73,22%	26,78%
備考	1. 本表志願役人數不含維持員額，扣除編制外及部外人數。 2. 資料時間:102年9月1日									

96至102年志願士兵暨女性官士兵留營情形統計表

年度、區分 \ 職別		志願士兵	女性官士兵
96	應退人數	2,500	312
	續服人數	25	5
	續服比例	1.00%	1.60%
97	應退人數	4,639	97
	續服人數	1,262	84
	續服比例	27.20%	86.59%
98	應退人數	自民95年起將志願士兵服役役期由原本3年調整為4年，基此，94年起役之志願士兵，服役3年期滿於97年退伍；而95年起役之志願士兵，服役4年期滿，應於99年退伍，因此，出現98年度無役期屆滿志願士兵留營情形。	
	續服人數		
	續服比例		
99	應退人數	6,644	1,071
	續服人數	2,940	723
	續服比例	44.25%	67.51%
100	應退人數	6,740	2,178
	續服人數	2,261	1,382
	續服比例	33.55%	63.46%
101	應退人數	7,770	3,318
	續服人數	3,665	1,953
	續服比例	47.17%	58.9%
102 （至8月底）	應退人數	5,092	2,547
	續服人數	2,926	1,237
	續服比例	57.51%	48.66%
102年底	預判102年底官士兵留營率為52%，另針對103年及104年留營預判數，受國軍組織變革及當年招募數影響，依歷年經驗常數預判差異約5%左右。		
103、104年			

◎不能說的祕密

國防部為避免募兵期程再跳票，在宣布募兵完成期程展延兩年的同時，也採取三大因應措施，來提高招募成效，包括放寬招募門檻、提升福利照顧、增加女兵比例。

有關放寬招募門檻，包括將報考年齡上限由26歲放寬為28歲；將男性身高由158至195公分，放寬為152至200公分，女性身高由155至195公分，放寬為150至200公分；自102年起，將原5梯次甄選增加為11梯次，改善報考便利性。

有關提升官兵福利照顧，包括策訂留營獎勵、增加外散宿頻次、提升官兵眷屬福利照顧、簡併各項戰備輪值勤務、培育士官兵專業技能等。

有關增加女兵比例，在募兵制推動之初，招募女兵起到很大作用，也受到基層單位普遍的肯定，但隨著女兵員額劇增，甚至超過10%以上，招募女兵是否應予框列一定比重，便引發探討。當過空軍司令的沈國禎在我主持的兩次諮詢會上的兩度發言，頗能反映這種心聲，他說：

其實這幾年用女姓軍士官，有的表現比男的還好，我有時候消遣這些男孩子，說你們都不如人家女孩子，我們在通訊、戰管女孩子還蠻多的，而且都表現不錯，她們讀書也讀得很好，受訓成績也不錯，在地面部隊，尤其飛彈部隊，有一些女的副連長，帶起兄弟也是很悍的……。（「2009第1案」）

執行募兵制招收女性後，女性在部隊人數越來越多，個人聽到男性同僚有些抱怨，因爲同工不同酬的問題，女性認爲有些事情不該她們做，將來的配比是不是應該考量，有些女性軍官進入軍中，把從軍當作生活的支撐……把軍中當成暫時取得生活經濟來源的地方，此對部隊而言並非好現象，因此部隊女性配比應該考量一定的比例，不宜過多。（「２０１３第２案」）

募兵制的目的並不是爲募兵而募兵，而是爲建立專業化軍隊、提升戰力而募兵，因此行政院所屬各部會，包括國防部、內政部、海巡署、退輔會，在推動募兵所需的措施與配套時，固應如「２００９第1案」所提的接受定期評估，而且進一步也要如「２０１３第２案」所提的接受滾動檢討，特別是主計總處及財政部，「皆應以嚴謹而負責的態度，嚴格把關審查」。１０２年（２０１３年）10月14日，在我主持的約詢會議上，與行政院主計總處主計長石素梅有著認眞而負責的對話：

黃委員詢問：行政院關於募兵制所需經費之規劃情形。

石主計長答覆：行政院前向總統報告99年度總預算編列情形，總統指示國防部募兵制推動，未來經費需求雖會增加，但不一定要一步到位，可檢討逐步調增。

復依行政院１０１年1月2日函示原則，募兵制推動計畫中各項配套措施，請在兼顧政府財政狀況許可及滿足兵力需求下，適時滾動檢討實施。爰國防部等相關機關１０１至１０３年度預算均依上開指示及該計畫規劃內容，並依實際執行情形於行政院核定各該主管機關之中程歲出概算額度內，本核實原則予以納編。

又103年度中央政府總預算案於102年8月30日已送請立法院審議，國防部於102年8月底向總統主持軍事會談報告『募兵制實施計畫』將延長2年至105年底完成，經總統裁示同意辦理，行政院於102年9月12日核定，由於相關預算已無法調整編列，且依預算法等相關規定，各機關、各計畫或業務科目之經費不得互相流用，爰將請國防部、海巡署及內政部於103年度預算完成法定程序後，於原編預算範圍內核實進用所需人力，倘有不敷情形，再循動支第二預備金程序辦理。

黃委員發言：國防部提出預算需求時，行政院是否同意關於留營慰助金、戰鬥部隊加給等經費？

石主計長回應：國防部於江院長102年10月2日主持募兵制推動概況及協處事項會議上提出士兵、士官及軍官的勤務加給、國軍地域加給、增設戰鬥部隊加給、留營慰問金等薪資調整建議，建議按薪資調整除了士兵以外內含士官及軍官，主計總處與人事行政總處的看法認爲，現在是士兵招不到，爲士兵加給是應該的，但士官及軍官並沒有缺，若一同調整薪資，經費會很龐大，所以我們建議不應納入，因此江院長的裁示基於增加招募留營誘因，原則同意適度調整志願士兵的勤務加給、國軍地域加給、增設戰鬥部隊的加給、留營慰問金等薪資待遇。後續還要由人事行政總處、主計總處等機關協處，並請林政則政務委員開會協商。

黃委員發言：國防部以外其他部會配套措施預算如何計算？

林國興處長回應：其他部會的配套措施方面，由各相關機關提出需求，「募兵制實施計畫」中有條列主管機關辦理項目，但沒列出經費，有些概估，後續配合實際達成情形，作滾動修正。

黃委員發言：國防部宣布募兵制執行延２年，但我認爲也不敢保證２年後能按照原來的計畫落實，如財力支應不足，２年後還會遇到困難。本院97年關於募兵制的調查報告曾提出應定期評估與管控，並設有停損點，專業考量應重於政治決定之意見。調查過程中，我們訪談了歷任的國防部長及參謀總長，大家都很擔心募兵制推動後就不可能回頭。募兵制的推動要一步到位可能很困難，要看財力及配套措施，現在士兵薪資還未到最低工資的兩倍，相關連帶經費有無精算，精算的數字要讓行政院及總統瞭解，這是幕僚的責任。

石主計長回應：行政院前向總統報告，99年度總預算編列情形，總統指示國防部募兵制之推動，未來經費需求雖會增加，但不一定要一步到位，可檢討逐步調增。行政院１０１年１月２日函示原則，募兵制推動計劃中各項配套措施，請在兼顧政府財政狀況許可及滿足兵力需求下，適時滾動檢討實施。因此國防部等相關機關從１０１至１０３年的預算都依這樣的指示進行規劃，國防部於１０２年８月底向總統主持軍事會談報告「募兵制實施計畫」將延長２年至１０５年底完成，經總統裁示同意辦理，行政院於１０２年９月12日核定，江院長很關心這件事，於１０２年10月２日聽取國防部報告募兵制推動協處事項，有關經費部分，院長裁示募兵制不能回頭，要利用募兵期程展延這２年，做好財務規劃，也請財政部協助加速閒置營區土地活化作業，籌措長期穩定的財源，挹注實施募兵制所需的相關經費。

財政部對於國家財政能否充分支應募兵制所需的問題，2013年10月23日，在我主持的約詢會議，時任財政部次長吳當傑及國庫署署長凌忠嫄，基於職責，都有明確的說明：

吳當傑次長：財政部對於募兵制退輔配套措施之意見：

一、財政部參與行政院102年5月31日研商國軍退除役官兵輔導委員會所提「募兵制退輔措施方案（草案）」，建議應視政府整體財政狀況及執行情形，適時檢討，經決議納入該方案。

二、嗣財政部參與行政院102年9月5日研商「國軍退除役官兵輔導條例」部分條文修正案，就擬將補助獎勵民營機構、團體、私校優先進用退除役官兵，以及補助獎勵職業訓練，並發給退除役官兵就學生活津貼等事項入法一節，基於該等事項將形成法定義務支出，由於目前法定義務支出已占歲出預算7成，恐將影響未來施政推動，爰宜衡酌目前退輔措施之適足性，並兼顧社會觀感，及評估相關規劃之妥適性，上揭該部意見獲採納，受經決議不予入法。

黃委員發言：國家面對募兵制可能的財政需求，於總體評估之下，國家的財政能力能支撐到什麼程度？

吳當傑次長回應：募兵制政策的執行方向，政府希望能建立一個戰力強之長役期的部隊，在財政部的立場於各次會議過程中都表達財務規劃意見，且都獲得重視，如募兵制的經費很大，我們請國防部強化相關基金功能及進行土地活化，相關意見國防部基本上都有採納。關於強化基金功能方面，該部已修正營改基金，把運用範圍擴大到軍事設施，募兵制一些經費可以由此獲得紓緩；國防部土地活化方面，如台北學苑等土地將設定土地權，以挹注營改基金對於募兵制經費的需求，將有功能性的發揮；此外，我們也特別提出，考量到政府未來的財政負擔，應該還是要撙節整個支出。我們也特別認同國防部提出小營區併成大營區、市區營舍遷往郊區及三軍共駐營區的計畫，如果能眞正落實，發揮土地運用的效益，可透過自主的特種基金發揮靈活的功能。另外，退輔會配合募兵制退輔配套措施，也需要龐大經費，在討論過程中，關於退輔措施方案，提到補助獎勵民營機構、團體、私校優先進用退除役官兵、補助獎勵職業訓練、發給退除役官兵就學生活津貼等納入預算，財政部特別提出將會形成法定義務支出，增加財政負擔，恐將影響未來施政推動的意見，也獲得行政院及各部會的採納。另就財政的困難度來看，以103年預算而言，依公共債務法，舉債空間依法只剩1.9%，大概是2，700億台幣左右，財政非常困難，財政部正在研議中長期財政健全方案。

凌忠嫄署長回應：募兵制推動的經費分在職的維持費及退役後的退輔費用，總預算籌編過程中，在能核給範圍內以及營改基金挹注國防預算的需求，至於退輔會部分，我們希望不要在退輔條例中，將相關福利藉機擴張，因爲擴張的結果，不是只有募兵進來的人員，而是會涵蓋現有在職人員的福利，當時我們主張募兵就是募兵，不要將福利支出的範圍擴張，此外老兵凋零之後，該方面的負擔會少一點，空出來的額度可盡量用於滿足募兵退撫經費支出的需求。

行政院推動「募兵制專案小組」召集人爲政務委員林政則，他在我主持的約詢會議上，談話態度也極爲坦誠：

黃委員詢問：請談一談募兵制延後2年至106年元旦全面實施之因素及面臨困難。

林政務委員答覆：93年至97年期間，役男役期多次縮減至僅餘1年，導致兵員訓練成熟即退伍，部隊退補頻繁，戰訓成果不易蓄積。另前瞻人口少子女化趨勢，未來兵員供應不足，爲維繫長遠國家安全，亟需轉型募兵制，透過招募役期長之志願役人力從軍，以建立專業化之常備部隊。

爲推動兵役制度轉型，國防部研擬「募兵制實施計畫」前經行政院101年1月2日核定，依計畫期程，100至103年底爲募兵制「執行驗證」階段，除依法公告83年次以後役男自102年起轉換接受軍事訓練，並結合「精粹案」期程，調節募、徵人力，使募兵人數逐年增加，訂於103年底達成常備部隊全數以志願役人力擔任目標，即82年次以前役男於102年底停止常備兵役徵集，至103年底全數退伍離營，並自103年起，82年次役男未經徵集或補行徵集者，改服替代役1年。

惟經101年初迄102年8月，約1年8個月執行驗證，雖已陸續推展各項招募及留營配套措施，由於志願役人力招募尚無法完全獲得滿足，若102年底停止徵集常備兵力預判，將面臨編現比偏低，恐深切影響災害防救、戰備訓練及緊急應變等任務之遂行。

爲確保國防安全及因應國軍兵力需求，國防部考量目前82年次以前出生尚未履行兵役義務役男尚餘22萬餘人，待役人力仍充足，爰規劃於103年及104年賡續徵集常備役男入營服役1年，即展延募兵制「常備部隊全數以志願役人力擔任」目標2年至105年底實施，並已報奉該院同意，以期提供志願役人力成長及健全配套措施所需之時間。

黃委員發言：請說明這幾年來參與募兵制事務的心得及面臨的困難。

林政務委員回應：募兵制的推動是以滾動式的檢討，不可能一步到位，財政部很幫忙提供意見，對於退輔會提出獎勵民營機構、團體、私校優先進用退除役官兵等等，我們都不列入法律，我們強調純粹爲募兵而增加經費，不要以募兵爲理由延伸很多退撫支出，至於志願役士兵薪資爲基本工資兩倍，我們的共識是進來時未必能達到，但退伍時一定可以達到，若一下兩倍，財政上無法負擔。目前推動募兵制政策最大的問題是財政的問題。又因募兵制推動不順利，才會延後2年。江院長在102年10月2日的會議裁示，針對我國目前推動中的兵役制度轉型，總統曾多次強調並非走向「全募兵制」，而係由目前「徵募併行制」逐漸轉變以「募兵制」爲主，朝向常備部隊全數以志願役人力擔任爲目標。至於推動募兵制所需經費部分，募兵制已正式上路，只能往前精進，不可能再走回徵兵制，必須好好利用募兵期程展延的這2年時間做好財務上規劃，請財政部研議規劃，並協助國防部加速閒置營區土地活化作業，籌措長期穩定財源，挹注實施募兵制所需相關經費。

黃委員發言：募兵制的推動是競選的產物，但推動募兵制面臨財政及少子化問題，又目前以宣布募兵制推動展延2年，募兵制政策的推動是否有修改？若2年後相關問題無法解決，是否再展延？是否設有停損點？

邱昌嶽處長回應：募兵制推動展延2年不涉及任何修改法令，募兵制政策的推動採滾動式檢討，依江院長102年10月2日會議裁示，募兵制已正式上路，只能往前精進，不可能再走回徵兵制。所以只許成功，不許失敗。

林政務委員則回應：募兵制之推動一直採滾動式檢討，執行過程中遇有困難，行政院即會邀相關部會研商解決方式，目前遭遇最大的難題是財政及少子化問題，我們會定期檢討，設停損點。我們亦會請國防部明確評估維持必須戰力的需求，也將請其他相關部會協處。我們於每次的協處會議都進行滾動式的檢討，對於委員提出推動募兵制過程上，應定期評估與管控，並設有停損點，專業考量應重於政治決定的意見，於回去後當即全面性檢討相關問題，爲2年後情勢研議因應。

就這些回應而言，從行政院到國防部，在推動募兵制過程上，都努力依定期評估與滾動檢討的方式作修正，而從主計總處到財政部也都能站在部會的立場，克盡職責，以負責而勇敢的態度，據實以告，嚴格把關，也因此，經過法定決策流程之後，才會有102年9月12日及同年月13日，國防部兩次公開宣布募兵完成期程將展延兩年的決定。淡江大學國際事務與戰略研究所王高成教授說：「我覺得國防部已經預告104年會逾期，我認爲這是健康的態度，募兵制的實施還是以穩爲先，不能求快。」

其中，最堪玩味的是，主計長石素梅的說明。她兩度表示：「行政院前向總統報告99年度總預算編列情形，總統指示國防部募兵制的推動，未來經費需求雖會增加，但不一定要一步到位，可檢討逐步調增。」行政院的「推動募兵制專案小組」是在99年7月成立，並於101年1月核定「募兵制實施計畫」，依該計畫區分三階段，103年底完成募兵執行驗證，104年元月全面實施，但馬總統卻在聽取「99年度總預算編列」時，即向國防部指示，未來推動募兵制所需的經費雖會增加，「但不一定要一步到位，可檢討逐步調增。」馬總統這個「不一定一步到位」的「指示」，是否代表一個「不能說的祕密」，亦即當馬總統在推動募兵制之初，就預料到原訂募兵完成期程很可能無法如期實現的狀況，一如後來所發展的，而他卻始終沒有對外公開說明清楚。

4、如影隨形的問題

平募戰徵

募兵制推行之際，最引發擔心的後遺症之一，便是募兵之後，沒有參加募兵的國民是否都不必當兵了，與憲法規定有無牴觸？還有，今後是否還有後備軍人？不少退役將領及專家學者也都有此疑慮，我們在「2009第1案」調查報告，即針對這些疑慮與擔心，提出一項調查建議：「在推動募兵制之際，不能牴觸我國憲法之規定，且應守護多年來在徵兵制度下，已經養成國民的保國衛民義務之認知與習慣。」國防部的答覆確立了平募戰徵型態，也排除了是否還有後備軍人的疑慮：

> 實施募兵制，保留憲法兵役義務，軍事人力採「平募戰徵」型態，除常備部隊全數以志願役人力補充外，維持徵兵機制，未志願服役之役男，完成4個月軍事訓練後，納管為後備軍人，平時仍須接受後備動員訓練，戰時徵召後備部隊，協力常備部隊共同擔任國土防衛任務。

不分志願役、義務役，均擔負保鄉、保土國防任務，現已養成之全民防衛認知，與保國衛民之義務，並不因募兵制實施而改變。

替代役

依內政部的說明，自政府推動精實案，實施精兵政策以來，導致兵員供給超過需求的現象，從87年起，役男無法如期入營者，每年約達3萬人，滯徵情形嚴重，內政部奉令會同國防部成立專案小組，經審慎研究，基於鞏固國防、確保國家安全、維護服役公平、有效運用人力的考量，報請行政院決定我國兵役制度除維持義務役與志願役併行外，參照歐洲國家社會役制，採行替代役，以有效解決兵源過剩問題，且符合國家利益。89年1月15日，「替代役實施條例」在立法院三讀通過，行政院並核定於同年5月1日施行，主管機關爲內政部，內政部役政署則負責業務的實際執行。

替代役的應運而興，解決兵源過剩問題、宗教良心犯兵役問題，並照顧了社會弱勢族群，實施迄今已17年，是一項成功的公共政策。從89年（2000年）8月3日迄我們（2013第2案）前，一般替代役已徵集127梯次，計有22萬餘名役男分發到警政署等28個需用機關，服警察、消防、社福、教育、醫療、環保、文化、外交、體育、司法行政、土地測量、經濟安全、公共行政、觀光服務、農業服務等15種役別輔助性工作。另於97年修正「替代役實施條例」，增列實施研發替代役制度，以延續既有的「國防工業訓儲制度」；102年修正「替代役實施條例」，再增列「產業訓儲替代役制度。」

依兵役法第25條第3項規定：「停止徵集服常備兵役現一年次前之役齡男子，未經徵集或補行徵集服役者，應服替代役，爲期1年。」次依100年12月30日國防部會銜內政部公告：「83年1月1日以後出生之役男自102年1月1日起，未經徵集或補行徵集服役者，應服替代役，爲期1年。」另依行政院核定的「募兵制實施計畫」，原預計103年起停止徵集常備兵入營服役，82年12月31日以前出生役男均轉服替代役，將役男人力資源運用到政府各項公共服務與社會服務工作，以提升政府社會服務效能。募兵制是國家兵役制度的重大變革，在兵役制度轉型期間，「替代役制度」則爲募兵制推動重要配套之一，扮演兵役制度公平及部隊戰力維持的重要橋梁，以成功協助兵役制度轉型。

作爲協助兵役制度轉型「重要橋梁」的替代役，一旦募兵制順利施行後，是否仍有替代役「協助」的空間時，內政部次長林慈玲在我主持的約詢會議上這樣回應：

募兵制的規劃是83年次以後役男服軍事訓練4個月，82年次以前役男轉服替代役，82年次以前役男約22萬人，募兵制推動展延2年後，105年時仍有約11萬82年次以前的役男未服兵役，若國防部105年以後不徵兵，11萬的役男仍應轉服替代役，約108、109年完成服役。另外83年次以後的役男4個月軍事訓練，是否再實施替代役制度，國防部是否需要那麼多4個月軍事訓練的役男？若不需要，則人力資源如何調配？是否部分轉服替代役？尚待與國防部進一步協調。此外，83年次以後宗教因素及弱勢族群之役男，已報行政院核定改服4個月替代役。

5、2016的募兵時刻

2013年8月22日，在我主持的諮詢會上，時任淡江大學國際事務與戰略研究所助理教授、現任國安會副祕書長陳文政表示：「國防部爲貫徹募兵政策，可能會採取降低門檻、提高女性入伍比例，另外趁還有義務役士兵在軍中服役，希望多留一些人到志願役。國防部會想辦法撐到105年，眞正兵役制度破產會在105之後……爲何我判斷募兵制會在105年破產呢？基本上，……國防部可利用103年對義務役士兵操一點，提高轉服志願役人數，簽服役4年，第4年後每個人都不留營，因爲沒有義務役士兵了，沒人簽志願役，105年問

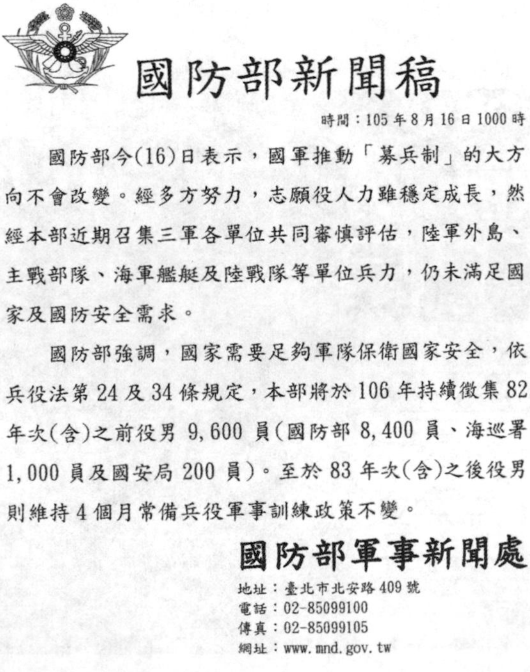

國防部新聞稿

時間：105年8月16日1000時

國防部今(16)日表示，國軍推動「募兵制」的大方向不會改變。經多方努力，志願役人力雖穩定成長，然經本部近期召集三軍各單位共同審慎評估，陸軍外島、主戰部隊、海軍艦艇及陸戰隊等單位兵力，仍未滿足國家及國防安全需求。

國防部強調，國家需要足夠軍隊保衛國家安全，依兵役法第24及34條規定，本部將於106年持續徵集82年次(含)之前役男9,600員(國防部8,400員、海巡署1,000員及國安局200員)。至於83年次(含)之後役男則維持4個月常備兵役軍事訓練政策不變。

國防部軍事新聞處

地址：臺北市北安路409號
電話：02-85099100
傳真：02-85099105
網址：www.mnd.gov.tw

題就會出現，發現兵源補不進來。」因此，陳文政說：「募兵制執行的停損點如果不是102年下半年，就沒有機會了。」

在這個認知上，陳文政頗有先見之明，且幾乎和國防部互通聲氣，內外呼應，因為國防部正巧於102年8月底向總統主持的軍事會談，報告「募兵制實施計畫」將延長2年至105年底完成，並於同年9月12日與13日兩次以記者會方式正式對外宣布。

依內政部所列管的103年至108年82年次以前可徵集役男約有22萬人，如展延募兵完成實施，105年時仍約有11萬82年次以前可徵集役男，但其服役人數將逐年遞減（如下頁表）：

在我主持的約詢會上，面對82年次以前出生役男何時可徵集完成，如果國防部推動募兵制展延2年後仍募不到足夠的兵源，將

A1 要聞　中華民國105年8月14日／星期日　農曆丙申年七月十二

中國時報

全募兵制 3度跳票

82年次前役男 明年得當兵

呂昭隆／台北報導

全募兵制確定將3度跳票，軍方將領表示，在考量戰鬥部隊兵源與諸多因素下，將續徵義務役役男入伍，並確定明年將續徵82年次以前出生的部分役男入營服役。至於83年次以後出生的役男，接受4個月常備兵役軍事訓練不變。

對此，國防部昨天表示，針對82年次以前出生的役男，原應服1年義務役或替代役的服役問題，目前尚在做最後階段評估，決定後將立即向大眾說明。國防部強調，83年次以後的役男，依兵役制度服4個月軍事訓練役或替代役的既有政策不會改變，也沒有所謂跳票的問題。

83年次 4個月訓練不變

據了解，蔡英文總統相當重視兵役問題，甫上任即召集國防部高階將領與行政院相關部會首長開會研討。

據透露，馬政府任內曾規畫將現有兵力21.5萬人精簡至18萬餘人，唯國防部目前不考慮裁軍，在募兵兵源不足情況下，只得續徵義務役役男。

據了解，目前尚未被徵調的82年次以前出生的1年役期役男，還有約9萬餘人。事實上，82年次以前出生的役男，幾乎已被當提款機用來應急，錢不夠，就提款來花。本來總數約11萬人，但今年已先用掉2萬餘人。所以，有人就比喻，82年次前役男被當成蓄水水庫，當兩旁溪的水不夠，就會開閘放水調節一下。

國軍全募兵制本預定103年實施，由於募兵情況不理想，前國防部長嚴明決定延後2年，改為105年施行，讓本來全需轉服替代役的82年次役男仍須服義務役，這是募兵制第一次跳票。去年前國防部長高廣圻任內再延1年，則是第二次跳票。

小英說帖 師法美國民兵

據了解，新政府一直重視募兵問題與困境，不敢輕忽。事實上，蔡英文於去年93軍人節前夕，即以總統候選人身分提出改良式募兵制度，共有8頁方案。這份募兵制改良方案，最後修訂6版，較新的想法包括引進志願役後備制度，讓志願的軍士官，組成地區後備部隊，每2周入營2天，還給薪水，有如美國的國民兵部隊。

英美經驗 轉型約需7年

另一個新想法，是讓83年次以後的役男接受4個月軍事訓練後下部隊。以目前的作法來看，是役男不下部隊，而民進黨方案則是讓役男新訓結束後隨即下部隊，減輕部隊的人力負擔。唯相關方案是否執行，軍方並未做進一步說明。

軍方人士說，參酌美、英等國轉型募兵制的期程，約需7、8年才能成功，國軍至今推動4年餘，因此，再續徵義務役並無所謂跳票的問題，所以外界無論是怪馬政府或新政府跳票，都解決不了問題。

責任副總編輯／陳敏郎　編輯／陳怡妏

全募兵制兵源不足，明年幾乎已確定要續徵義務役男入營。圖為陸軍部隊演習畫面。（本報資料照片）

如何面對此問題時，時任內政部役政署署長林國演表示：

國防部推動募兵制展延2年，如果105年以後不再展延徵兵，82年次以前出生未服兵役還有11萬人，都會徵集爲替代役，11萬人會分配在105、106、107、108年服役，但服役人數會逐年遞減，依資料顯示，82年次以前出生役男至107年將有約1萬7000人未服役，108年將剩約7000至8000人未服役。國防部如果到時眞的募不到兵，加上82年次以前出生的役男未服役者都徵集完成，就要考慮徵兵，依兵役法34條規定，由國防部會同內政部檢討兵額及兵源狀況，於1年前陳報行政院並送立法院查照後公告，可恢復徵兵。

馬英九在2016年5月20日卸任總統職

內政部列管103至108年82年次前可徵人數預判表

項目／年度	常備役體位可徵人數	說明
103	83,096	1. 超溢人數計算以納入修正體位區分標準及放寬（家因補充兵、出境就學）等配套措施。 2. 不含替代役體位人數。
104	76,203	
105	49,859	
106	30,416	
107	17,097	
108	7,629	
備考	本表未來將隨各項因素滾動修正。	

資料來源及時間：內政部，102年12月

務，2015年10月出版的NDR是馬總統8年任期內的最後一本，在第二篇第四章第二節周延兵役轉型內寫道：「民國103年國軍各班隊招募目標數爲1萬6069員，獲得數1萬9355員，達成率爲120．5%，其中志願士兵招募1萬5024員，達成率爲142．3%，……在延續103年招募成效下，104年志願士兵招募目標爲1萬4000員，迄8月底止，已獲得1萬1901員，國軍將持續健全各項配套措施，期能達成104年及105年招募目標。」

從這具體的記載中，可看出募兵是馬英九在2008年及2012年競選總統的一項有力政見，卻也成爲馬總統執政8年，特別是卸任前心中揮之不去的一項懸念，以及念茲在茲尚未完成的一項志業。

開20年來台灣國防組織變革風氣之先的劉和謙曾說：「在美國把徵兵改成募兵，事前一定經過審慎規劃……，不是一句話，至少五年」；力推國防二法將台灣國防引導走上現代化軌道的唐飛也說：「現代國防，募兵勢必要走，現在是要克服困難，努力推動，找個停損點來評估6年能否完成。」從陳水扁政府「2005役改方案」起至今（2016年），已超過11年；從馬英九政府募兵規劃準備階段（2008年）起至今，也有8年；從2012年1月「募兵制實施計畫」起至今，則將近4年；不管是經過11年、8年或4年，也不管經過1千多個日子或3千多個日子，民進黨與國民黨的總統參選人與當選人，該兩政黨的立法委員，都曾先後或同時參與募兵制的催生、推動與落實的過程，其後再經過馬政府的兩年展延，到105

年底，亦即2016年底，即將迎來政府遷台以後前所未見的募兵時刻。

基本上，2016的募兵時刻不會走向「破產」，因為如果因少子化或財政因素，致招募成效不彰，兵源不足，影響戰力時，政府可採取如內政部役政署林國演署長所說，依兵役法34條規定，於1年前陳報行政院核定並送立法院查照後公告，可恢復徵兵；或採取如霍守業所說，「那只有一個方法，就是繼續縮減部隊規模；」亦即嚴明部長一度提出的勇固案，也可稱為精粹案第二階段。

但2016的募兵時刻並非為「破產」而生，也非純為募兵而募兵，或純為裁軍而裁軍，而是要在21世紀新的軍事事務革新的趨勢下，在兩岸軍事實力愈來愈不利的背景下，為了能夠確保國家的生存與安全，所要建立的一支量少、質精，「小而強」、「小而巧」的專業化、現代化精銳部隊。

這樣的精銳國軍必然是一支訓練有素、紀律嚴明，「嚇不了、咬不住、吞不下、打不碎」的勁旅，一面固然要擁有基本戰力與決勝戰力所應有的現代武器裝備，一面也應同時培養並提升包括將領人格、軍中風氣、精神戰力、國民意志等無形戰力；除此之外，政治領袖更應提出願景，引領國家方向，讓已經國家化的軍隊知道為何而戰、為誰而戰。2016的募兵時刻，真正的挑戰不僅僅在募兵「量」的目標可以達成，也應包括在「質」的目標可以達成，這才是2016募兵時刻的意義與價值所在。

一個大哉問：2016的募兵時刻能同時達成這樣的目標嗎？

6、後記

蔡英文總統於2016年5月20日，宣誓就任中華民國第14任總統；約3個月後，於同年8月16日，國防部發布新聞稿表示：國軍推動募兵制的大方向不會改變。經多方努力，志願役人力雖穩定成長，然經本部近期召集三軍各單位共同審慎評估，陸軍外島、主戰部隊、海軍艦艇及陸戰隊等單位兵力，仍未滿足國家及國防安全需求。國防部強調，國家需要足夠軍隊保衛國家安全，依兵役法第24及34條規定，本部將於106年持續徵集82年次（含）之前役男9600員（國防部8400員、海巡署1000員及國安局200員）。至於83年次（含）之後役男則維持4個月常備兵役軍事訓練政策不變。

2016年8月16日國防部新聞稿的最大用意，便是宣告將募兵完成的期程，從原訂105年底，延長一年到106年底。2016年12月22日，現任國防部長馮世寬應邀到立法院外交及國防委員會，就「民國107年國防部停止徵集義務役役男及實質達成募兵制目標之相關規劃、執行進程」作專案報告，馮部長表示：「107年將不再徵集82年次以前役男入營服役，至於83年次以後役男則維持4個月常備兵役軍事訓練政策不變，本部將強化招募及留營作爲，並持續推動各項配套措施，俾利募兵制政策目標達成。」

馮部長的這項宣布將2016的募兵時刻，正式展延到2017的募兵時刻，並預定於2018年1月10日全面實施，同樣的大哉問依然存在：2017年的募兵時刻能同時達成這樣的目標嗎？

第六章

國防的鬆綁

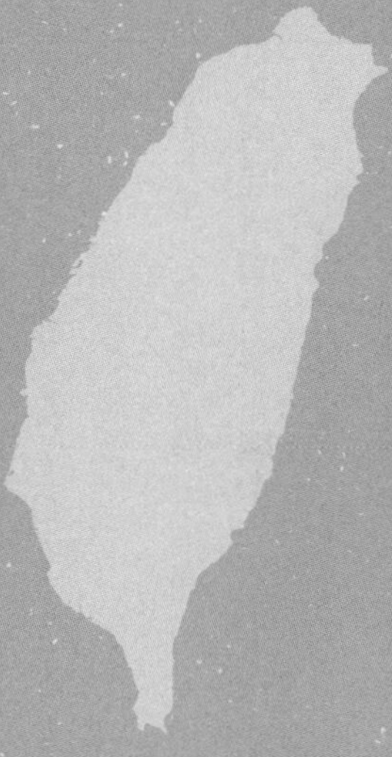

1、鬆綁的蠕動

國防戰略的變革，影響國防預算所占的比重；國防預算的逐年遞減，影響國防的逐步裁軍，而裁軍的結果，又導致軍方堅硬的用地政策，基於經濟發展、地方需求以及人民權益的考量，從蠕動中逐步走向鬆綁。我在第三任立委期間（1993年2月～1996年1月），爲軍方這個「蠕動」鏟出第一步。

1994年版的NDR在第五篇國民與國軍、第一章處理軍民土地糾紛，以專章共五節的方式，介紹「軍民土地糾紛」，這是13本NDR中唯一的一次。依1994年NDR所載，「國軍列管之土地截今爲止共計3萬7444公頃，其中營產有3萬1574公頃，占85%；非營產爲5870公頃，占15%。營產部分之獲得，係光復時接收日軍移交，或爲任務需要，依法撥用與徵購所得。非營產部分，分別爲使用公地2984公頃、國營事業單位土地466公頃、民地676公頃、其他未登錄與無主土地1744公頃，由於該等土地早年未完成法定手續，以致軍民土地糾紛時有所聞。」

這些15%的非營產土地，可分爲四大類型：一，占用公地（含校地）；二，占用國營事業用地；三，占、租、借民地；四，無主土地。這些土地可說是早年在威權體制和軍隊尙未國家化的時代背景下所衍生出來的結構性問題，具有全國性的普遍特質；另外，在戒嚴體制下，早年常以軍事用途爲理由，對不少地區的土地採禁建、限建政策，造成人民生活不便，更徒增怨言與糾紛。作爲時任台北縣（現新北市）的立法委員，我體認到由於台北縣扮演衛戍角色，軍事用地和營區的數目，遠比其他縣市爲多，這使得台北縣和一水之隔的台北市，除了在財稅和預算呈現天壤之別外，更因爲土地未能充分開發利用，或因軍事管制而限建、禁建，以致三百餘萬縣民無法擁有合理的生活空間，生活品質大受影響；部分學校更因受到軍營影響，幾無教學品質可言。因此，我矢志要讓這種現象有所改變。

１９９３年４月初，我正式接下土城市頂埔國小的案子。頂埔國小受到腹地影響，校內沒有操場，１５００多位學童每逢體育課和課外活動時，便出現人擠人的場面。雖然校方很用心地規劃，將各建築物地樓頂變更作運動場所，但所能使用的項目仍然有限，絕大多數的學童都是「一顆躲避球玩六年」。爲讓小朋友健全發展，校方和家長會歷經十餘年的爭取，盼望毗鄰其旁的陸軍運輸兵學校能依都市計畫，撥用營區土地給校方，卻一直不得其門而入。十餘年來受當地民眾請託的民意代表，也紛紛打退堂鼓。由於問題長期不能解決，頂埔地區居民積怨日深，對軍方存在著敵視的態度，我加入爭取的行列之後，將這股敵視的力量轉化爲向心力和持續力。在我帶領下，居民以理性而堅定的訴求，赴立法院向當時的國防部長孫震陳情。

在地方力量凝聚、要求合理、行動持續及孫震部長的支持下，頂埔國小爭取土地案，我六度提出質詢，四度參與協調，並偕國防部、陸總部官員實地會勘，終於在１９９４年５月29

日，解決了長達15年來無法處理的問題，校方以無償撥用的方式，取得了軍方土地。

頂埔國小爭取校地案的解決，不僅為地方懸案劃下完美的句點，更因為這一先例，讓軍方對民眾緊閉的門，自此蠕動、打開了，使得台北縣許多待解決的軍民土地案，有例可循。

其後汐止鎮保長國小、萬里鄉野柳國小，甚至連李登輝總統故鄉的三芝鄉興華國小，這些學校與軍方的土地之爭，都在我出面協調下，循例獲得圓滿解決。由於陳情的學校甚多，最大的一次協調會，我曾安排七個學校同時與會。

另一方面，我還協助鄉鎮市公所向軍方爭取撥用土地，或協調軍方撤銷撥用，或將原屬地方政府的土地，早期為配合國防任務和戰備需求，現已銳減國防用途，且妨礙地方建設者，予以歸還或釋出，供地方建設學校、停車場和老人安養中心等公共設施。兩年多的打拚，我協調憲兵學校釋地配合五股成泰路拓寬、憲訓中心配合打通林口文化二路；樹林鎮樹林營區配合擴寬樹新路。這些地方長久以來的「交通之癌」，都因我的介入協調，而得到根除。

全台北縣最大的新莊綜合運動場，因我的臨門一腳，以無償方式向軍方取得用地；鶯歌力行營區同意釋出，使鶯歌鎮唯一的高職得以如期籌設；泰山鄉憲訓靶場允諾遷移或改為室內靶場，使附近居民住家及黎明工專學校師生上課得以安寧；退輔會願分期將座落在三峽鎮白雞段未使用的二十餘公頃反共義士山莊土地還給三峽鎮公所，供興建學校和安養中心；軍方願意協助土城市埤塘里彈藥庫庫區內居民裝自來水，從寬認定房屋就地整建標準，並主動幫助禁、限建範圍內住戶減免稅事宜。中和市灰磘里中坑彈藥庫庫區民眾除了上述從寬認定標準和減免

非必要軍管土地 政院宜速開放

立委黃煌雄要求基於新國土規劃及全盤考量 解除限建

【北縣】台北縣有一千多公頃非必要軍事管制限制土地，長期未能有效利用，北縣新科立委黃煌雄昨天向立法院報到首日向行政院質詢，要求基於新的國土規劃及全盤考量，應儘速開放，供作國宅及休閒設施之用，以提昇縣民生活品質。

黃煌雄指出，台灣已處於關鍵性轉變的時代，必須因應時勢，儘速結束非常時期體制與法令，並將台灣當作常態性社會來規劃。就國防問題而言，前國防部長宋長志清楚表示我國的國防政策在戰略指導方面是「戰略守勢」，此一指導原則至今並無太大改變。

黃煌雄說，他所主張的國防理念，是如何有效使用有限資源，並根據戰略新情勢重訂國防政策，國民對國防政策分擔，必須有一定程度的合理性，不能假借安全的必要，使寶貴資源因分配使用不當而被浪費，或讓國民無端承受不合理的國防負擔。

他表示，以其參選所在的台北縣為例，北縣因體制之故，與台北市雖僅一水之隔，卻使縣民淪為二等國民。非但在財稅和地方政府預算受到不合理的待遇，更因土地未能充分開發、利用，或被以軍事管制為由而限建、禁建，致四百餘萬縣民無法擁有合理分配的生活空間，生活品質大受影響。譬如說，目前台北縣除了因都市計畫管制的近萬公頃土地未開發，尚有中和、土城、清水交界一帶，八里雷公山要塞（林口觀音山公園）、新店安坑車子路、新店頂城下城農業區、三峽至大溪二崎油庫腹地、林口擬作藏台的特定區，及三芝、淡水交界等數處多達上千公頃土地，因軍事用地限制而無法充分開發利用者，此與當前的戰略新情勢，及政府所謂的「守勢國防」，顯有悖離之處，也就是說，上述軍事管制區已有多處不再有非繩子管制的必要性，對台北縣民承受的負擔而言，更是不公。

台北縣隨著北二高的完成，及捷運系統等重大建設的推動，勢將帶來相當的人口成長，土地的需求和生活空間的擴張，對縣民已有其迫切性。故他籲請國防部基於新的國土規劃全盤考量，儘速開放台北縣千餘公頃非必要軍事管制限建土地，使充分利用作為興建國宅及休閒設施，以提升台北縣民之生活品質，並達到地盡其利目標。

82.2.2. 民眾日報

泰山靶場 林口營區 地方發展之瘤

泰山鄉長促以地易地 林口鄉長請軍方早日撥地 立委答應積極促成

84.1.13

（記者黃霖燦泰山林口報導）為解除憲兵泰山靶場及國防部心戰總隊林口營區對地方發展所造成的影響，立委黃煌雄昨日邀軍方官員與地方人士先後會勘兩處現場。林口鄉長蔡宗一建請軍方早日撥地協助道路開闢；泰山鄉長黃中興則希望以地易地，讓現有靶場成為黎明工專校園，促使該校順利升格為學院。軍方表示，只要上級核准，隨時可以配合。

黃煌雄立委與國防部官員一行下午二時抵達位於林口鄉的心戰總隊，鄉長蔡宗一表示，林口鄉最重要的一之三號計畫道路因為中間約六百公尺長的用地屬於心戰總隊，而遲遲無法打通，使得替代的中正路成為全鄉堵車最嚴重的交通瓶頸，也阻礙了地方的發展。

心戰總隊副總隊長王天佑表示，撥用土地是既定政策，只要相關手續完成，隨時可以配合動工。

不過，蔡鄉長認為軍方公文作業實在太慢，希望能加速流程，讓鄉所在今年二月九日發放補償費給軍方，立即可以象徵性地開工。

黃煌雄立委答應再替林口鄉爭取，隨後轉往泰山靶場會勘，憲兵司令曹文生中將親自到現場陪同。鄉長黃中興、黎明工專校長黃廷合及多位關心靶場去留的村長、鄉代，也到場表達關切之意。

雖然另外一位立委李顯榮已於日前和曹司令達成改為室內手槍靶場的協議，但地方人士認為，既然要改為室內靶場，不如由地方提供另一塊土地交換，讓現有靶場成為黎明工專校園的一部份，以符合升格為學院的條件。

黃立委認為地方人士的建議不無道理，乃答應近日再邀集軍方相關單位協商，促成此事。

84.1.13 台灣時報

△立委黃煌雄昨日與憲兵司令部官員會勘泰山靶場。（記者黃霖燦攝）

頂埔國小索回校地 贏得掌聲

校方舉行別開生面感恩會 軍方在操場擺滿花圈 邱重賢校長感激落淚

83.5.30. 中國時報

【土城訊】台北縣土城市頂埔國小二十九日舉辦一場別開生面的校地撥補感恩會，當身穿戎裝陸軍後勤學校校長何濟模少將，象徵性的將校地交還給頂埔國小校長邱重賢時，現場響起熱烈、激動的掌聲，此時心中無限感慨的邱重賢已熱淚盈眶，一度激動的無法言語！

頂埔國小與陸軍後勤學校的校地爭奪戰，源自民國六十八年，土城市頂埔區都市計劃將頂埔大段、及溪頭小段等一六、二八八平方公尺土地，劃為學校用地，以因應頂埔國小人數不斷增加、教學空間卻有限的窘境。

但已長期使用該塊校地的陸軍後勤學校（原陸軍運輸兵學校，由於國軍整編，今年元月甫更名為後勤學校），基於各種因素考量，一直無法配合撥還學校用地，致頂埔國小與運輸兵學校展開長達十餘年校地爭奪戰，經立委黃煌雄、縣議員盧嘉辰、及地方人士長期抗爭，今年終於達成撥地協議。

[illegible]學校除了慶祝校地順利撥還，昨天除了舉辦社區聯合運動會，也舉辦校地撥補感恩會。交接儀式後，由邱重賢、何濟模、立委黃煌雄、縣議員盧嘉辰、呂進福、頂埔國小家長會長廖三旗、及社區民眾、家長數十人，率同全校學生，在雨中沿著交接的校地巡禮一週。何濟模少將為表示對校地交接儀式的重視，在操場四週並擺滿花圈，與會家長對軍方的配合表示感激。

校園巡禮後，由頂福里與沛陂里民眾組成的拔河隊相互角逐，兩隊盡情的較勁，如同兩校的校地爭奪戰，輸贏已不重要，重要的是贏得友誼，而所有家長與社區民眾，也不顧小雨打在臉上，在一旁激動的加油吶喊，將激奮的心情寫在臉上。拔河賽後，社區婦女土風舞表演、親子遊戲、及學童表演節目陸續登場，把現場稍嫌緊繃的氣氛緩和，也讓每位家長與學童親身感受校地收回的喜悅。

何濟模少將（左二）陪同巡禮校園（上），家長及社區民眾拔河助興（下）。（郭石城攝）

稅之外，更確認彈藥庫的紅線區管制範圍已大幅縮減。在永和市，軍管區司令部願意積極考慮撥用約五百坪土地，供永和市興建立體停車場。在新店市，國安局和國防部於我邀約的協調會中，確認新店安康段的紅線管制區已告解決，而且國防部管制單位也願意主動提供有關資料給稅捐單位，辦理減免稅賦。而金山鄉獅頭山風景區軍事管制的放鬆，也帶動了當地的觀光資源。

經過這些成功的案例，使我成了解決軍民土地糾紛的「正字標記」。其後我也促成位在宜蘭縣的北成營區遷建供羅東商業職業學校擴建使用；並協調國防部、農委會、中油公司解除或縮減對花蓮市美崙山土地的管制與使用，讓花蓮市民得以早日享用美崙山的自然美景，供健身、休憩之用。我在三年任內最後一件完成的協調案件，是有關「慈濟醫學院與國防部陸軍總司令部交換土地乙案」，達成協調會結論的時間是1996年1月24日，距離我第三任立委屆滿只剩約一個禮拜，這裡似乎可看出國防部在處理本案所展現的人間溫情。

從台北縣的頂埔國小案開始，到享有盛譽的佛教慈濟慈善事業基金會案告終，三年之內，我出面協調處理的大約有20餘件，平均約兩個月，即處理一件，這在以前幾乎是不可想像的破天荒紀錄。由於軍方的權威與堅硬，很少有人願意投入這項工作，即使投入，也不一定能得到解決。在這種背景下，經由我在國防問政上的努力與累積，並秉持堅定理性的原則，加上孫震、蔣仲苓兩位部長的支持，引導了軍方的發展，使軍方願意共同解決問題，因而多少改變了軍方的形象，創造了雙贏。我也因此成爲40多年來，代表民意從軍方手中找回最多民間「失地」的立委[1]。

國防部同意退出校園
北縣四所小學 用地糾紛解決

立委黃煌雄今出面協調　截至中午　7所國小只剩3所問題未決

三峽忠孝山莊土地面臨被收回命運

地方人士盼重新規劃開發　退輔會未提出有利說明引起不滿

安康管制區縮小範圍

軍方建議減免居民稅金

中國時報

記者黃福其／板橋報導

台北縣有七所國小與軍方有用地糾紛，立委黃煌雄上午邀國防部等單位與校方在立法院協調，迄中午已順利解決土城市頂埔、三芝鄉興華、汐止鎮保長及萬里鄉野柳四所國小校地案。

上午參與協調的有國防部多位將官、國有財產局、台北縣政府以及七所國小校長、家長等人。這七所學校均因用地與軍方營區重疊，學校空間不足或危險教室無法改建。

上午首先討論頂埔國小校地。國防部表示已於昨天發出土地撥用同意函，預計一週內完成相關單位作業程序，頂埔國小可望在寒假前取回校地。

野柳國小目前有四間危險教室須立即拆除，軍方在校地上也有軍營。協調決定軍方在明年元月初提出營舍改建圖，由縣府代拆代建。

汐止保長國小是軍方租用縣有地，原則採代拆代建方式解決。

82.12.17. 联合晚報

遷移心戰總部、泰山靶場　軍方鬆口

國防部允諾　只要上級核定　隨時釋出現有用地

【鄭薫卿／林口】林口心戰總部與泰山靶場兩軍方土地，在地方造成土地發展阻礙，在地方民眾強烈要求軍方釋出土地之下，立委黃煌雄昨邀國防部官員到現場實地勘察，林口鄉長蔡家一等人請軍方撥地協助道路拓建，泰山黎明工專也盼撥地，以利升格為學院，軍方表示，只要上級核定各項計畫，一經指示，隨時可遷移動工。

延宕多年未遷移的林口心戰總部，使文化一路與中山路交叉口六百公尺處，由數十米寬的道路，銳減為區區數米狹路，形成交通瓶頸。

立委黃煌雄昨日下午二時，偕與多位國防部官員到義士村營區及心戰總部實地踏勘，鄉長蔡家一及公所秘書洪檀根也到場表達地方需求。

鄉長蔡家一表示，林口雖有新市鎮計畫，但遲遲無法發展的原因就是受阻於交通瓶頸，才無法吸引外地廠商到此投資，心戰總部副總隊長王天佑立刻表態指稱，撥用土地是既定政策，曾在一年前就標示好道路預定地，他們也與國防部總務作好配合準備，只要上級單位將土地撥用及財產清冊條指示，隨時可動工。

蔡家一對立委出面促成軍方釋出土地深表讚許，但認為軍方公文旅行牛步化，希望在二月九日，發給軍方補償費後即能先象徵性動工，俟設計發包後在四月間正式動工。

下午三時三十分左右，黃煌雄等人又轉往位於泰山鄉楓寶樹路、大科路與高速公路間的憲兵訓練靶場，憲兵司令曹文生、鄉長黃中興、黎明工專校長黃廷合與多位地方代表、村長均前往關切這座存在多年的靶場遷移問題。

到場代表、村長爭相指出，靶場因緊臨黎明工專和道路，憲兵訓練時的槍聲常影響學生上課安寧，過往人車更得時時擔心遭流彈擊傷，而隨意停放的憲兵車也造成道路狹隘更易塞車，使鄉民不滿靶場存在阻礙地方發展，極力爭取遷移。

雖然立委李顯榮曾出面協商獲憲兵司令曹文生同意將靶場改為室內的小型手槍靶場，但鄉長等人仍認為既是室內靶場，公所願提供土地，請軍方釋出該土地做為黎明工專校地，便利其升格為學院。

黃煌雄認為地方要求不無道理，既然公所願意提供土地另設室內靶場，不妨釋出土地讓工專升格，也可藉此留住地方人才，避免人口外流。但因軍方行事一向「慎重」，速度緩慢，黃煌雄允諾將在近期邀請軍方相關人士召開協調會，以利掌握進度。

84.1.13. 中央日報

非必要軍事管制區　立委盼開放利用

黃煌雄昨提出書面質詢　要求開放上千公頃限建土地興建國宅

【記者孫蓉華／板橋報導】二屆立法委員昨天上午才宣誓就職，台北縣立委黃煌雄即提出書面質詢表示，要求國防部儘速開放台北縣上千公頃的非必要軍事管制限建土地，供作興建國宅及休閒設施用，以提升台北縣民的生活品質。

黃煌雄在書面質詢稿中指出，他一向主張的國防理念，是如何有效使用有限的資源，並根據戰略新情勢重訂國防政策，國民對於國防資源的分擔，必須有一定程序的合理性，不能假藉安全的必要性，令寶貴的資源因分配或使用不當而被浪費，或讓國民無端承受不合理的國防負擔。以台北縣為例，即有千餘公頃的土地被以軍事管制理由禁建，以致縣民無法享有合理分配的生活空間。

黃煌雄表示，台北縣與北市雖僅有一水之隔，卻在財稅和地方政府預算上都受到不合理的待遇，加上土地未能充分開發利用，生活品質受到影響。台北縣的土地有近萬公頃受到都市計畫管制未開發，另有中和、土城清水交界處一帶，八里雷公山要塞、新店安坑車子路、新店頂城下城農業區、三峽至大溪二處油庫腹地、林口擬作電台的特定區、三芝、淡水交界處等都因軍事用地限制，無法充分開發利用，對台北縣民承受的負擔而言，更是不公平。

黃煌雄說，台北縣隨著北二高的完成及捷運系統等重大建設的推動，勢將帶來相當的人口成長，土地需求和生活空間的擴展，更有迫切必要性，所以籲請國防部基於新的國土規劃全盤考量，儘速開放千餘公頃非必要軍事管制限建土地。

82.2.2. 联合報

軍區佔地廣大　阻礙地方發展

立委黃煌雄質詢新任行政院長　要求重新檢討作調整

【北縣】民進黨立委黃煌雄昨天向甫獲立法院同意任命的行政院長連戰提出質詢，要求行政院重新檢討國防部目前在台北縣佔有軍事營區的必要性，以利台北縣都市基盤及公共設施不足、生活品質不良等問題的改善。

黃煌雄指出，過去因為特殊時代背景，政府基於國家安全所作的國防部署，隨著戒嚴體制及動員戡亂時期的廢除，已面臨因應時代的要求而作調整的必要。

黃煌雄說，他在參選二屆立委期間，發現台北縣因為毗鄰台北市，相對被帶動迅速發展。但台北縣雖有較廣的腹地，卻因軍事營區面積過於龐大等因素，使得台北縣面對公共設施不足或品質不良，可發展地面臨發展壓力等課題時，均無法與台北市相提並論。

經他調查，目前設立在台北縣的軍事單位，除了位於林口鄉心戰總隊及中和市的原警備總隊天山營區，不適於現階段國防戰略需要外，尚有許多鄉鎮市中的營區，嚴重阻礙地方建設的推展，和限制居民生活空間的拓展，有必要重新檢討。黃煌雄歸納以下四類：

(1)軍事營區佔有地本身面積過大，再加上營區延伸之紅線區管制土地開發範圍太廣，使鄉、鎮、市可發展地面臨發展壓力者。

(2)軍事營區位於都市計畫範圍內，但軍方不擬遷移，有礙地方建設發展或整體規劃者。

(3)軍事營區土地原為台北縣政府或地方公所撥用，軍事單位現已裁撤，但軍方仍無意歸還地方政府或縣政府使用者。

(4)營區位置對地方建設有立即性阻礙者。

黃煌雄表示，以上所舉的軍事營區佔地至少上千公頃，而且多位於已發展的鄉鎮市中，由於這些鄉鎮市因受限於軍事營區，故土地均過度使用，以至於造成人口密度過高、公共設施嚴重不足、交通日益壅塞和環境污染等問題，也就是說，這些營區顯已成為影響都市發展和縣民生活品質的最大障礙。

因此，他希望國防部遷移或縮小阻礙都市計畫的營區，裁撤不適於現階段國防戰略需求的軍事單位，並且歸還原為縣政府或鄉鎮市公所撥用作為營區的土地。

82.2.25. 民眾日報

2、裁軍進行中

我國具有現代意義的國防組織變革，是從20世紀90年代開始。所謂組織變革，就是組織簡併或組織減肥，包括裁減兵員，也就是一般通俗意義上的所謂裁軍。

從1993年8月的十年兵力案起，一直到2014年11月的精粹案止，20餘年間，組織變革一直持續中，裁軍也一直進行中。1993年8月國軍總員額爲49萬8000餘員，十年兵力案第一階段完成時（1996年7月），裁軍4萬5000餘員，總員額剩45萬2000餘員；1997年7月精實案開始時，總員額爲45萬2000餘員，2001年7月精實案完成時，裁軍6萬7000餘員，總員額剩38萬5000餘員；2004年1月，精進案第一階段開始時，總員額爲38萬5000餘員，2005年7月精進案第一階段完成時，裁軍8萬9000餘員，總員額剩29萬6000餘員；2006年1月精進案第二階段開始時，總員額爲29萬6000餘員，2010年11月精進案第二階段完成時，裁軍2萬1000餘員，總員額剩27萬5000餘員；2011年1月精粹案開始時，總員額爲27萬5000餘員，2014年11月精粹案完成時，裁軍6萬員，總員額剩21萬5000餘員。從1993年到2014年，兵力總員額從49萬8000餘員減到21萬5000餘員，裁軍28萬3000餘員，20餘年間，裁軍一半以上，這是政府到台灣以後前所未有的裁軍浪潮。

隨著空前的裁軍進行中，原本軍方列管的土地不少處於閒置狀態、甚至荒廢狀態，其中一些閒置彈藥庫更相繼發生爆炸事件，傷及人命，嚴重損及政府形象，因此要求軍方將所列管的土地予以鬆綁的呼聲乃愈高漲，在這種背景下，爲兼顧國家安全、地方建設與民生需求的平衡發展，政府乃全面主動檢討國軍列管土地的整體運用效益問題。

3、鬆綁進行中

２０１３年10月，我爲了關切軍方所列管土地的活用情形，就「國防部閒置空間現狀，規劃運用及國家政策與地方發展需求連結」議題立案調查，並於２０１４年7月初，在我卸任第四屆監委前不到一個月，提出１００多頁的調查報告（下稱２０１４國防土地案）。

２００２年3月1日國防二法正式施行，２００３年1月22日公布國防部軍備局組織條例，其中第6條規定：「國防部及所屬機關、學校、部隊使用之公有不動產，以軍備局爲管理機關。」新成立的軍備局負責國軍營產管理工作。

21世紀初，隨著精實案已完成，精進案第一階段與第二階段又相繼實施之際，國防部呈現出一面裁軍進行中、一面所列管土地也鬆綁進行中的平行現象。這種平行現象是第一次政黨輪替的陳水扁政府所確立，也爲第二次政黨輪替的馬英九政府所延續。

２００４年7月8日，國防部依「國軍土地整體運用規劃構想」的政策指導，令頒「國軍土地整體運用規劃發展指導計畫」，執行構想包括：

（1）區分營地檢討歸併、訓練場地整體規劃及調整軍事禁限建範圍等三個面向，務實檢討國軍土地整體運用效益，釋出可運用之土地，使國土資源能夠獲得充分開發運用，提升國家整體競爭力。

（2）按小營區併入大營區、市區遷往郊區原則，檢討不適用或無運用計畫之營地。

（3）可標售之營地，呈報行政院核定納入營改基金運用。

2005年6月10日，國防部令頒「國軍不適用營（區）地處理計畫」，明確律定國軍列管不適用營地處理單位權責及期程，並依近、中、遠程5年三階段規劃（94～98年），管制土地釋出或移交國產署統一處理。

2006年7月25日，國防部令頒「國軍營產管理各項作業流程」；同年12月11日，國防部令頒「國軍營地釋出處理原則」，其釋出原則爲：

（1）正常使用之營地，以不釋出爲原則，除國家重大建設需使用之營地，應以另覓土地安置、代拆代建、先建後遷之方式辦理。

（2）屬5年三階段計畫釋出之營地，因新一代兵力、彈庫遷移及職務宿舍興建需要，需再次詳實檢討。

（3）現況空置及配合兵力精簡、部隊駐地調整，經各單位檢討確無運用計畫之營地，依規定移交國產署接管處理。

馬英九執政期間，延續此一鬆綁進行中的政策，在其8年任內的4本NDR，大多以章之下的節，節之下的其中一項：「持續營地釋出、活化國土利用」，來延續此一政策。隨著精粹案的實施，爲了有效的推動，馬政府任內也出台一些具體的執行計畫。

2008年8月21日，國防部令頒「國軍營地移管及釋出審查作業規定」，並納編相關業管成立國軍營地移管及釋出審查政策（工作）小組，其審查機制如下：

（1）政策小組（2公頃以上土地）由副部長及各軍種副司令與各聯參局、司、次長編成（共15位委員）。

（2）工作小組由業管常務次長及各軍種參謀長與各聯參業管處長編成（共15位委員），辦理營地移管及釋出案件各協調處理作業及實施初審。

2009年11月19日，國防部令頒「國軍100～103年兵力駐地、訓練場地調整指導綱要計畫」；2011年3月21日，國防部令頒「國防部100～103年度營產管理指導綱要計畫」，其指導原則包括：

（1）駐地調整指導：

・優先滿足作訓及戰備需求，並全力支持國家整體經濟產業及地方發展。

・正常使用營地，以不釋出爲原則。

・配合國家重大建設，必須騰空遷讓者以代建代拆、先建後遷方式辦理。

・經檢討確無運用計畫者，依規定移交國產署或提供各級政府公務撥用。

・在無妨礙戰訓任務原則前提下，國軍列管營地得依國軍列管國有不動產提供非軍方單位使用處理原則，提供政府機構或民間公益團體短期租、借用。

・營區檢討歸併：按小營區歸併大營區、市區遷往郊區原則辦理。

・積極配合政府災害防救作業，儘可能於各縣市選擇一至二處營舍成立災害發生時之安置營區，以即時安置居民。

（2）訓練場地調整指導：

・檢討現有訓場是否滿足各層級部隊訓練需求。

・妥愼規劃空置營區之運用，尤以具原始地貌之大型空置營區，可調整爲訓場運用。

・以地理環境及部隊駐地分布情形，訓場以靠近部隊駐地，儘可能遠離都會區，並以小訓場併大訓場原則，規劃開發適宜三軍通用的大型綜合訓練基地與海、空訓練場爲方向。

・爲強化後備部隊教召訓練，可調整規劃設置北、中、南教召訓練基地。

・基地朝營集訓場、作戰區朝連級專精管道訓場、聯兵旅朝班、排戰鬥教練訓場等方向規劃。

・對有爭議、但仍需使用者，以適法原則解決現存問題，以利訓場永續發展與運用。

為因應精粹案實施，明確律定國軍各級機關、部隊、學校等駐用營區調整政策指導、權責劃分及處理原則，國防部分別於100年（2011年）11月4日及11月30日完成訂頒「金門、馬祖地區土地整體運用規劃檢討」實施計畫；101年（2012年）2月10日令頒「五大都會區營地整體運用規劃檢討」執行計畫，據以檢討營地整體運用規劃。

102年（2013年）11月21日，為因應地方政府對軍方列管營（眷）地提出需求，國防部令頒「地方政府需用營（眷）地溝通平台作業機制」，編成「國軍營地與地方政府協談專案小組」，有效處理土地檢討作業。

依「2014國防土地案」的調查，國防部自2005年5年三階段全面檢討國軍土地起，至103年（2014年）4月止，有關國軍閒置營區（地）檢討調整情形簡圖如下：

儘管軍方已釋出不少閒置營（區）地，但仍有不少營（區）地處於閒置狀態，國防部並列管處理，其情形如下表：

所謂紅線區，即是指依紅線所劃定的區內土地，基於軍事用途，列屬禁建、限建範圍；紅線區的劃定，多與軍方或情治單位（包括國安局、軍情局）有關。由於長期戒嚴，紅線區幾乎變成一項禁區，地方政府及民眾對紅線區大多望而生畏，不敢置喙，不僅影響地方發展，也滋生民怨。隨著「鬆綁進行中」，自國防二法施行起，這些年來有些紅線區或解除了，或縮減禁建、限建的範圍，其統計表如下：

國軍閒置營區（地）檢討調整情形簡圖

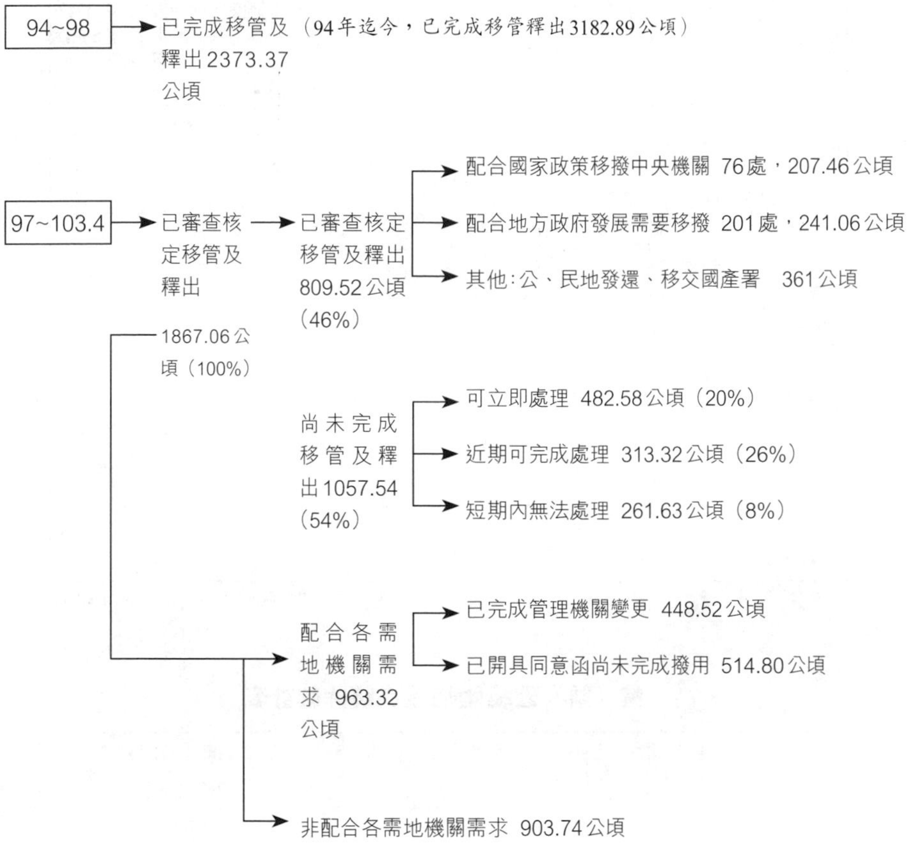
94~98
已完成移管及釋出2373.37公頃
（94年迄今，已完成移管釋出3182.89公頃）
97~103.4
已審查核定移管及釋出
1867.06公頃（100%）
已審查核定移管及釋出809.52公頃（46%）
配合國家政策移撥中央機關 76處，207.46公頃
配合地方政府發展需要移撥 201處，241.06公頃
其他:公、民地發還、移交國產署 361公頃
尚未完成移管及釋出1057.54（54%）
可立即處理 482.58公頃（20%）
近期可完成處理 313.32公頃（26%）
短期內無法處理 261.63公頃（8%）
配合各需地機關需求 963.32公頃
已完成管理機關變更 448.52公頃
已開具同意函尚未完成撥用 514.80公頃
非配合各需地機關需求 903.74公頃

國軍空置營區（地）列管處理情形表

審議情形	營區數	面積（公頃）	備考
已奉核定移管釋出尚未完成處理	98	184.36	
無運用計畫待審查核定	99	380.96	
總計	197 （185處+12處重複計列）	565.32	部分營區土地包含已奉准移管（釋出）及未奉准移管（釋出）情事，故重複計列12處。
類型	營區數	面積（公頃）	備考
列非公用財產移交國產署	112	341.49	
撥交（撤撥）地方政府或公務機關	52	91.99	
轉換國防資源列營改基金	18	85.05	
改列正常（調配）營區	1	10.03	
占用公、民地檢討辦理發還	48	36.76	
總計	231 （185處+46處重複計列）	565.32	1. 以上各分類包含已奉准或未奉准移管（釋出）土地。 2. 部分營區土地包含多種處理類型，故重複計列46處。

資料來源及時間:國防部，103年4月30日

禁（限）建範圍縮減或解除統計表

年度	案數	面積（公頃）
91	15	2,151.36
92	4	335.67
96	27	921.16
101	2	72.86
102	5	19,409.11
合計	53	22,890.16

資料來源及時間:國防部，自國防二法施行起至103年4月30日止

4、陸軍砲校模式

國防部的鬆綁進行中，雖化被動為主動，但在釋出營地與需地機關互動時，常出現延宕或不適應、不順暢的情況，10多年來，較受肯定的經典案例，只有陸軍砲校的遷建，這也是到目前為止，國防部與地方政府合作最具代表性的一個案例。

陸軍砲校現址位於台南湯山營區，面積約83公頃，為配合行政院93年間核定永康創意設計園區計畫開發，並解決砲彈射擊路徑跨越國道三號問題，規劃遷建至關廟基地。案經國防部與台南市政府多次協調溝通後，雙方於100年間達成以分期、分區開發模式執行（時任國防部長高華柱、台南市長賴清德）。第一期砲校先行釋出16公頃土地，提供市府辦理區段徵收，第二期俟關廟校區校舍興建完成後，再辦理校舍遷移。

據國防部歸納砲校遷建作業之原則及特性，為「分期釋地，納列基金」及「代拆代建，先建後遷」，其優點在於市府可先行啓動區段徵收作業，疏解市府代建工程所需龐大資金壓力；砲校土地納入營改基金，得款除可支應市府辦理遷建工程所需，結餘款並可挹注基金，達成雙贏目標；且該案涉及都市計畫變更、土地開發審議、水保環評計畫擬定、土地徵收作業、工程規劃設計及施工等，牽涉法令規定繁雜，由市府全程承辦，全案得以順利執行。是以，近年來，國軍營區配合地方建設搬遷案件，均參考砲校搬遷案，再依實際狀況酌予調整。砲校搬遷案已爲國軍近年來大型營區搬遷最具代表性之案例。

我於「2014國防土地案」調查過程上，曾親到現地履勘，詢據台南市政府及國防部軍備局表示，砲校搬遷案係由軍方先提供部分土地供台南市政府納入區段徵收辦理，可紓解市府龐大資金壓力，再透過分期分區、代拆代建、先建後遷方式辦理營區遷建，不必找中繼營區，可順利推動。因此在該案調查意見第五點，我鄭重建議「國防部允應積極研議相關營區（地）釋出循砲校搬遷案辦理之可行性，並建立標準作業程序，俾供一體適用，以提升營區遷建之整體效能。」

附陸軍砲校遷建作業流程圖：

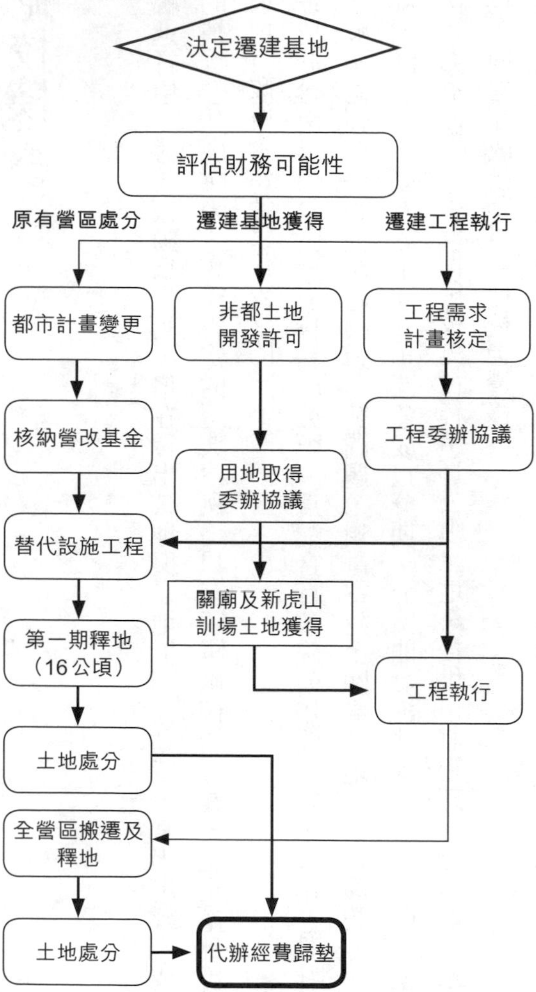

2016年4月17日／星期日
自由時報
焦點新聞 A2
縣市長頻爭軍地 挑戰小英統帥權
民進黨籍縣市首長動作最大
攸關作戰任務場域也被逼遷
現有營區須能容納徵召後備
台中 后里拆70營舍 提供花博用地
后里586旅
台中 坪林飛彈基地 地方堅決反對
坪林飛彈基地
澎湖 山水演訓區域 要求遠離民宅
山水演訓區域
台中
反對到底
高雄 205兵工廠遷建 被迫壓縮期程

中華民國105年10月17日／星期一
焦點新聞 A2
中國時報
http://www.chinatimes.com
屏東縣強索大武營區
國防部不從
呂昭隆／台北報導
屏東縣府片面要求陸軍空降訓練中心「大武營區」於今年底撤遷，由於雙方並無協議，屏縣府霸王硬上弓的強硬態度，令軍方相當不滿。一位軍方決策高層表示，屏東縣長潘孟安因競選壓力，無理提出年底遷出的要求，軍方不會退讓，將堅持按計畫於110年搬到新建的「大聖西營區」，才交出大武營區。
雙方協調 毫無共識
軍方堅持 110年交地
呂昭隆／特稿
不會忍
林和生／屏東報導
不動搖

5、馬奇諾防線

21世紀初，在國防領域內，有兩條平行線一直在同時進行著：一爲裁軍，一爲鬆綁。裁軍進行中與鬆綁進行中的平行畫面，也構成我國國防在21世紀最初10多年的一大特色。

國防部在本質上是保守的，在很長一段時間內，面對一些問題的反應，態度上也是被動的，但國防部對於已形成政策的決議事項，其落實與執行的態度卻是最徹底、也最踏實的。我在20世紀90年代，以立委身分協調處理軍民土地糾紛時，便一再向當時的孫震與蔣仲苓兩位部長表示：你們必須在政策上支持國防部有關同仁在面對軍民土地糾紛時，以務實的態度，依法從寬處理，否則，國防部同仁每次協調後回去報告，恐不免要遭「割地賠款」之譏，而難以爲繼。21世紀第一個十年到第二個十年之間，軍方對列管營（區）地所採的鬆綁政策，卻一改以前的風格，不僅是主動的，更是全面的。

國防部的鬆綁進行中，在機制與流程上，都是經過軍事會談；國防部內部更有相關的決策會議與令頒，並有明確的執行單位與執行期程。從陳水扁政府時期到馬英九政府時期，雖經過兩次政黨輪替，但鬆綁進行中卻一直是延續的共同政策。這些年實是國防部有史以來，最全面性且系統性釋出閒置營區（地）最多的階段，也是解除或縮減紅線區禁、限建範圍最多的階段。從2005年以來，至2014年4月，國防部已核定釋出3000多公頃，解除或縮減近、限建範圍2萬2000多公頃，這種數字與發展在以前幾乎是不敢想像的。

這些釋出的閒置營（區）地，均屬國家資源，本是爲配合國家建設、地方發展與人民需求而釋出，因此需地機關自應以珍惜的態度，掌握前所未有的契機，秉持合乎公平正義的原則，將國防部釋出的營（區）地，發揮到最大效益，而有助於增進人民的福祉以及國家的長治久安。

然而我在「2014國防土地案」履勘過程上，卻不時發現到令人憂心的現象，各級需地機關對於國防部已核定移管或釋出的土地，動輒規劃產業或生態等專區或廊帶，有華而不實、或有違公平正義原則，甚或基於選舉考量，潛存規劃說服力不足等情事；有些需地機關，特別是地方政府，有時更借助民粹「強索」軍地，或「挑戰統帥權」施壓（如附剪報）；而這些需地機關於土地取得後的開發期程、後續作爲、及有無濫用等情事，現行相關法令並無監督管控機制，僅能依賴各需地機關自行列管。因此國防部在辦理軍方土地移管或釋出過程上，固應按既定期程逐步推動，務求程序完備，善盡職責，但也應展現尊嚴，守住最後的馬奇諾防線。

依2013年6月提出的「我國都市計畫範圍不當擴張，造成國土資源不當開發，並扭曲社經資源不當配置」的調查報告，我指出：據內政部統計，（民國）100年底我國都市計畫人口數計2千5百11萬5千87人，惟現況人口數僅1千8百72萬8千3百26人，計畫人口超出現況人口達638萬人；倘再加計農業區變更後可容納人數，現行都市計畫區可容納總人口數接近4000萬人，將遠遠超過未來人口增加數（依經建會推估，台灣地區2018年人口數爲2335萬人，2022年人口數爲2345萬人，2025年人口數爲2357萬人），此皆顯示都市發展用地超量供給情況的嚴重，且有蔓延之勢。

基於這種理解，三軍統帥與國防部在鬆綁進行中，實應守住馬奇諾防線。國防部釋出營地目的在爲國家發展與地方繁榮添加薪火，而非爲都市計畫「添亂」。國防部在鬆綁進行中，固要配合政府的政策，嚴守有理、有節、有尊嚴的原則；但更要成爲國家發展的正能量，而不是「添亂」成爲負能量，這應當也是跨黨派的政治領袖應有的認知，並應共同予以支持維護。

1　爲方便瞭解與參考，謹檢附「黃煌雄於第三任立委期間（1993年2月～1996年1月）質詢及協調軍方用地紀要」，如【附錄三】；「找回最多『失地』的立委——黃煌雄」問政服務成績單，如【附錄三】；「台北縣土城鄉頂埔國小辦理學校預定地撥用大事記」，如【附錄四】。

第七章

眷村大熔爐

1、大熔爐

眷村所以能成為文化大熔爐的歷史場域，實與中國現代史的劇變有關。1946年春，國共內戰爆發；三大戰役之後，1949年1月，蔣中正引退；4月，中共揮軍渡江南下，南京失守；12月初，代理總統李宗仁飛往美國「治病」，1949年底，蔣中正率所剩部隊從大陸各地相繼撤退到台灣，台灣從而成為蔣中正失去大陸後最後一塊圖存之地。

依中央研究院民族學研究所研究員胡台麗的研究表示，從1940～1950年代，隨國民政府由中國大陸遷台的「外省人」，總共約有120餘萬人，其中約60萬為軍人。另據致力於眷村文化保存的新北市擎天協會張品理事研究，此段時期台灣人口數變化，戰亂時播遷來台的人口約為百萬餘人，當時全台人數為680餘萬人，新移民人口約占全台人口數的17.6%。再依1982年出版的1980年台閩地區戶口及住宅普查報告的統計，台灣全部統轄地區近1800萬人口中，籍貫登記為「外省」者有261萬5125人，占總人口的14.5%，其中包括當年遷台的60萬大軍中的存活者以及他們的配偶、子女。

這次政治性的人口大遷徙，成為台灣歷史上繼閩南、客家之後，渡海來台的第三批移民。1950年3月1日，蔣中正重行視事，再任總統，當時政府的首要任務，便是思考如何反攻大陸。在一切以反攻大陸為優先考量的前提下，為了安頓這些隨同政府渡海而來的軍人及眷屬以穩定軍心，政府便將他們集合群聚於一處，以最簡陋材料興建臨時性住所，形成以竹籬笆為建材的居住空間，從北到南，互相呼應，一體成形，這種竹籬笆住所因而成為眷村的符號。

居住在竹籬笆之內的軍人及眷屬，來自大陸不同省分、不同階層的人，其語言、風俗、習慣、穿著和飲食等各有不同，也各有其特性。

從辣子雞丁、燒餅油條、山東饅頭、東北酸菜白肉火鍋，到東坡肉、牛肉麵、餃子、麻辣鍋、包子、甜酒釀……眷村成為大陸大江南北家鄉菜的交流中心；過年時，眷村也成為最精彩的飲食舞台，廣東香腸、湖南臘肉、南京板鴨、金華火腿……都會在眷村院子裡隨風四溢；來自五湖四海的人，操著各異的鄉音，在眷村的竹籬笆內，歷經幾十載的相處與相容，其所形成的眷村文化，實為中華民族空前的文化大融合，涵融上百萬人共同的生活經驗與歷史記憶。

這種有如大熔爐的歷史場域，在古今中外歷史上實為罕見。

就學理而言，文化是指生物在其發展過程中逐步積累起來的跟自身生活相關的知識或經驗，是其適應自然或周圍環境的體現，也是其認識自身與其他生物的體現。不同的人對文化有不同的定義，廣義上的文化包括文字、語言、建築、飲食、工具、技能、知識、習俗、藝術等。

依據ICOMOS國際文化紀念物與歷史場域委員會（International Council on Monuments and Sites）2008年魁北克宣言，提出有形與無形文化遺產共同保存為場域精神的建議。因此，文化除了硬體建物外，也包含各種無形文化元素的記憶、口頭敘述、書面文件、儀式、慶典、傳統知識、價值、氣味等。對眷村文化的理解與保存，自也包括在聯合國教科文組織所指出的有形的硬體建物與無形的文化元素。

2、眷村的定義與發展

定義

國防部有關眷村改建出版過兩本代表性專書，第一本是94年（2005年）12月出版，書名爲《從竹籬笆到高樓大廈的故事——國軍眷村發展史》（下稱「《眷村發展史》」）[1]；第二本是105年（2016年）2月出版，書名爲《國軍眷村改建回顧與變遷：竹籬重生，樂活家園》（下稱「竹籬重生」）[2]。這兩本書出版的時間雖然相距十年以上，但對於眷村的定義基本上是一致的。

依《眷村發展史》一書所指的「眷村」，「專指國軍爲安定軍心、安頓眷屬所建造的群居聚落」，其定義及範圍如下：

一、眷區：

由軍方權責單位核定，於政府劃定地區，興建住所，配予官兵配偶或直系血親居住，並設有眷舍業務處理之管理機構負責管理者，此一地區即稱眷區。

二、民國78年6月26日國防部修正發布「國軍在台軍眷業務處理辦法」，其定義如下：

第94條：本辦法所稱眷舍，係指由公款所建，及產權屬於國（公）有，分由各軍種單位管理或指定其所屬單位代管者爲限。

三、民國86年1月22日國防部修正發布「國軍軍眷業務處理辦法」，其定義如下：

第13條：本辦法所稱眷舍，係指由公款所建，及產權屬於國（公）有者爲限。

四、民國85年2月5日總統令公布實施「國軍老舊眷村改建條例」，其定義如下：

第3條：本條例所稱國軍老舊眷村，係指於中華民國69年12月31日

（一）政府興建分配者。

（二）中華婦女反共聯合會捐款興建者。

（三）政府提供土地由眷戶自費興建者。

（四）其他經主管機關認定者。

本條例所稱的「原眷戶」，係指「領有主管或其所屬權責機關核發之國軍眷舍居住憑證或公文書之國軍老舊眷村住戶」。

李廣均教授在〈眷村的歷史形成〉一文中，將眷村定義爲「以第一代非台生軍人及其眷屬爲主的群居聚落，至少可以包含列管眷村與自立眷村兩種亞型」，上述國防部定義下的眷村，

即屬於「列管眷村」；而「自立眷村則是指涉存在於各級政府住宅體制（如國防部、省政府）之外，以第一代非台生軍人及其眷屬爲主的自發性群居聚落，他們有些是以違章建築的身分存在於台灣各地，有些出現在列管眷村內外或周邊（公地私建），有些則會夾雜部分私人擁有的合法建物與土地產權的民宅（自地自建）。」[3]此類「自力眷村」，國防部在2016年出版的「竹籬重生」一書內，仍表示「並未認定爲眷村」，只能稱爲「散居戶」。

發展

從1945到1996年，眷村的形成與發展，大致可分成四個階段。

一、老眷村時期（1945～1956年）

這個時期是以二次大戰結束至中華民國婦女聯合會（下稱婦聯會）發起籌建眷村運動的10年期間。此期的眷村有二種不同的來源：一是1945到1949年軍隊接收日軍遺留的宿舍作爲眷舍；二是1949年以後隨中央政府遷台後爲安置大量隨軍來台的眷屬所搭建的臨時性眷舍。

抗戰勝利至政府遷台前，來台接收日軍軍事要塞及城市的國軍部隊，因爲無緊迫戰備需要，多可從容攜眷來台，並接受日軍遺留下來的房舍，只要略加整修即可使用。例如高雄的誠正新村，即是孫立人將軍在鳳山開辦台灣軍官訓練班的陸軍眷村；台南水交社眷村原爲日本軍官宿舍，由空軍接收；再如新竹東光新村，也是此一階段接收日式宿舍所產生的眷村；這些日式房舍大都是木造平房，格局完整，多有完整的隔局規劃，餐廳、書房、廚房、衛浴等一應俱全，亦多有前庭後院的空間作爲休憩之用。由於這些宿舍原均爲日軍士官以上軍人及眷屬居住，人數又不多，因此與其他眷村房舍相比，堪稱是居住品質較佳的房舍。

1949年以後，爲安置隨政府遷台的60萬大軍及眷屬，在反攻大陸的思維指導下，大多採臨時性、克難式原則來設置眷村。各部隊或自行運用周邊空地，以簡陋材料搭建臨時住所；或利用營區四周土地由兵工直接興建房舍，最有名的案例便是四四兵工廠，以台北市信義路、忠孝東路、基隆路所圍起來的日軍倉庫，自行以「竹椽土瓦蓋頂，竹筋糊泥爲壁」，形成了四四南村，這也是國軍最早在台灣興建的眷村。這一類型的眷村，以竹籬笆爲代表，因陋就簡，每戶約6坪至10坪，前門挨著鄰居後門，巷道狹窄，沒有衛浴設備或廚房，眷戶必須共同使用公廁，在台灣各地大量出現，形成了雞犬相聞的生活空間，因此這一老眷村時期，也被稱爲眞正的竹籬笆眷村時期。

二、新眷村時期（1957～1980年）

1956年6月，在婦聯會成立6週年的紀念會上，時任婦聯會主任委員蔣宋美齡提出「爲軍眷籌建住宅」構想，由婦聯會發起「民間捐建」、「軍眷住宅籌建運動」，其後，婦聯會邀集國防部組成「軍眷住宅籌建委員會」，由蔣宋美齡主持「籌建委員會」，審計部、國防部、中國國民黨中央黨部、台灣省政府共同組成「眷宅督工小組」，直接推動相關事宜。

捐款來自包括工商界捐款、外賓捐款、工業外匯附勸捐款、影劇票券附加捐、省市進出口公會附勸捐等，即當年所謂的「勞軍捐」。另一經費來源是政府年度編列預算，將一定比例的稅收以慈善捐款模式集中捐贈到婦聯會。建造的土地則由受贈軍事單位提供營區土地（即撥用國有土地），或收購（借用）民地。

婦聯會從1957至1968年，共辦理10期，建造3萬8120戶眷舍；但若從1957算至1992年，共捐贈5萬3838戶。1至10期是木造平房，或2層樓磚造連棟透天房舍；11至18期（1975年至1992年）改爲4或5層鋼筋水泥的公寓，多屬「國軍職務官舍」，標準面積是10坪和13坪，室內配置有臥室、客廳、廚房和廁所。《眷村發展史》一書稱：「以數量來說，此一期間是興建眷村的高峰期，也是形成眷村聚落的骨幹。」

另外，在此一時期，國防部於1970年起開辦「華夏貸款」業務，提供低利貸款給眷戶進行改建，數量雖然不多，但「華夏貸款」卻是眷村走向私有化的濫觴。

三、舊制眷村改建時期（1980～1996年）

隨著時代變遷以及經濟發展，早期興建的眷村已不敷使用。有的原本雖位處偏遠地區，但隨著都市興起，腹地擴大，許多眷村變成「蛋白區」（市郊區），有些眷村甚至成爲「蛋黃區」，位於市中心精華地段。周圍高樓大廈林立，眷村身處其中，不但有礙市容觀瞻，顯得格格不入，而且也因土地未能有效利用，影響經濟發展。

1977年5月，在時任行政院長蔣經國的強力主導下，國防部於1980年7月訂定「國軍老舊眷村重建試辦期間作業要點」（下稱「作業要點」），並奉行政院核定後實施，作爲與省、市政府合作改建眷村及國防部自行興建眷村的依據。此一「作業要點」在眷村改建過程中，稱爲「舊制」；1996年2月公布的「國軍老舊眷村改建條例」（下稱「改建條例」），則稱爲「新制」。依「作業要點」規定，改建原則爲：

1. 配合省、市政府國民住宅興建，改建後所得住宅總面積，國防部與省、市政府各按二分之一比例分配。
2. 國防部成立「國軍軍眷住宅公用合作社」，自行辦理眷村改建工作。

此一時期以台北、新竹、台中、台南、高雄等都市地價較高，問題較少，處理較易的眷村爲對象，每戶配售對象及面積分別是：

將官：34坪

上校：30坪

少尉至中校：26坪

士官兵：24坪

家庭合住人數6口以上者，可以增加4～6坪。

改建的方式包括：（一）與省、市政府合作改建國宅；（二）委由國防部「軍眷住宅合作社」辦理重建；（三）婦聯會改建職務官舍；（四）辦理遷村；（五）就地整建。其中以第一項模式改建的爲最多，從1979年起到1996年止，與地方政府合建國宅，共計有123處，8萬1260戶；其次爲第二項模式，依「竹籬重生」一書所載，至104年（2015年）8月13日最後一處改建基地交屋，陸軍木柵營區完工，共改建77處基地，91個眷村，1萬8037戶。

《眷村發展史》一書指出此一時期的眷村改建，代表幾項重要意義：

1. 眷村的私有化：

將以往眷村僅有「居住權」現象，透過合建國宅配售的方式，使住戶享有房舍的「財產權」。

2.建築的大型化與現代化：

此一時期所改建的眷村，多爲6～12層以上的電梯公寓，比起以前平房式的房舍，在設備上顯然走向現代化；合建的國宅社區多是興建300、400戶，也有多達數千戶的大型社區，如高雄市左營區的果貿社區，全社區有2468戶，以1戶3口人計算，該社區總人口高達7000餘人。

3.群居的社會化：

改建後的眷村，因爲也配售予一般民眾，讓原先眷村單純的人口結構，產生了微妙變化，眷村已逐漸脫離以前單一族群群居的色彩。

《眷村的前世今生》一書[4]也表示：「此時眷村已逐步走向公寓化、高層化、私有化及市場機制……更重要的是，高層公寓化正是眷村走出族群團社，進入一般在地社區生活的開始，是爲眷村透過空間性的再結構方式，進行社會同化的主要進程。」

四、新制眷村改建時期（1997年迄今）

「舊制」時期的眷改，其「作業要點」僅屬行政命令；不論是改建或合建，都是以個案性質或區域性質進行，缺乏整體性考量，以致造成國宅滯銷，因此，為了將眷村改建的行政命令提昇到法律層級，並將其作為全面性的整體規劃，國防部在行政院的支持下，於1996年2月5日公布施行「國軍老舊眷村改建條例」（下稱「眷改條例」）；1997年5月，立法院又三讀通過「國軍老舊眷村改建特別預算」，總金額達5．167億元；為有效推動眷改工作及基金管

法源確立 國防部加速眷改步伐

蔣仲苓向立院表感謝，近期內與經建會完成改建基地中照、發包及動工。

蔣仲苓坐鎮立院 欣喜立委們支持

立法院會三讀通過《國軍老舊眷村改建條例》後，確立眷改法源依據。圖為《青年日報》當時的新聞報導。

青年日報

復議案通過 證券兩稅維持

眷村改建條例 完成三讀

將增建二萬五千戶 讓售中低收入戶，改建基金成立貸款資金，擴大受益面。

住宅政策綱領公布 不動產估價交易予規範

土銀提供一五０億優惠貸款

央行通過卅七億元低利貸

以上圖片均出自《國軍眷村改建回顧與變遷：竹籬重生－樂活家園》

理，國防部另行編組「眷改推行委員會」及「基金管理委員會」。國防部在政策、法源、經費均已完備的情形下，開始全面性的眷村改建，該改建規模，依《眷村發展史》一書所說，「是政府遷台以來最大的社區整體建設」。而由於任期的機緣，加上責任感，蔣仲苓部長成爲眷村改建邁入新制的關鍵人物。

《眷村的前世今生》一書指出，「這個時期將全數眷村逐步納入眷改公共住宅計畫，並延續前一期私有化、市場化、高層化的精神……新制眷改條例同時還具有整體規劃、先建後拆、眷戶負擔比例較低、以及具有強制性（原住戶四分之三以上同意即可進行重建）等優點……」「另外，自１９９０年7月1日起，國防部明令裁撤已完成改建眷村自治會的組織，使得眷戶的管理納入一般公寓的社區住戶管理委員會中，族群集聚的社會性隔離逐步地消失，加速眷村的社會化腳步。」以政治作戰局爲「總策劃」出版的《竹籬重生》一書，曾評鑑此一新制眷村改建，「是改善地區都市市容、提昇眷戶生活品質及國家整體土地運用的三贏政策。」

眷村經過不同時期的改建，依國防部最新的調查數據統計（２０１３年），全台列管的老舊眷村共計有８９７處，分別爲陸軍３９９處、海軍62處、空軍２７０處、後備１１９處、憲兵19處、軍情局18處、安全局10處（詳如下頁附圖表），在歷經60餘年的社會變化，經拆除改建後已所剩不多，大約不到１００處，如再扣除具有文化資產身分的36處眷村，其餘眷村都將依計畫期程拆除，眷村文化保存因而面臨空前的危機。

國軍列管眷村數量及分布統計：

	陸軍	海軍	空軍	後備	憲兵	軍情局	安全局	合計
基隆市	11	8	2	1	0	0	0	22
宜蘭縣	18	0	2	0	0	0	0	20
台北市	70	4	45	50	8	13	3	193
新北市	38	3	10	32	2	2	7	94
桃園縣	50	0	27	5	1	2	0	85
新竹縣	2	0	2	0	0	0	0	4
新竹市	19	0	27	1	0	0	0	47
苗栗縣	6	0	1	0	0	0	0	7
台中縣	18	1	11	3	0	0	0	33
台中市	45	0	36	3	2	0	0	86
彰化縣	8	0	0	1	1	0	0	10
南投縣	3	0	1	1	0	0	0	5
雲林縣	1	0	5	1	0	0	0	7
嘉義縣	0	0	4	0	0	0	0	4
嘉義市	16	0	9	1	1	0	0	27
台南縣	7	0	6	0	0	0	0	13
台南市	25	0	13	4	2	0	0	44
高雄縣	31	12	22	1	1	0	0	67
高雄市	22	28	5	3	0	1	0	59
屏東縣	3	0	25	3	1	0	0	32
台東縣	1	0	3	4	0	0	0	8
花蓮縣	0	1	12	4	0	0	0	17
澎湖縣	5	5	2	1	0	0	0	13
合計	399	62	270	119	19	18	10	897

全台眷村分布圖：

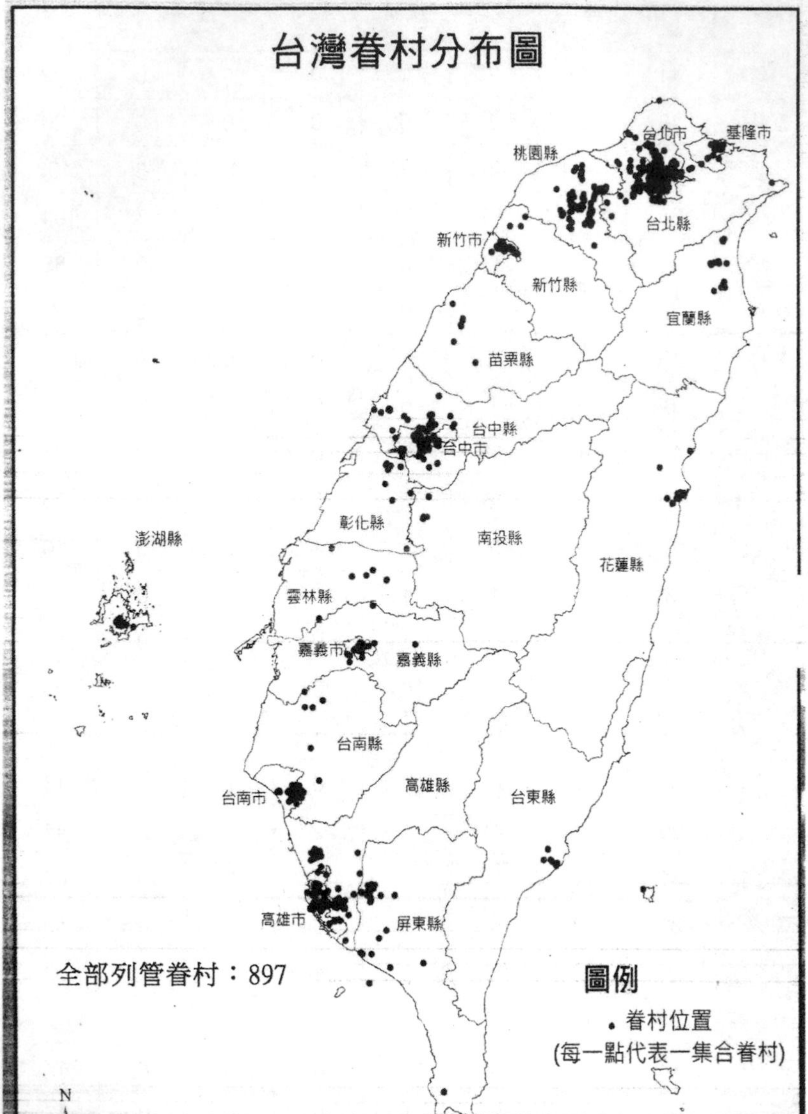
台灣眷村分布圖
台北市
基隆市
桃園縣
台北縣
新竹市
新竹縣
宜蘭縣
苗栗縣
台中縣
台中市
彰化縣
南投縣
澎湖縣
花蓮縣
雲林縣
嘉義市
嘉義縣
台南縣
台南市
高雄縣
台東縣
高雄市
屏東縣
全部列管眷村：897
圖例
眷村位置
(每一點代表一集合眷村)
N
0 15 30 60 Kilometers

全台眷村分布圖（按列管軍種區分）

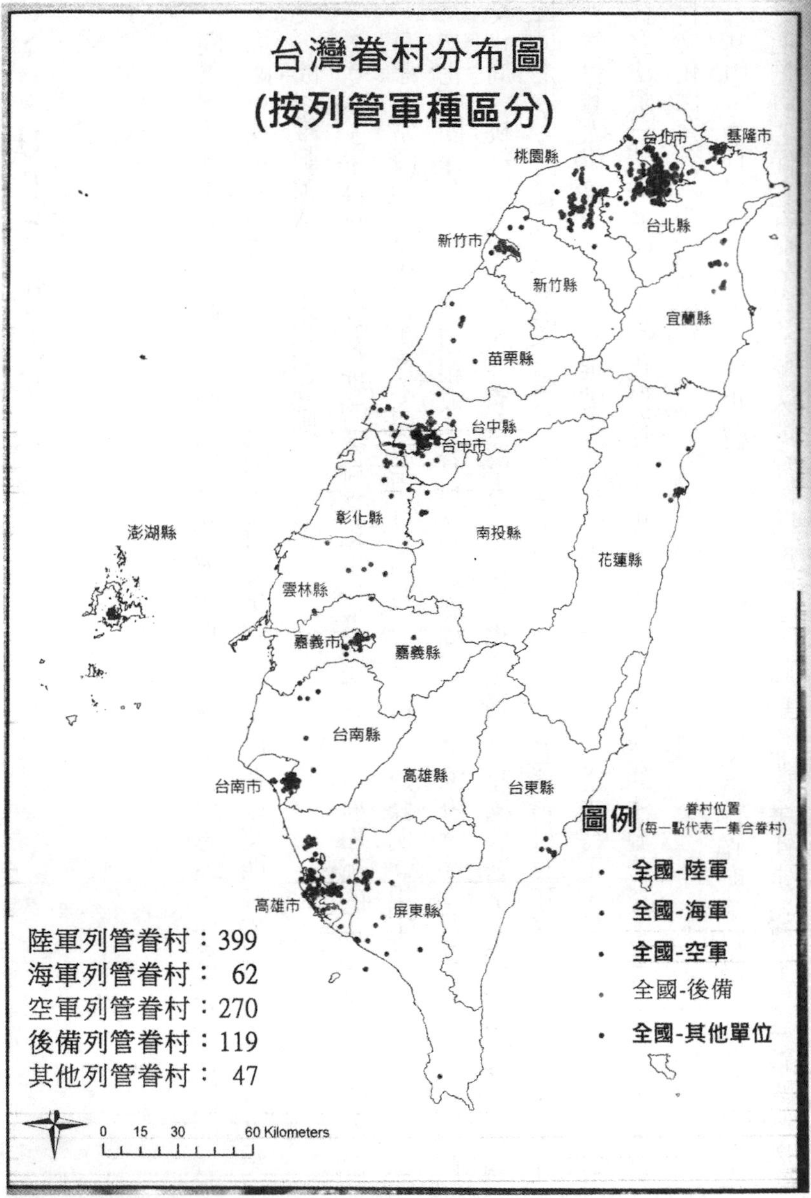
台灣眷村分布圖
(按列管軍種區分)
台北市
基隆市
桃園縣
台北縣
新竹市
新竹縣
宜蘭縣
苗栗縣
台中縣
台中市
彰化縣
南投縣
花蓮縣
澎湖縣
雲林縣
嘉義市
嘉義縣
台南縣
台南市
高雄縣
台東縣
高雄市
屏東縣
圖例
眷村位置
(每一點代表一集合眷村)
全國-陸軍
全國-海軍
全國-空軍
全國-後備
全國-其他單位
陸軍列管眷村：399
海軍列管眷村：62
空軍列管眷村：270
後備列管眷村：119
其他列管眷村：47
0 15 30 60 Kilometers

3、2007年的分水嶺

隨著國防部舊制與新制眷改的系列推動，眷村拆遷的情勢日愈急迫，作爲文化大熔爐的眷村，面臨可能全面消失的命運，一些關懷眷村文化的民間工作者以及地方政府，在20、21世紀之交，開始推動搶救眷村文化的運動。

2005年11月，全國各地的眷村文化工作者於桃園縣政府舉辦的「全國眷村研討會」上，有感於當時的眷村文化工作受限於現行「國軍老舊眷村改建條例」規定，致無法突破推動眷村文化空間保存工作，因而組成「眷村文化串聯同盟」。2006年2月26日，由桃園縣政府文化局、桃籽園文化協會、外省台灣人協會與三重市眷村文化園區營造工作小組，共同召開「眷村文化保存與眷改條例修法座談」，會中達成推動「國軍老舊眷村改建條例」修法共議，經由外省台灣人協會兩年多持續推動，並在李文忠、朱鳳芝等立委支持下，於2007年11月21日經立法院三讀通過，眷村文化保存工作正式取得用地與經費的法源依據。2007年乃成爲眷村文化保存分水嶺的關鍵年。

其中，「眷改條例」主要修正的條文爲第1條、第4條、第11條與第14條，而其核心精神，便是將「保存眷村文化」納入成爲國防部的法定職責，並給予法定預算。按「眷改條例」

第1條規定：「爲加速更新國軍老舊眷村，……保存眷村文化……特制定本條例，……本條例主管機關爲國防部。」第4條規定：「主管機關爲執行國軍老舊眷村改建或作爲眷村文化保存之用，得運用國軍老舊眷村及不適用營地之國有土地，興建住宅社區、處分或爲現況保存，不受國有財產法有關規定之限制。」第11條規定：「……依第4條第3項核定爲眷村文化保存之土地，其屬直轄市、縣（市）政府申請者，國防部應連同建物無償撥用地方政府，經撥用之土地與建物管理機關爲申請保存之直轄市、縣市政府。前項直轄市、縣（市）政府獲得無償撥用之土地，應依都市計畫法辦理等值容積移轉國防部處分。」第14條規定：「改建基金之用途如下：……八、眷村文化保存支出……前項第八款眷村文化保存支出，以眷村文化保存開辦之軟、硬體設施爲限；其經營、管理及維護支出，由申請保存之直轄市、縣（市）政府負責。」另2012年12月12日制定的國防部政治作戰局組織法第2條明定：「本局掌理下列事項：……四、國軍老舊眷村改建、軍眷服務與眷村文化保存政策之規劃、督導及執行……。」

國防部依「眷改條例」第4條第3項規定，會同文化部（前身爲文建會）於2009年9月9日發布「國軍老舊眷村文化保存選擇及審查辦法」（下稱「眷文選審辦法」），並依法定程序，考量「特殊性、稀少性與重要性」、「發展潛力」、「發展定位」、「再利用之方式與計畫」及「眷村保存之管理方法」等要項辦理評選作業，經4次審查會（從2010年8月到2012年3月）審查，於2012年3月27日選定13處爲眷村文化保存區（如下頁附表）。

國防部選定13處「國軍老舊眷村文化區」辦理進度彙整表

項次	單位	眷村名稱	開辦經費	101.3.27 選定 保存區	計劃書 修正審查	辦理都市 更新或 容積移轉	計劃書核定
1	台南市 政府	志開新村	3400萬	願意辦理	101.9.24 同意審定	已完成土 地等值容 積移轉	103.7.14核定 及核撥 1020萬
2	新竹市 政府	忠貞新村	3400萬	願意辦理	101.8.24 同意審定	已完成土 地等值容 積移轉	103.8.1核定及 核撥 1020萬
3	屏東縣 政府	勝利新 村、崇仁 新村（成 功區）	2250萬	願意辦理	101.8.16 同意審定	縣都委會重新審議中	
4	桃園市 政府	馬祖新村	2250萬	願意辦理	101.8.14 同意審定	市都委會審議中	
5	新北市 政府	三重一村	4500萬	願意辦理	101.8.21 同意審定	市都委會審議中	
6	澎湖縣 政府	篤行十村	4600萬	願意辦理	101.11.12 同意審定	縣都委會審議中	
7	高雄市 政府	前鳳山新 村十巷、 原海軍明 德班	4200萬	願意辦理	104.9.9 同意審定	市都委會審議中	
8	台中市 政府	信義新村	2250萬	願意辦理	104.12.1 同意審定	市都委會審議中	
9	新竹縣 政府	湖口裝甲 新村	1500萬	願意辦理	計劃書 修正中		
10	台北市 政府	中心新村	1850萬	願意辦理	計劃書 修正中		
11	彰化縣 政府	中興新村	3400萬	願意辦理	計劃書 修正中		
12	雲林縣 政府	建國二村	4900萬	願意辦理	計劃書 修正中		
13	高雄市 政府	明建新村	1500萬	願意辦理	計劃書 修正中		
總計		共計 13處	4億元		2處已核定計畫 6處刻正辦理容積移轉作業 5處計畫書修正		

（本表源自《竹籬重生》一書）

在眷村改建與眷村文化保存的互動關係上，國防部坦承表示，在眷村改建的前三個時期——「老眷村」、「新眷村」、「舊制眷村改建」，主要任務是以推動眷村重建、改建爲主，對於眷村文化保存的觀念爲「消極配合」；直到第4個時期—新制眷村改建，才逐漸意識到眷村文化保存的重要性，從1997年到2006年爲「被動參與」，而2007年以後直到現在，則爲「主動積極」作爲。（如下圖）。

基本上，國防部這個說法是可以成立的，但在「消極配合期」以前，似乎還應加上一段「不理不睬期」，這樣才更能感受到眷村文化民間工作者的心聲。隨著「眷改條例」的修法，眷村文化保存納爲國防部的法定職責，並以實際行動選出13個眷村文化保存區，又有具體的進度時，早年在桃園縣與新竹市地方政府推動眷村文化保存的謝小蘊即有感而發表示：「從眷村改建到眷村文化保存，國防部的態度修正改變，實值稱許」；洪惠冠也表示：「比較欣慰的是，近年來國防部的態度已有大幅度的轉變，從反

眷村改建與眷村文化保存演變歷程對照圖

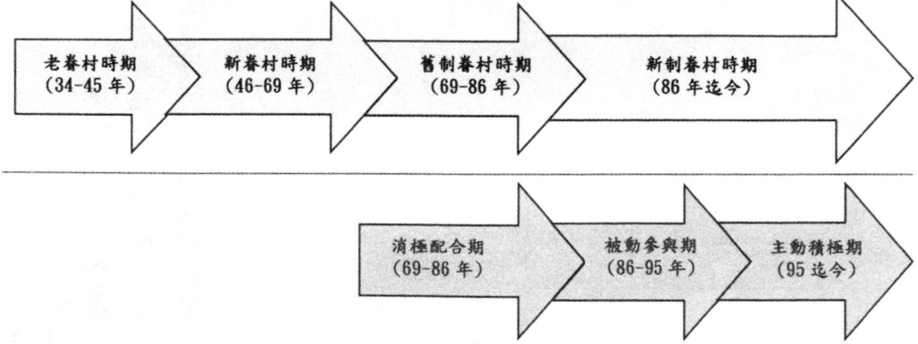

對到現在有具體的行動支持」。長期關心眷村文化的陳朝興教授也表示：「國防部原來的態度是反對的，歷經抗爭之後，國防部也認爲眷村文化應該要保存」；而熱心的眷村文化工作者、桃園眷村故事館館長顏毓瑩更形象的說：「就眷村文化保存而言，國防部以前是民間眷村文化工作者的敵人，現在則變成了情人。」

4、眷村文化的拼圖

從立委到監委，我長期關心國防，但關注的大多涉及到國防的政策、預算、組織變革、軍隊國家化、國防現代化以及從徵兵走向募兵等重大議題，這些也是國防部長所屬的部本部、參謀總長所屬的參謀本部、甚至各軍種所屬的司令部，最傷腦筋而又必須面對的急迫議題，因爲這些都牽涉到國軍的有形戰力。在第二任監委後期，我常在想還有哪些議題是我應當關心而忽略的；有一天，我突然省悟在國防事務有一塊是我長期忽略，也沒有眞正用力過的，這便是涉及到國軍無形戰力的眷村文化保存。

基於這種體認，我有一種急迫感，便在第二任監委任期剩下不到20個月之內，於2012年12月13日，立案調查有關眷村文化保存的工作情況，經過15個月的努力，於2014年3月20日提出超過10萬字的調查報告。面對一些參與多年的眷村文化工作者，我內心常常自問，我參與眷村文化保存的時程是不是太晚了，因此對於這份有關眷村文化保存的調查報告，我形容是遲到的「眷文報告」。

在「眷文報告」的調查過程上，我曾在2013年4月間，舉辦6場諮詢會，邀請26位專家學者與會[5]；從2013年9月2日到11月26日，在眷服處人員安排下，區分8場次，前往

3 青年日報

中華民國一〇二年十一月九日 星期六

Military Focus 軍事焦點

眷村文化無可取代！國軍致力保存歷史記憶

嚴部長強調兼顧都更與文化 盼在各界努力下建立橫向溝通平台保存眷村文化

國防部長嚴明昨日應邀出席眷村文化與保存研討會時表示，國軍在戮力推動眷村改建之餘，將配合政府，持續整合資源，使眷村文化保存永續發展。（記者謝宗憲攝）

記者謝宗憲／臺北報導

「眷村文化無可取代」，國防部、文化部文化資產局及臺灣研究基金會昨日舉辦研討會，廣泛聽取各界意見。國防部長嚴明表示，眷村是國軍照護眷屬所建造的群聚部落，為臺灣特有的歷史產物，在政府推動眷村改建之餘，未來中央、地方和民間亦將持續整合資源，使眷村文化保存永續發展。

「臺灣眷村文化與保存檢討與展望研討會」昨日於臺灣大學展開，共同創造「三贏」局面。國防部長嚴明、文化部政務次長洪孟啓及監察委員黃煌雄等均出席，活動邀請各縣市政府行政人員、學者專家、文史工作者及民間團體交流研討，提供專業建議，並播放〈南瀛眷村文化〉、〈眷村眷春〉眷村保存紀實影片，同時開放民眾參與，使了解現階段眷村文化保存推動狀況。

嚴明致詞時表示，眷村是國軍安定軍心的重要建設，不僅融合多元族群文化，更

「臺灣眷村文化與保存檢討與展望」研討會圓滿落幕

國軍戮力眷村文化保存紀錄典藏

「臺灣眷村文化與保存檢討與展望」研討會昨日圓滿落幕，各縣市政府行政人員、學者專家、文史工作者及民間團體相互交流，國防部聽取各界意見，共同為保存眷村文化盡心力。（記者謝宗憲攝）

記者謝宗憲／臺北報導

「臺灣眷村文化與保存檢討與展望」研討會昨日圓滿落幕，藉由各縣市政府行政人員、學者專家、文史工作者及民間團體交流研討，提供專業建議，並建立溝通平台，國防部亦從中聽取各界意見，期能完善眷村文化保存工作，為保留珍貴的眷村歷史文化盡心力。

為有效整合資源，國防部、文化部文化資產局及臺灣研究基金會自八日起，舉辦為期二日的眷村文化保存研討會，廣泛聽取社會意見，期間就眷村的歷史形成、空間特色、隔離與流動、藝術文化表現等議題展開討論，提出未來的突破與展望目標。

研討會第二回會程以座談方式進行，分由世新大學新聞學系客座教授王健壯、臺北市政府參事謝小韞、臺灣研究基金會董事長吳密察及監察委員黃煌雄、文化部政務次長洪孟啓、國防部政戰局局長王明我中將等人擔任主持人，就「眷村的藝術文化表現」與「眷村文化保存工作的回顧與檢討」、「十一個眷村文化園區的規劃與實踐」、「突破與展望」等議題討論，開放問答時，各地致力眷村文化保存工作者亦紛紛提出建言，場面熱絡。其中，王局長特別感謝各界對國軍眷改工作及文化保存的協助與指導，表示面對多元意見，全體同仁都將秉持負責的態度，讓相關工作盡善盡美。

針對社會對眷村文化保存的殷切期待，國防部政治作戰局軍眷服務處處長林耀宗上校表示，研討會落幕並不代表結束，而是文化保存工作的開始。歷經眷村改建、被動、主動文化保存等階段，社會對文化保存雖有一定的共識與方向，但角度與觀點相當多元，仍需整合，國防部將秉持負責態度，戮力眷村歷史文化的蒐集、紀錄與典藏。

監委與學者專家意見

重視「情感」豐富歷史文化資產

記者謝宗憲／專訪

眷村文化是國家重要資產，盡保存工作，在兩天的研討會，發多方面的意見激盪，但如何得平衡，仍待政府跨部門有效與會專家學者認為，有人在的就有故事，在文化保存的過程多關注硬體空間背後的「情感能為眷村注入生命，豐富眷村存成果。

長年關心眷村文化，促成眷保存研討會的的監委黃煌雄表村文化是歷史發展的結果，也代的縮影，本次研討會首次由、文化部及法人組織共同舉辦各界對眷村文化保存活動的重能藉由嚴謹的議題結構及務實

14個縣市、35處眷村、博物館及文化園區進行實地訪查，並與沿途各地的眷村文化工作者座談互動；其後，國防部、文化部與台研會更於2013年11月8日~9日兩天，共同舉辦一場具有指標意義的「台灣眷村文化與保存——檢討與展望」研討會，此一研討會所以具有指標性，是因爲（一）它的議程（如附）不但在時序上具有節奏感，在結構上也具有節奏感，涵蓋面也頗完整；（二）出席人員踴躍，參與討論成員代表性夠，水準高，又非常整齊；（三）在規畫與實踐之間，將國防部、文化部與地方政府官員及民間工作者匯集出空前的交流與診斷；（四）國防部長親自出席研討會開幕致詞，嚴明也成爲國防部有史以來第一位公開參與眷村文化保存研討會的部長。

「台灣眷村文化與保存——檢討與展望」研討會

主辦單位：文化部、國防部、台灣研究基金會
承辦單位：文化部文化資產局、國防部政治作戰局
時間：2013年11月8日、9日（週五、週六）
地點：台灣大學物理凝態館（2F國際會議廳）台北市羅斯福路4段1號
議程：

【11月8日】

09：30—09：50 開幕致詞 嚴　明（國防部部長）
洪孟啟（文化部政務次長）
黃煌雄（台灣研究基金會創辦人）

第一場　眷村的歷史形成

10：00—10：50 主持人　黃昭順（立法委員）
主講人　李廣均（中央大學法律與政府研究所副教授）
與談人　陳朝興（中原大學景觀系教授）
與談人　湯熙勇（中央研究院人文社會科學研究中心研究員）

10：50—11：20 Q＆A

11：40—12：00 影片欣賞1／南瀛眷村文化（臺南市成功里里長金冠宏）

12：00—12：20 影片欣賞2／眷村眷春

12：20—14：00 午餐

第二場　眷村的空間特色

14：00—14：50 主持人　林佳龍（立法委員）
主講人　陳朝興（中原大學景觀系教授）
與談人　趙家麟（中原大學景觀系教授）
與談人　蘇瑛敏（臺北科技大學建築系副教授）

14：50—15：20 Q&A

15：20—15：30 Tea Time

第三場　眷村的隔離與流動

15：40—16：30 主持人　胡台麗（中央研究院民族學研究所研究員）

主講人　張茂桂（中央研究院社會學研究所研究員）

與談人　陳　浩（博理基金會執行長）

與談人　何思瞇（國立編譯館編審副研究員／國立中央大學歷史所副教授）

16：30—17：00 Q&A

【11月9日】

第四場　眷村的藝術文化表現

09：30—10：35 主持人　王健壯（世新大學新聞學系客座教授）

與談人　王　童 李祐寧 胡台麗 朱天衣 愛亞

10：35—11：05 Q&A

第五場　眷村文化保存工作的回顧與檢討

11：15—12：15 主持人　謝小韞（前桃園縣、臺北市文化局長、臺北市政府參事）

與談人　黃洛斐、張　品、顏毓瑩、洪惠冠、董俊仁、蔡金元、高華國、潘美純、侯淑姿、顧超光、商累愛

12：15—12：45 Q&A

12：45—14：00午餐

第六場　十一個眷村文化園區的規劃與實踐

14：00—15：00主持人　吳密察（台灣研究基金會董事長）

與談人　眷村文化園區所在各縣市政府文化局局長

施國隆（文化部文資局局長）

林耀宗（國防部眷服處處長）

15：00—15：30 Q&A

15：30—15：40 Tea Time

第七場　突破與展望

15：40—16：30主持人　黃煌雄（監察委員）

洪孟啟（文化部政務次長）

王明我（國防部政戰局局長）

與談人　張茂桂、李廣均、陳朝興、吳密察、王健壯、謝小韞、李文忠、朱鳳芝

16：30—17：00 Q&A

從諮詢會到實地訪查座談到兩天的研討會上，眷村文化保存的民間工作者、地方政府實際主事者，以及處在第一線撐起保存工作的團體負責人，都展現或流露出相當感人的一面，他們道出了什麼是眷村？什麼是眷村文化？有何特色？爲何要保存？要留給下一代什麼樣的眷村印象？從政策面到執行面，那些有待反省與檢討？有什麼特別値得擔憂的？……下面所引述的正是他們點點滴滴的心聲：

一、早期，大多數眷村都無租賃行爲，也沒有租金，大家集體住在鐵皮屋內……屋子有如豆腐乾，一房一廳，不到十坪，家人都在畫圖、加蓋，用竹籬笆圍起來，乃有竹籬笆內的眷村之稱。……用竹籬笆把家人和鄰居分隔，又用竹籬笆將眷村和外界隔離；後來由於鄰居互相信任，彼此之間的竹籬笆拆了，但和外界的竹籬笆仍然存在，竹籬笆的眷村因而得名……爲何不能接受父親、祖父帶著家人渡過10坪左右生活的歷程！這樣「苦」的一代，才造就下一代的今天。

1眷村最大的意義，在於大陸各省人民全面被拔根移植到台灣來，是中華民國未曾有的現象，是非常奇特的景象。眷村是大江南北五湖四海的民俗風情，被移植到一個小村落，與台灣傳統聚落的民俗風情完全不同，可否思考成立眷村博物館。

2眷村的存在，代表台灣的第四大族群……無論是以博物館或是文化園區進行保存，但基本精神最重要。可按各眷村特性，將藝文、遊戲、歷史故事整理出來，並以多元方式呈現。

3眷村即是台灣戰後第一代的社會住宅，「只租不賣」；眷村改建改變了眷村型態；將

監委關切眷村文化保存 期有效活化

（軍聞社記者劉德慶新竹二十七日電）為了解國軍老舊眷村保存現況，監察委員黃煌雄今日前往陸軍裝甲兵學校聽取陸軍司令部所列管「裝甲新村」眷村文化保存作業簡報，了解文化保存作業，並提出具體建言，希望眷村能結合地區開發，鏈結地方特殊淵源，有效活化再利用。

監察委員黃煌雄上午由國防部副部長嚴德發上將陪同，前往裝甲兵學校聽取湖口地區列管眷村保存規劃與維護現況簡報；簡報後，黃委員表示，眷村保存工作要「因地制宜」才有特色，眷村文化保存工作並不僅是地方政府的工作，國防部應結合裝甲兵特色及各界意見、資源，在全盤的規劃下，呈現地方特色，活絡眷村文化價值。

黃委員指出，眷存文化是兩個世代、上百萬人共同生活記憶，要如何讓它永續呈現，是大家最關注的，很多眷村改建大樓後，老一輩生活無法適應，高樓大廈裡也缺少那一分大家庭的情感，這份失落的情感就是眷村文化，就是我們要積極保存下來的。

黃委員強調，提昇戰力是國防部的核心工作，眷村文化保存工作，要如何與國軍戰力提升、確保國家安全串聯起來，這是大家要努力的方向。

此外，黃委員表示，全國現有十三縣市眷村有保留計畫，其中十一個縣市已在進行中，國防部可以通盤考量因地制宜，擇一適當地點，打造國家級的旗艦博物館，運用3D技術，將全國各地眷村文物及特色加以複製保留展出，讓眷村文化保存更臻完備。

期間，黃委員也參觀裝甲兵學校校史館，由導覽人員詳細解說，實地了解裝甲兵發展歷史及各項陳展文物，隨後前往模擬訓練館親身體驗M60A3戰車射擊器與戰車模擬器，對裝甲兵採用先進的電腦模擬設備實施訓練，不但節約能源與減少訓練風險，更克服時空限制，精進協同演訓成效，深表肯定。

下午，黃委員轉往陸軍北部測考中心，視察中興台、105靶場及下排子迫砲陣地等，實地了解湖口台地的戰術價值與進訓部隊的訓練實況，對國軍部隊勤訓精練，戮力戰訓本務的辛勞，表達嘉勉。

監察委員黃煌雄昨日前往陸軍裝甲兵學校聽取陸軍司令部所列管「裝甲新村」眷村文化保存作業簡報，了解眷村文化保存作業，並提出具體建言。（軍聞社記者劉德慶攝）

監委履勘眷村 肯定文化保存

記者吳柏毅／臺北報導

為了解國軍眷村文化保存情形，監察委員黃煌雄、葛永光一行，昨日前往臺北市與新北市履勘刻正執行文化保存作業眷村現況（左圖，記者吳柏毅攝），並與眷戶、管理人員及地方政府業管單位進行座談及意見交流，期使國軍老舊眷村保存在彼此擁有共識，以及縝密規劃下，有效活化再利用，促成多元在地文化保存，為歷史留下珍貴的見證與定位。

監察委員黃煌雄及葛永光昨日分別前往新北市「三重一村」、臺北市「中心新村」以及已完成文化保存工作的「四四南村」與「寶藏巖國際藝術村」視察，國防部政治作戰局長林上校，及國軍眷村文化保存業管人員均全程陪同，實地走訪擇優保存良好的眷村建築，另與縣市政府文化局、眷村文化發展協會及當地文史工作者座談，藉由各界的意見交流，讓眷村文化保存更臻完備。

監委一行首先至新北市「三重一村」，除由導覽人員詳細解說，並聽取新北市政府文化局眷村管理現況及發展規劃簡報，實地了解三重一村眷村文化保存作業與土地活化規劃情形，感受該眷村歷史背景與特色，體會臺灣當有的聚落發展與特殊歷史脈絡；同時透過座談，與會人員也針對推動工作之窒礙提出部分困難，國防部均適時給予回應。

此外，監委轉往臺北市「四四南村」及「寶藏巖國際藝術村」視察時，傾聽曾是眷村住戶及戮力保存、致力推廣眷村文化之文史學者意見，希望能藉由兩處執行經驗，作為尚未完成文化保存的國軍眷村之成功參考，藉此達到活化眷村土地及永續經營目標。

感受人文風情 致力史蹟保存

黃煌雄／有效活化眷村土地 葛永光／避免珍貴文化流失

記者吳柏毅／專訪

監察委員昨日實地走訪國軍眷村，除近距離感受其人文風情、歷史、建築特色資產的獨特魅力外，也認為眷村文化有其保留的必要性，目前國防部積極致力於保存眷村文化史蹟工作；但要成功推動，仍有賴地方政府、民間與國防部之間的相互配合、整體規劃、完善的橫向聯繫與溝通，才能在執行過程中取得最佳默契，讓眷村活化順利推動，並使之永續經營發揮價值。

出身眷村子弟的監察委員葛永光指出，眷村保存與活化再利用，不僅記載上一代先人來臺的足跡，更是臺灣聚落文化的一部分；因此，各業管機關應秉持永續經營與發展地方文化觀光的精神，建立綿密橫向溝通平台，勇於克服各項窒礙難題，促成在地文化的多元保存，避免珍貴的文化價值流失。

監察委員黃煌雄則藉由世界名著「老人與海」所彰顯的「外在肉體可以接受折磨，但內在意志卻是神聖不可侵犯」的積極、正向精神強調，各眷村文化保存相關單位應以大無畏精神，正視各項文化保存與轉型難題；縝密規劃未來發展藍圖，藉此有效活化眷村土地，並且有彈性、因地制宜地評估，將值得保存的文化呈現在國人眼前。

眷舍懷舊 見證歷史

由於眷村特殊的生活空間和居民組成因素，使其在臺灣社會發展出相當特殊的族群與人文現象。監委昨日視察新北市「三重一村」時，部分眷舍仍保存過去舊有家具擺設，從中可觀察到過往的歷史背景與時代變遷，重溫國軍眷村充滿獨特、溫馨的一面，找回過去那段舊時回憶，見證豐富的臺灣文化面貌與人文內涵。

（圖與文：記者吳柏毅）

監委黃煌雄履勘臺中市公館新村，並傾聽當地眷戶心聲，協助眷戶解決當前問題。（記者王明達攝）

監委視察臺中眷村 了解保存現況

記者王明達／臺中報導

監委黃煌雄、葛永光昨日先後前往臺中市信義、公館新村等二處眷村，並參觀近年來很「夯」的彩虹村，實地了解各地眷村舊址保存現況，並期勉國防部等相關單位與地方政府齊心協力，共同保存臺灣獨特的眷村文化，與在地文化相結合，讓民眾重新了解早年的眷村生活方式與歷史，以達到活化再利用的目標。

繼參訪臺北、新竹等眷村後，監委黃煌雄、葛永光在臺中文化局副局長曾能汀及國防部政治作戰局軍眷服務處長林耀宗上校全程陪同下，履勘臺中市信義、公館新村，並在市政府導覽人員的介紹下，了解當地眷村的發展沿革，及未來發展方向。

監委一行除了走訪國防部去年選定的十三處眷村文化保存區，並前往臺中市目前保留完整、且仍有眷戶居住的老舊眷村，期盼多元了解各地眷村文化保存實況，幫助國防部發掘潛在問題，並協助眷戶解決。

「只租不賣」改為「擁有」，並因「身分」關係，政府作了價差補貼。

4眷村即「聚落」，為結構型態的「聚落」，但和傳統「聚落」不同；眷村係「一批來一批去」，「聚落」則為「新陳代謝」。

5對於眷村文化，要以更廣義角度來看待，擴及非眷村，例如非列管眷村。

二、眷村是「有機體」，有「小鬼頭」，也有「老祖宗」；「露天電影」、「防空洞」、「小太保」均為「眷村的共同記憶」。在眷村內，洋溢「媽媽的文化」，女人是「天」，男人是「地」，女兒比兒子更能幹。「我不喜歡眷村，但喜歡眷村的氛圍與環境，特別是人彼此間的溫暖。」

1「任何一個小孩都可以到任何一個家吃飯，任何一個小孩如不乖任何一個家也都可處罰」——這也是眷村文化的特色。

三、眷村文化保存是一項已延續了10多年

監委視察澎湖眷村文化保存工作

記者謝宗憲／臺北報導

為了解國軍老舊眷村文化保存執行現況，監委黃煌雄一行昨日視察澎湖眷村文化保存成果（如圖，國防部提供），除聽取眷村管理現況及發展規劃簡報外，並藉由與相關業管單位意見交換，期完善眷村文化保存。

監委黃煌雄昨日在澎湖縣文化局曾慧香局長、國防部政治作戰局軍眷服務處處長林上校，以及國軍眷村文化保存業管人員陪同下，前往澎湖縣篤行十村，實地走訪眷村舊址、軍事陣地遺址，以及潘安邦、張雨生等名人故居，感受軍眷早年隨政府播遷來臺，雖物資匱乏但仍克勤克儉、團結合作的眷村生活與記憶。

此外，監委一行與澎湖縣政府文化局及業管單位座談並於會中溝通及交換意見，期解決保存作業所遇困難，促使眷村文化得到制度化的保存，再次帶動地方向上發展。

監委履勘眷村 關切文物保存

為了解國軍眷村文化保存工作管理情形，監察委員黃煌雄昨日前往桃園地區履勘桃園三處眷村、文物館等，並與管理人員及地方官員進行座談，進一步了解當前眷村管理現況與未來發展。

根據規劃，監委自昨日至十月二十二日止，將區分七場次，赴全臺十三縣市、二十六處眷村進行考察。

黃煌雄昨日在文化部、內政部等官員，以及國防部政治作戰局軍眷服務處處長林耀宗上校等人陪同下，首先參訪「龜山眷村故事館」，由館長顏毓瑩親自簡介並實施座談；隨後在桃園縣文化局、當地村里長陪同下，參訪「大溪鎮仁義里」、「馬祖新村」。

（圖：政治作戰局提供，文：記者許博淳）

監委肯定國軍保存眷村文化成果

監委黃煌雄昨日訪視高雄地區各眷村舊址，期盼國防部與地方政府及文化部等單位相互配合，活化發展臺灣特有的眷村文化。

（軍眷服務處提供）

記者黃一翔／臺北報導

為了解國軍老舊眷村文化保存執行現況，監委黃煌雄一行昨日訪視高雄地區眷村舊址，除肯定國軍推動眷村文化保存的努力成果，亦希望國防部與地方政府及文化部等單位相互配合，活化發展臺灣特有的眷村文化。

此次行程在國防部政治作戰局軍眷服務處處長林上校，以及相關業管人員陪同下，先後前往高雄市逍遙園（陸軍行仁新村）、清鳳山縣舊城、明建新村、崇實新村、黃埔新村、鳳山新村十巷、原海軍明德訓練班、莒光三村、慈暉新村及海光四村，實地走訪眷村舊址。

黃煌雄在訪視過程中，深刻感受軍眷早年隨政府播遷來臺，雖物資匱乏但仍克勤克儉、團結合作的眷村生活與歷史脈絡，並肯定國防部在保存各眷村歷史建築及文化的努力。

此外，監委一行也與高雄市政府文化局、業管單位、當地眷戶及文史工作者座談，除聽取眷村管理現況及發展規劃簡報，並傾聽眷村文史學者及地方鄉親意見，期藉各界集思廣益，期使眷村文化得到制度化的保存。

黃煌雄表示，推動眷村文化工作，仍有賴地方政府、文化部、民間與國防部的相互配合、整體規劃、完善的聯繫以及橫向溝通，勇於克服難題，使臺灣特有的眷村文化得以保存，避免珍貴文化資產流失。

的工作；初期要面對「眷村」內外的反對。這是一項具有指標性意義的工作，因爲它延續了台灣文化的保存，同時也具有傳承的意義，此實爲其「歷史定位」。

1眷村文化保存的前置作業如歷史文化的整理調查，應儘速加強……要發展它的歷史文化縱深，……以後活化再利用處理才會有內涵。

2文化是會變、會動的，眷村其實是一個「community」，社區運動也很重要，它讓文化行政在社區營造化，經由參與、溝通、協調，產生更體貼的政策及執行做法，這就是現在流行的公民運動。

3推動眷村文化保存，一直有一種時間趕不上的感覺，因爲95%以上原始眷村，大概都已流失了。

4眷改使國防部和眷村文化工作者變成「敵人」；但眷村文化則使國防部和眷村文化工作者變成「情人」；今後如何「同行」，共枕「同一枕頭」？

5保存文化，包括眷村文化，應有如生育計劃一樣，要有節制，也要理性。

四、要保存眷村文化，首先要問：到底要保存什麼「內容」？

1眷村的人走了以後，眷村文化保存還能做些什麼？沒有人的眷村文化，還能保存些什麼？

2眷村文化要保存的是人，人才是最重要的，剛開始是過客心理，心情穩定之後，才逐漸定居下來，所以要將這種演變過程保存且呈現出來。

a.對於眷村文化保存，要從調查著手，才能保存第一手史料，可從各軍種或地區中分別進行保存，但要挑一個地點做數位文物典藏，將台灣眷村文化全貌完整呈現出來。

3探討眷村文化保存，會思考眷村文化保存的內容是什麼，到底要保存什麼內容？……要從整體台灣圖像來關照眷村，呈現其與台灣社會結構互動實況，不要單從美化觀點來看。

4眷村文化到底是以「房舍」還是以「人的生活過程」為重點？每個眷村都有其各自的故事，能不能代表全體眷村的故事？我們把思維放開，認為眷村文化多元，來自大陸不同的地方，有很多不同的故事該如何呈現這些顛沛流離大時代的面貌，總結只能用「眷村」來代表。

5眷村文化重要的是人、生命的故事、當地蘊含的歷史文化軌跡……眷村文化精神不侷限於建物內，也包含建物外；眷村文化的展示，不是只有老照片，其生命史如沒有加進去，不會感動人。眷村文物館只當作「物」的展示，是不夠的。

6建請國防部及文化部等相關單位建立眷村文化保存資料庫，以進行軟體資料之蒐集與整理，其中包含數位、文物典藏等。

7眷村文化保存主要靠第二代在支撐，第三代已無感情了，第一代則日趨凋零，因而眷村文化是否應轉型？當生活已在轉型時，是否應建立新故鄉的觀念？

五、眷村文化是一個特有的文化，感動的是它有很多故事在裡面，與我們生活融在一起。

六、目前，最重要的事，就是在這些眷村還沒有拆光之前，趕快以影像方式記錄下來。

1眷村改建會將眷村文化推向懸崖……居民遷移時，建議他們保存老照片及相關資料，很珍貴，並協助舉辦展示，將遷移進駐及後續撤離過程展現出來。

七、眷村文化意涵是非血緣互相協助所形成的聚落……文化工作者除文化保存之外，其思考下一步就是保存工作，讓文物進去，類似像博物館的功能。

八、眷村文化保存的核心，即爲眷村的家庭價值。

1眷村的飲食文化、家庭倫理觀念、對國家忠貞信念？應是眷村文化保存的核心價值。

2眷村文化保存不是眷舍的保存，更要將眷村文化「守望相助、愛鄉愛國」的精神再發動、再出發。

九、眷村改建之後變成國宅型大樓……我們用社區總體營造的觀念來推動，提出了一個「在地養老計畫」改善。我們也思維眷村文化館的保留，但這些文物放久了之後沒人來看，亦沒賦予新的生命，結果就變成蚊子館，……目前是靠眷村二代熱心在支撐，傳承是問題，要轉型，希望中央與地方力量能夠整合，結合社區鄉土教育深耕，發展數位典藏保存，這樣才能源遠流長。

1眷村文化相關展示及保存，要與空間產生歷史連結才有意義，且要讓在地文史工作者參與……創意有必要，導入新科技概念，才能讓社會大眾有興趣，特別是年輕一代，喚起共鳴；且要擴大眷村意義，融合跨越各族群一起重視，讓面向更廣。

2廣義的眷村，是台灣戰後特殊的地景及社會現象。……從保存的角度看，眷村文化保存運動的目的，是把它當博物館看待還是採保存型式，值得研究。

3我認爲「眷村」有一種說法比較合理，就是代表當時整個的社會氣氛，代表一種自我保護的現象。……最好的處理方式，眷村博物館以舊房舍保留做藝術村或辦活動；最笨的處理方法是只爲建眷村博物館，而其他的東西都不要。」

十、眷村文化保存能否持續，是問題關鍵……現有這麼多的眷村，如何評估拆除與保留的標準？應以國家的角度來思考處理這個問題，並兼顧原住戶的情感，從空間區位、特殊性、軍種、軍階、規模、建物類型、年代等探討評估，而不是每個縣市選一個。

1對於眷村文化保存，政府要有完整性規劃，但問題癥結，中央各部會沒有專責單位；國防部、文化部、地方政府都沒有統合，且承辦人員一直變動，沒有固定辦理團隊。

十一、應統籌成立專屬網站，將上一代動人故事發掘，並將各眷村分布資料保存起來，因網站可將資料彙集有系統的呈現，且以數位化方式保存及交流。

十二、國軍眷村……其構造型態皆反應當時刻苦環境，此即爲眷村文化蘊涵之空間表徵。爲了避免國家級眷村保存區觀念受限，有關眷村文化內涵與精神有必要透過公共論壇集思廣益。

1爲避免眷村保存區存續衰敗，請國防部與各縣市政府積極妥善眷村保存區之中繼維護管理工作，並進行試營運。

2請教育部評估將眷村之時代意義與對於台灣之歷史意義，納入教科書教材。

十三、台灣眷村保存是一場特殊的文化空間保存與社區營造運動，未來台灣的眷村保存運動有機會形成一場全國性的文化運動，建立各區眷村文化園區，形成「台灣眷村生態博物館」。

十四、眷村保存不是單純的文化資產保存工作，對於多元族群的歷史記憶、文化感情需要更多發自內心眞誠的認識、理解、尊重與包容，眷村文化保存工作的推動，就是要面對、並化解台灣族群之間的差異與歧見。

十五、眷村文史保存需地方團隊參與，可看做眷村保存的社區總體營造，所以社區總體營造發生的問題，也會在眷村文化保存中出現。

1眷村文化保存要由下而上……要有感人的故事，僅展示鍋碗瓢盆意義不大，因爲眷村生活文化很平常，所以眷村文化要再生產。社區培力是首要任務，需培養地方團隊，讓眷村居民知道要保存什麼。

十六、國防部所選的13處眷村可以分級……如果國防部可以與文化部、內政部結合組成一個跨部會小組，與地方政府密切聯繫，可縮短行政作業程序。

1地方較多有志之士願意投入眷村文化保存，……未來營運管理，主要仍須靠民間志工組織及眷村二代的協助，這些民間力量非常重要。

2眷村文化保存有兩個架構，一個是眷改條例保存的13個眷村，由眷服處負責及人力資金挹注；另一個則是自發性成立的眷村文化保存團體，這兩種應結合起來，使之有相乘加分的效果。

十七、建議國防部與文化部於全台13處眷村保存區擇定1～2處籌設國家級眷村博物館。

十八、做眷村文化保存這個夢想……應將其設定爲一種考慮到保留歷史脈絡新型前瞻性的都市更新。請文化部以文資政策工具提供文化行政作業，地方政府最重要的，還是提出讓人耳目一新的都市更新案。

1眷村是文化的一部分，也是歷史，對於後代子孫要有交代，不能把這一段歷史丟掉，具有教育意義。但在保留處理過程，仍要考慮自給自足，若僅編列公務預算做硬體維護展示，勢難以經營下去。

2從事文化保存工作須體認，文化保存很重要，但也需龐大經費，所以如何成爲資產，不是沉重負擔，因此須先釐清保存目的，之後再決定內容。

3眷村保存後續的經營費用是非常龐大的，不是取得土地而已，要事先規劃，要避免未來成爲蚊子館，代管不是什麼都不能做，可以有簡易的作爲，要有保溫計畫。

4保存政策應有完整的規劃、準備及編組，應思考爲何保存、目標爲何、及由誰來做等，要釐清中央政府、地方政府及文史工作者三方面的責任。……現在最重要的，是管理和經營層面，這些目前都沒做好。

十九、眷村文化保存應有三分的策略，所謂三分——分組分區、分門別類、分進合擊；同時也要有戰略及戰術。

1眷村文化保存要有策略，第一要能分門別類，而不是什麼都想保留，要能分區分級；第二要有經費預算；第三要有規劃，要和地方產業、觀光景點及地方教育結合。

2眷村文化應有「三分」概念：（1）旗艦型與地方性；（2）「分級分區」；（3）分進合擊。也應該有三個「千萬」：（1）「千萬」不要忘記眷村文化保存的本質；（2）「千萬」不能讓眷村文化保存單打獨鬥；（3）「千萬」要有永續經營的理念。

二十、用整體的觀點看高雄市，是否可以建立全國性或旗艦型的眷村博物館，可以串聯各軍種眷村及四海一家的眷村模式。

1大高雄地區擁有軍校等資源，有可能成爲旗艦型的文物館，但重要的是如何整合資源。

2眷村在高雄根基雄厚，作爲國家級博物館是有條件的。

3高雄市非常有資格作爲國家級的（眷村）博物館，高雄市狀況甚爲特殊，國防部得否列爲特別區域。

4應該有一個地方，讓國人可全貌了解眷村發展的整體性和過程，可拼出眷村的全貌和歷程，代表資料匯集、數位化、典藏，有如眷村生態博物館。

5「中華民國的主權與獨立完整」、「歷史感情」、「共同記憶」，均應成爲考量「旗艦型」眷村博物館的參酌要項。

二十一、近年來發現的問題：（1）眷村長者不斷凋零，口述歷史刻不容緩；（2）文物的流失；（3）眷村保存活動文化內涵的流失；（4）如何增加非眷村民眾對眷村支持；（5）行政機關人力及專業的不足。

1現在眷村文化保存的問題是失控，預算來了就會失控，先是建設的失控，再來就是人的失控及經營上的失控。

二十二、建議國防部、文化部成立跨部會平台，並設立諮詢委員會，訂定管控機制，督導地方行政落實推動眷村文化保存工作，並實行容積轉移，有窒礙難行之個案得提出替代方案。

1有關眷村文化保存工作，建議成立跨部會機構整合主導及執行單位，由政務委員負責。

2各地方政府文化單位的差異性十分的大，不確定性也非常的多，建議結合全國文史工作者、社區工作者及住戶，成立一個不同於官方的平台，提供意見及監督。鑑於屏東縣的經驗，應先有熱度，再有深度，眷村文化保存最終不要變成公園、商圈，必須留有眷村的元素。

3容積移轉只是眷村文化保存的一種方法……保溫計畫要趕快做，人搬離後眷村毀壞非常快；依以往經驗，中央與地方為了爭奪資源，地方就指定為文化資產，大家都不能動，弄得兩敗俱傷。

4眷村文化在法令通行後，已停滯4～5年，主因即因容積轉移未能有效解決。

a.「無償撥用」經由「容積等值交換」，應視同「有償撥用」，即享有「所有權」，不能再拖了。

5台南市政府最早用「總量」的觀念，來處理眷村土地的「等值交換」，這是一個突破；而突破的關鍵，即「三方會談」（軍方、地方政府、使用者三方），以「無縫接軌」方式，順利有效「接軌」。

二十三、管理寶藏巖1年整體經費約4千萬元……因是歷史建築，須整舊如舊……這裡能夠保留，是因為有「人」的那一段歷史而保存，透過聚落保存，融入藝術的元素，將「人」的價值彰顯出來。

1負責營運管理的團體，應深入了解當地的人文歷史並融合，勿反客為主，否則衝突會不斷發生，像寶藏巖是以「藝居共生」爲最終發展目標。

a.寶藏巖可謂是成功的例子……寶藏巖雖有違建問題，卻被保存……寶藏巖在仍有居民狀態下，將藝術元素納入，可謂是難得眷村活保存方式。

2寶藏巖代表將廢墟和文化做了連結，不應將寶藏巖當作剝皮寮……而是可保存歷史記憶與違建記憶……台北市政府每年投入了4千萬元用於支撐寶藏巖。

3國防部在廢棄眷村的過程上，出現文化工作者搶救眷村文物的運動，也因此才有桃園眷村故事館的設立。

4新竹市開眷村文化保存的「第一槍」，忝爲「先驅」，當時由於國防部持反對眷村文化保存的態度，迫使新竹市政府必須在眷村外設立全國第一個眷村博物館。

5國防部應思考連結地方資源，發展眷村文物保存區的獨有特色，考量將現有營區的部分規劃建立具有獨特的戰車園區，陳列各式戰車，開放民眾參觀，以增進全民國防教育。

6地方文史工作者默默耕耘做了很多事，但感覺與中央在聯繫似嫌不足，亦無窗口……水交社是我們費盡心力與各方專家學者研究考證出來的……雖獲選爲眷村文化保存園區之一，其起步甚早，但辦理進度嚴重落後，文史工作者都急得要命，卻不知中央要怎麼做？希望中央與地方的溝通連結能密切一點，多給予關心及注意。

a.水交社眷村是台南市政府與國防部採整體規劃，1次專案變更辦理，爲市定古蹟，爲全台第1個眷村文化園區。

7現在蒐集的眷村文物已塞滿了3個倉庫還不夠放，而目前的保存方式，對文物其實是一種傷害，沒有恆溫且面臨蛀蟲，這是全台灣眷村普遍性的問題。

8文化保存希望能保存時代面貌，若能將不同時代、不同風貌，做精要保存，才能了解文化發展的全貌，這是基本概念。

9「中興莊」最大特色是搭同一條船到台灣來，且具有山東武術傳統；希望能蓋一展覽館，以展現「大刀隊」的故事；也希望能拍「大刀隊」的電影，可勝過「賽德克」影片。

10屏東縣因爲「窮」，「口袋不夠深」，必須「以時間換空間」，所以才會提前準備，也才會「跑得快」；同時爲能依法執行，又訂出二個「自治條例」，俾具有「適法性」，也才得以「走下去」。

二十四、晚近興起的眷村懷舊風，「竹籬笆」是經常被使用到的一個文化特徵……「竹籬笆」在1970年代中期之後已經少見……竹籬笆的消失，代表眷村走入第二個階段……竹籬笆在此觀點下的最佳比喻，就不再是「一種社區的疆界」，而出現新的意涵，其實就是它出現時的原始意義：外省軍人與家屬在台灣「落地成家」，攜手打拚有一個可以開口說屬於自己「我要回家去」的那個「家」的開端。

1我們把眷村住戶分成三個世代來想像，第一個世代因爲加入軍隊而來到台灣，對於他們而言，眷村是他們休息及慰藉與養育下一代的處所；第二代大多出生或成長於眷村，是眷村人走入社會的主力，他們共同面臨1970年代「風雨生信心」的動搖年代；至於更年輕的一代，他們看不到第一代父兄那種國破家滅的風雨飄搖經歷與生命習性，也沒有第二代經歷70年代那種「孤臣孽子」投入改革，報效國家的危機感。他們面臨政黨輪替、全球化、多元文化，以及對岸中國的崛起。

2外省軍人與其眷屬落腳台灣之後，第1個20年，是竹籬笆出現的時代，是持家、成家、生養第二代，雞犬相聞的「家」與「家園」出現的時代。眷村的第2個20年，則是一個世代交替，逐漸空巢化的過程；第二代走入社會逐漸散去，剩下老人，眷舍老舊且改建遙遙無期的漫長等候期。第3個20年，兩岸開放，而老舊眷村陸續改建，遺忘與重新記憶的時代；一些二代重新吹起了懷舊風，關於眷村美好的記憶，又被召喚回來；眷村的形體、氣質、記憶，都在時代中不斷的變動。

二十五、建議監察院能實地走訪12個縣市13處眷村，聽取眷村保存工作者、眷村人與周邊居民對於「國軍老舊眷村文化保存區」之看法與建議。

二十六、從組織結構來看，眷改條例執行可能會延到104年結束，眷服處將被裁撤，未來眷村文化保存無對口單位負責，……國防部應設立眷村文化保存組織、預算、人事才有正當性。

這些點點滴滴的心聲，反應也見證他們的愛心與熱情、心血與智慧、感受與探索、以及焦慮與期待，這些點點滴滴有關眷村與眷村文化所抒發、描述的累積，無意中也爲眷村文化譜出繪卷，而成爲眷村文化相對完整的大拼圖。眷村文化宛然有如充滿生機的「小嬰兒」一樣，在台灣的大地上誕生成長。

3 青年日報
中華民國一○二年十月二十三日　星期三
Military Focus 軍事焦點

國軍深耕眷村文化 歷史永續留存

兩個月內走訪全臺33處眷村 將擬具計畫申請文化資產保存

記者吳柏毅／臺北報導

國防部「監察委員履勘及輔訪國軍老舊眷村文化保存作業」昨日圓滿結束，在為期近兩個月時間，走訪全臺十三縣市、三十三處眷村完成考察作業。監察委員黃煌雄、葛永光對於國軍深耕眷村文化除予高度肯定，也期盼地方政府能持續支持，在縝密規劃下完整保存豐富的眷村特色，為國家留下珍貴歷史見證。

為活化國有資產，妥善保存眷村文化，國防部長期致力眷村文化保存工作，並自今年九月二日起至十月二十二日間，陪同監委實施各地眷村履勘作業。監委黃煌雄昨日前往屏東縣「勝利新村」與「崇仁新村」考察後，全案順利履勘結束，相關建言則將做為未來政策依據。

黃煌雄表示，眷村文化保存代表共同的歷史記憶，經由保存及永續發展，可讓國人了解其歷史傳承的意義；黃煌雄也建議，各眷村文化推動單位，應整合有限資源並考量可行性，建立分級概念，區分國家級與地方級博物館，建構眷村文化之主體性和展示內容。

國防部說明，在眷村文化保存工作上，均依「國軍老舊眷村改建條例」辦理，目前計有新北市「三重一村」、新竹縣「湖口裝甲新村」、屏東縣「勝利新村」等十一處眷村；另有縣（市）政府依「文化資產保存法」指定登錄眷村為古蹟、歷史建築及文化景觀等三十三處，並擬具保存計畫向國防部申請保存，取得預定補助開辦費，使文化資產獲得良好保存，進而展現眷村精神。

監察委員黃煌雄昨日前往屏東縣履勘「勝利新村」與「崇仁新村」，與地方執行單位、民間團體交換意見。（國防部眷服處提供）

走訪全臺眷村 汲取文化保存經驗

記者吳柏毅／專訪

「現今眷村留下的點滴，都有一段值得回憶的光陰故事，走訪其中，更感珍貴！」在近兩個月的時間，國防部軍眷服務處處長林上校，以及共同執行眷村文化保存工作同仁不辭辛勞，「一步一腳印」走訪全臺許多眷村；他說，這趟旅程所獲寶貴建議與經驗，將作為國軍推動眷村保存作業與土地活化的參考，使充滿歷史的老舊眷村，再現活力新貌。

一起陪同監委履勘的眷服處參謀劉上校表示，在此次過程所彙整的各建議資料，都將提供已選定進行文化保存、但尚未完成規劃的眷村參考運用。針對監委要求，國防部也會與各相關部會進行密切協調與聯繫，使眷村保存工作法制化與制度化，並帶動地方文化與觀光產業的長遠發展。

嚴德發：營改基金廣拓財源 支持募兵政策

（軍聞社記者郭寧良臺北廿二日電）國防部副部長嚴德發上將二十二日主持「國軍營舍及設施改建基金第廿五次管理會」時指出，國軍在行政院的指導與支持下，現正全力推動「募兵制」，營改基金在這方面扮演著「改善官兵生活品質」的重要角色，基金會務必積極廣拓資金來源，以滿足國軍施政與戰備需求。

管理會上午在國防部軍備局水源營區舉行，由兼任召集人嚴副部長主持，包括副總長執行官席榮鑫上將、常務次長沈一鳴中將，以及行政院經建、主計、工程等相關單位委員出席；會中除報告上次基金管理會決議執行情形、營改基金收支保管及運用辦法條文修正，以及一○二年度工作執行、財務管理等工作外，也針對納入營改基金的相關營地、營改基金會計制度等進行討論與說明。

嚴副部長表示，為持續推動國軍營舍及設施改建任務，營改基金除了要積極擴增財源，爭取行政院同意核納外，亦須注重已納來源土地處分或活化的收益，並在行政一體的協調機制下，支持政府重大經濟建設與政策，以有助於國家長遠發展。

嚴副部長強調，基金業管單位應依據基金收益狀況，排定各工程建案優序，建制近、中、遠程工作目標，並以積極的態度與綿密的督導，使所有推動的營地處分及管制工程均能確實執行，達成照顧國軍官兵生活福利的目標，更有助推動「募兵制」政策。

要聞 Top Stories
青年日報 2
中華民國一○二年十一月十一日　星期一

保存傳承眷村文化 為歷史做最好見證

社論

眷村存在臺灣社會已有六十多個年頭，蘊藏著許多動盪歲月裡的悲歡離合故事，隨著社會人口成長與政經發展，亦無法避免改建拆遷的命運，雖然加速老舊眷村改建，提供眷村居民更優質的生活環境是刻不容緩的問題，但在此同時也必須細心保存眷村特有的文化，讓當地居民與其下一代更加了解所在地區具有地方特色的眷村文化，同時發揮保存與傳承眷村文化的積極功能。

國防部與文化部、臺灣研究基金會日前共同舉辦「臺灣眷村文化與保存」檢討與展望研討會，針對眷村的歷史形成、保存工作回顧與檢討、眷村文化園區規劃與實踐及突破與展望等議題進行研討和意見交流，期讓眷村文化園區的保存更能有效活化運用。

由於當代人逐漸認識古蹟的維護足以傳承歷史、見證生活模式的演進，凝聚社區意識與促進文化創意產業，故而對古蹟維護更加重視與提倡。但古蹟維護並非只限於硬體維護，更講求古蹟的再利用，讓古蹟文化生命可以延續傳承得更久遠，使古蹟的文化角色與功能更加凸顯。如一九六四年五月廿五日至卅一日在威尼斯舉行的第二屆國際歷史文化紀念物建築師與技師會議，就特別通過「威尼斯憲章」，強調維護與修復文化紀念物之目的是要保護並同時作為藝術與歷史證物。而最具代表的即是德國斯圖加特火車站的改建案，整個車站結合古蹟建築與現代建築工藝，將鐵道空間作為表演、藝術與休閒的公共空間，使都市景觀更具文化深度與多樣性，證明古蹟維護與再利用確實是極具發展價值的作為。

眷村是大時代的產物，六十多年前，政府為了讓軍人安心從事國防任務，將眷屬集合起來安置，並提供臨時性的房舍供其居住，這樣的村落就是所謂的眷村，他們不僅默默地為國家、為地方無私奉獻，同時也是支持政府穩定的力量；也由於眷村裡居住著來自各地的官兵及眷屬，不同的方言、文化與生活習慣自然融合在一起，同時也對臺灣各地方的風土民情產生重要的影響。此所以眷村建築物及附屬設施雖然在年代上或許稱不上古蹟，但眷村確是承載了許多人的成長記憶與生命經驗，對很多人來講是真實生命的紀錄，更是他們在臺灣的開端和記憶，不僅是歷史時代縮影，即使放眼全球，也極其少見。

國防部自民國六十九年起積極推動眷村改建工作迄今，成果斐然，但隨著改建腳步的推進，也意識到眷村文化逐漸消逝，基於眷村文化保存的重要性，民國九十六年十一月二十一日立法院三讀通過「國軍老舊眷村改建條例修正案」及文化保存修法，將文化保存精神納入眷村改建條例，國軍老舊眷村改建或做為眷村文化保存之用，得運用國軍老舊眷村及不適用營地之國有土地，興建住宅社區處分或為現況保存，改建基金可用於眷村文化保存支出。民國九十八年，與文建會（現為文化部）會銜發布國軍老舊眷村文化保存選擇及審核辦法，期將民國三十八年隨政府來臺軍民，在「竹籬笆」內形成的眷村文化，妥善保存，並結合完善的制度法規及措施，使眷改工作與文化保存能夠齊頭並進。多年來，在國防部與文化部的努力下，已有少數眷村保留部分眷舍設置文化館或眷村文化園區。如臺北市四四南村眷村文化園區、新北市三重區的眷村文化園區、桃園眷村故事館、新竹市眷村博物館與高雄市眷村文化館等。

眷村文化在臺灣多元文化中扮演舉足輕重的角色，透過記錄眷村的歷史，使國人得以一覽眷村人文風貌，並形成地方觀光據點，帶動地方經濟發展。說明眷村文化是無可替代的，但如何永續保存發展，則有賴中央與地方政府、民間共同努力。誠如國防部嚴明部長在研討會開幕致詞時強調，眷村是國軍安定軍心的重要建設，不僅融合多元族群文化，更凝聚彼此愛國情感。在兩岸發展的史實軌跡中，其代表性和重要性，可見一斑。相信透過此次研討會的深入探討與意見交流，已勾勒出眷村文化保存的未來願景與方向，可作為國防部檢討精進及擬定相關政策參考；也希望在全民的共識和各界努力下，將過去動盪年代中的移民融合軌跡與感人故事的珍貴記錄，重現在國人的眼前，為歷史做最好的見證。

5、國家級眷村博物館

「眷文報告」

2014年9月23日，從監委卸任後約兩個月，我應邀到文化部文化資產局主辦的「2014年眷村文化保存與活化再利用」論壇演講，講題是「2014年監察院眷村文化保存報告」，我坦誠指出2014年監察院的「眷文報告」所提出的15點調查意見（如下附）並非創見，實際上更像是10多年來眷村文化工作者逐步累積所形成的集體共識。如果「眷文報告」具有階段性特殊意義的話，也許是它代表「層級高一些、整合廣一些、串聯強一些、信心增一些、期待多一些」。十五項調查意見：

一、隨著大時代的變動，民國38年前後跟隨政府撤遷來台的軍人及其眷屬，他們生活在特定空間「竹籬笆」的環境下，匯集大陸大江南北、五湖四海不同的人、語言、風俗、習慣、穿著和飲食等，其所形成獨特的眷村文化是中華民族空前的文化大融合，涵融上百萬人的共同生活經驗與歷史記憶，實爲台灣重要的文化資產，政府允應珍惜維護。

二、國軍列管老舊眷村從早期的897處拆除迄今僅剩100餘處，許多具有文化保留價值之老舊眷村摧毀殆盡，爲挽救此一危機，眷村文化保存工作之推動實刻不容緩，政府相關單位允應正視處理。

三、眷村文化保存已成爲國防部的法定職責，爲有效保存正消失中的眷村文化，行政院允宜儘速成立跨部會整合平台，縮短行政作業流程，共同維護屬於台灣的重要文化資產。

四、國防部針對所選定的13個眷村文化保存區，基於政府有限資源，允宜分區分級，因地制宜，考量社區需求，發展各自特色，俾避免重蹈蚊子館覆轍。

五、爲了眷村文化的永續保存與經營，國防部允宜審愼評估，考量選擇適當地點規劃設置旗艦型或國家級博物館之可行性，俾經由國家資源的挹注，並結合民間力量，共同爲眷村文化保存提供良好的典藏維護處所。

六、眷村文化保存工作應持續保溫而不失溫，靈活運用政府多元政策工具，突破傳統作法而賦予其新的生命延續。

七、國防部對於眷村文化保存的觀念由早期的「消極配合」到現在的「主動積極」，起步雖慢但永不嫌晚，面對困難重重，允宜不斷持續溝通協調解決。

八、民間力量爲眷村文化保存的先驅，帶動眷村文化保存的熱潮，政府允應以謙虛的心情與態度，與民間力量相結合，因勢利導，相加相乘，俾眷村文化保存得以永續。

九、國防部對於台灣種子文化協會所倡議的5項宣言，允宜以開放的心胸參酌吸納；並應與文化部共同合作，建構類似「國民記憶庫：台灣故事島」計畫。

十、爲有效保存眷村文化，在推動過程上，國防部允應主動協助地方政府共同突破「土地容積轉移」及「都市計畫變更」等障礙。

十一、國防部對於目前辦理眷村文化保存工作已有初步成效之個案，允宜給予適當獎勵以起帶頭示範作用，俾使眷村文化保存工作順利推動進行。

十二、國軍老舊眷村從竹籬笆時期的臨時居所到私有化成家落地生根的過程，其物質條件生活雖已改善，但在心靈上卻難以適應，國防部允宜協調國軍退除役官兵輔導委員會、衛生福利部及地方政府持續關懷照顧。

十三、新竹湖口裝甲新村爲全台獨一無二與戰車有關之眷村，爲因應時空環境變遷及國防組織調整實需，並帶動地方觀光產業，國防部允宜評估結合裝甲兵基地資源，開闢爲「戰車園區」之可行性。

十四、眷村文化保存爲國軍無形精神戰力之一環，故有關負責該項業務之組織調整，國防部允宜審愼妥適處理。

十五、有關「海光四村」、「莒光三村」、「慈暉新村」眷村文化保存計畫標的，修正爲「黃埔新村」、「前鳳山新村十巷」及「原海軍明德訓練班」過程，經核尚無不法；至其後續規劃使用爭議或其他案例，國防部允宜秉持依法行政，展現最大誠意，持續與眷户溝通協調處理。

前提與策略

有關眷村文化保存，在當前條件下，有兩個前提是必須面對的：第一是有限性；第二是永續性。所謂有限性，指的是今天的國防部已不是30多年前的國防部，可以占有中央政府一半左右的預算，目前國防預算占中央政府總預算只剩16％～18％，而這些預算又必須優先用於有形戰力的需求，像眷村文化保存是屬於無形戰力，它的排序是列在後端的。所謂永續性，指的是眷村文化保存不能像煙火，只曇花一現，而後在無人問津的情況下，變成蚊子館，空蕩無人，而是要讓它具有生命力，洋溢感人的故事，可以世代相傳。

這兩個前提基本上是對立的，卻同時存在，必須經由四項策略來因應這樣的考驗：

一、跨部會的平台：眷村文化保存由國防部「生」下來以後，作爲文化資產主管單位的文化部應「接」下來，直接承作眷村文化園區工作的地方政府也應「接」下來，不能讓國防部唱獨角戲，國防部自己也唱不了獨腳戲，因此在中央之間必須有跨部會層級整合平台，由政務委員來主持；而在中央與地方政府之間，也必須建立有效的溝通平台。

二、善用政策工具：眷村文化保存工作已逐步進入深水區，涉及具體的資源分配以及權利義務分際，中央部會之間、中央與地方政府之間，包括容積移轉、無償撥用、有償撥用、都市更新、等值交換、保溫計畫、合作經營等概念的創新與嘗試、認知與適用，都需要國防部、內政部、財政部以及地方政府，以虔誠的態度共同嚴肅以對。

三、借用民間力量：在搶救眷村文物及推動眷村文化保存的旅程上，民間工作者一直在體制外扮演「火車頭」的角色；當眷村文化保存工作正進入深水區之際，從中央到地方政府，特別是國防部與文化部，更應將這些「火車頭」納入體制內，從「敵人」變成「情人」，借重他們的經驗、智慧與奉獻精神，共同規劃並營造具有永續的眷村文化園區。

四、結合科技元素：眷村文化保存不是復古，文化園區也不等於文化商圈，眷村既不是孤島，也不是棄嬰。在眷村文化保存與活化過程上，既要與文化部的「國民記憶庫」相連結，更要結合科技元素，包括電腦與3D等，來呈現不同階段眷村的「空間」、「人」、「物」、「史料」、「文化」、「人際網路」保存的特色。

水到渠成的呼聲

2012年3月27日，國防部已公告選定台北市等12個縣市13處眷村爲「國軍老舊眷村文化保存區」，並以4億元作爲13處保存區初期的開辦費用。就我們實地訪查所見，從北到南，跨到澎湖，像新北市的三重一村，新竹市的忠貞新村、桃園縣的馬祖新村、彰化縣的中興新村、台南市的志開新村、屏東縣的勝利新村以及澎湖縣的篤行十村……確實都發展出因地制宜、各具特色的眷村文化保存區。這也是國防部眷服處目前仍在執行的三大核心工作之一。

更有意義的是，在我們諮詢會及實地訪查過程上，先後都聽到這樣的聲音：

「要從整體台灣圖像來關照眷村……要挑一個地點做數位或文物典藏，將台灣眷村文化全貌完整呈現與介紹出來。」

「應以國家的角度來思考處理這個問題……建議國防部與文化部於全台13處眷村保存區劃定1—2處籌設國家級眷村博物館。」

「高雄市非常有資格作爲國家級博物館的設立地點。」

「大高雄地區擁有軍校等資源，有可能成爲旗艦型的文物館，重要的是如何整合資源。」

「眷村在高雄根基雄厚，作爲國家級博物館是有其條件。」

「眷文報告」吸納了這些聲音，到達大高雄地區實地訪查眷村時，與會者似乎都心照不宣，卻又水到渠成有一共識，這就是「眷文報告」第五點所強調的：「爲了眷村文化的永續保存與經營，國防部允宜審慎評估，考量選擇適當地點規劃設置旗艦型或國家級博物館之可行性，俾經由國家資源的挹注，並結合民間力量，共同爲眷村文化保存提供良好的典藏維護處所。」在內文裡，更進一步：「認為高雄市係三軍官校所在地，以及黃埔新村位於陸軍官校正對面，又有孫立人將軍當年來台訓練新軍的歷史淵源，這些區位優勢、歷史淵源、民族情感等因素的相加相乘，倘若政府體認有此需要，似可考量規劃為設置旗艦型或國家級博物館之適當地點。」倡議設置國家級眷村博物館，可算是「眷文報告」難得而又具有重要意義的一項創見。兩年來，國防部已委託民間單位規劃將黃埔新村作為旗艦型或國家級眷村文化園區，並舉辦過研討會，一個旗艦型或國家級眷村文化博物館似乎呼之欲出。2016年2月出版的《竹籬重生》一書，高廣圻部長在卸任前這樣寫道：「關於眷村文化是國軍與軍眷共同譜寫的生存與生活史……國防部擔任眷村文化保存開路先鋒的重責……並持續以多元的『眷村味』，朝向設置旗艦型或國家級文（博）物館努力，結合文創產業，並連結軍事背景，讓獨特的眷村記憶，以嶄新的面貌永留寶島。」

國防部對國家級眷村博物館的設立在心態上應大開大闔，並向宜蘭看，向座落在宜蘭縣的國立傳統藝術中心的規模與投入看，並以類似的規模與投入來規劃國家級眷村文化博物館，希望有一天，文化部與國防部，北有傳藝中心，南有眷村博物館，遙相呼應，互相襯托，增加台灣美麗的人文風景。

1 郭冠麟主編（２０１５），《國軍眷村發展史》。台北：國防部史政編譯室出版。本書的編輯群尚包括：指導小組：方雍、龔建國、張錫浩、林海清；訪問小組：龔建國、張錫浩、林海清、郭冠麟、國防部陸軍總司令部、國防部海軍總司令部、國防部聯勤司令部、國防部後備司令部、國防部憲兵司令部；校對：羅貴玉。

2 吳亭秀主編（２０１６），《竹籬重生、樂活家園——國軍眷村改建回顧與變遷》。台北：國防部政治作戰局軍眷服務處出版。本書的編輯委員爲：王明我、聞振國、鄭昇陽、林耀宗、房明德；編輯指導：鄧祥年、方正、鄭惠鴻、林忠和；編務總監：孫立方；執行策劃：朱恆麟；美術編輯：吳婉琳。

3 李廣均的文章參見：李廣均，２０１３，〈眷村的歷史形成——列管眷村與自力眷村的比較〉，發表於文化部、國防部、台灣研究基金會主辦「台灣眷村文化與保存：檢討與展望」研討會，２０１３年11月８日—９日。

4 陳朝興、張雲翔、黃洛斐、李明儒、董俊仁、張品撰述（２００９），《眷村的前世今生——分析與文化保存政策》。台中：行政院文化建設委員會文化資產總管理處籌備處出版。本書的承辦單位爲：社團法人外省台灣人協會；撰述委員包含：陳朝興、張雲翔、黃洛斐、李明儒、董俊仁、張品；執行編輯：黃洛斐、沈芳如；美術編輯：沈芳如、賴詩怡、林君玲；ＧＩＳ研究人員：李明儒；統計資料建置：黃彥慈。

5 在１０２年４月分的６場諮詢會上，一共邀請了26位專家學者參加，他們包括：台灣大學建築與城鄉研究所劉可強教授、中研院社會學研究所張茂桂研究員、中研院民族學研究所胡台麗研究員、台北藝術大學林會承教授、中原大學薛琴教授、中原大學陳朝興教授、台北科技大學王維周教授、台東專科學校顧超光教授、台南大學喻麗華教授、崇右技術學院影視傳播系李祐寧主任、台南市長榮社區發展協會潘美純理事長、作家朱天衣、作家袁瓊瓊、作家愛亞、差事劇團鍾喬團長、都市改革組織彭揚凱祕書長、紀錄片導演人陳樂人、台北市政府謝小韞參事、交通大學藝文中心洪惠冠主任、桃園眷村故事館顏毓瑩館長、ＩＣ之音竹科廣播公司潘國正副總經理、新北市政府文化局前股長董俊仁、攝影記者李俊賢、新北市擎天協會張品理事、外省台灣人協會黃洛斐前祕書長、高雄大學創意設計與建築學系侯淑姿教授。

第八章

悲愴的老兵

1、台東山上的記憶

1967年，我大學畢業，在讀研究所前，先當了一年預官，服役地點在台東縣海端鄉初來村，位在半山上，寄張明信片或理個髮至少也要走30分鐘的路程，附近居民以布農族為主，服役期間，我所屬的連隊大多數成員奉調前往山下的關山鎮蓋營房，我則奉命留守，以少尉排長的身分擔任山地指揮官，所屬夥伴只有6位老兵。

我和這6位老兵，在偏僻而又人煙稀少的台東山上相處了將近一年。他們的年紀是我的父執輩，都是單身，沒有結婚，在台灣既無父母，也無子女，孑然一身，年輕時跟著國民黨政府到台灣來，當時，以為「一年準備、二年反攻、三年掃蕩、五年成功」，很快可以打回大陸，和家人團聚，隨著一年一年過去，特別是蔣中正也逝世了，他們打回大陸的日子卻仍然遙不可及，而年齡卻漸漸增長，也漸漸老了，每逢佳節倍思親，當春節過年一起包餃子的時候，我看到這些老兵的鄉愁，看到他們返老還童的喜怒哀樂；看到他們有淚不輕彈的淚水，我聽他們訴說著當兵的故事，幾乎每個人都有不同、卻又近乎相同的淒涼故事，他們是大時代中的沙粒，在大洪流中被衝著走，他們已數十年看不到在大陸的親人，在台灣又沒有親人，一無所有，他們變成一群看不見未來的羔羊，向前看，茫茫大海；向後看，人山人海；這種處境，這種心境，當佳節來時更能凸顯他們獨特的憤怒與哀愁……。他們是大動盪時代的見證者、犧牲者，他們是道道地地的老兵，訴說著大時代悲愴的老兵。

沒有想到的是，1960年代台東山上的記憶，卻成爲20年後，我以立法委員的身分，推動老兵返鄉探親，並發起一人一元協助老兵返鄉探親運動的主要心理連結。

2、大陸老兵

蔣經國病逝於1988年1月13日。他在逝世前半年內，先後做出兩項與台灣前途有著重大影響的決策：一爲1987年7月15日正式解除已實施30多年的戒嚴；一爲1987年10月15日正式宣布開放台灣地區民眾返鄉探親。前者使台灣的民主化得到重大的發展，後者則開啓兩岸由敵對走向交流的先河。

然而，在蔣經國政府確立返鄉探親政策前大約一年，我在1986年立法委員選舉的過程上，便推出「國民黨，讓我回家！」的政見傳單，公開主張應讓老兵「回家」。由於這張傳單很可能是國內第一張公開主張讓老兵返鄉探親的傳單（如附），有其代表性的意義，茲將其內容摘要如下：

骨肉團聚，人之大倫。當國民黨大事鋪張，迎接蔣介石夫人宋美齡從美國返台與蔣家老少聚首之際，可曾想到，當年隻身隨國民黨撤到台灣的大陸士兵，四十載於茲，白髮蒼蒼，思鄉情苦，卻因國民黨當局執行冷酷與頑固的隔離政策，使這些老兵，望斷台灣海峽，仍不得與闊別已久的大陸親友團聚，這是20世紀的人倫大悲劇。

當年大陸來台士兵中，大部分都是莫名其妙的被強制拉夫從軍，連與家人道別的機會都沒有，即被裹脅來台。他們把青春獻給國民黨，換得的卻是滿頭銀絲白髮；如今，他們已垂垂老矣，有的無妻無子，孑然一身，回去不得，唯有借酒澆愁，正是天涯斷腸人。

放眼世界，東、西德早已准許雙方人民探親訪友；南、北韓則在紅十字會的安排下，展開親人團聚的運動；就是中共政權，也已准許海外華人入境探親，甚至協助流落在中國大陸的日本孤兒，回去日本尋找父母。返鄉探親、骨肉重聚，已成爲一股沛然莫之能禦的風潮，撼動了多少天涯遊子的心靈。

國民黨藉口防止「共匪」滲透及統戰，禁止在台的大陸同胞前往中國大陸探親；同時，中國大陸現有三萬餘民台籍同胞，也因爲國民黨的「三不」政策而不能回台省親。

難道台海阻隔38年，中國未能統一，不是國民黨或共產黨的責任，而是這些哀哀無告小民的過錯嗎？爲什麼要他們永無止期的承擔妻離子散、音訊斷絕的錐心之痛呢？難道台灣比鐵幕國家還要「專制霸道」？

請國民黨拿出對待圓山動物園動物的愛心和仁慈，准許海外台胞及大陸來台人士返鄉探親，骨肉重聚。時序寒冬歲末，骨肉團圓、天倫重敍的春節又逼近了，年邁待養的雙親正倚閭召喚，苦守寒門的妻子也含淚痴望，而那活潑可愛的孩兒啊，是否都已長大？午夜夢迴，淚濕枕畔，故鄉！故鄉！一水之隔，卻爲何那般遙遠？

1986年在戒嚴陰影下，由黨外突破黨禁而成立的民（主）進（步）黨，在成立之初，於1987年3月，決議發起老兵返鄉探親運動；加上長期死心踏地跟隨國民黨政府的老兵，又破天荒到行政院向國民黨政府紮營抗議；在這種背景下，向老兵發誓「只要我有一口飯吃，你們誰也不用怕挨餓」的蔣經國，經由以黨領政的程序，於1987年9月16日，在他主持的國民黨中常會，提議由5位中常委組成專案小組，就國人赴大陸探親問題的原則與意見迅作審議；同年10月14日，國民黨中常會通過由李登輝等5人小組提出的〈國人赴大陸探親問題的研究〉報告；同年月15日，行政院通過〈台灣地區民眾赴大陸探親辦法〉，由時任內政部長吳伯雄對外宣布，自同年12月1日起，民眾可赴大陸探親。

爲了呼應政府開放探親的決定，1987年11月18日，我在立法院連同民進黨立委，向院會提出一個臨時提案，內容爲：

爲配合政府開放探親政策，並發揮我們應有的同胞愛，特提議本院同仁捐一日所得，協助老兵返鄉探親。

提案人：黃煌雄、康寧祥、張俊雄、許國泰、余政憲、王義雄、王聰松

吳淑珍、朱高正、許榮淑、費希平、尤　清、邱連輝

我也在院會對此臨時提案，作了即席說明：

主席、各位同仁。本席等十三人所提之臨時提案，係爲配合政府當前的開放探親政策，自從政府宣布開放探親政策以來，已有許多人至紅十字會申請返鄉探親，但其中不乏想回去而缺乏之路費者，尤以老兵最爲普遍，基此，本席以爲本院同仁在配合政府開放探親政策之餘，更應發揮同胞愛，俾使這些老兵亦能踏上返鄉之途。

坦白說，當年曾爲國民黨效命疆場的老兵，來台後長期淪爲政府操縱選舉的主要工具，換句話說，在國民黨的長期教育宣傳之下，老兵往往將所謂的「黨外」視爲野心分子、陰謀分子，儘管如此，於今政府開放探親之際，我們仍基於同胞愛的立場，基於社會政治和諧發展的立場，希望在此開風氣之先，全力協助欲返鄉而不能的老兵順利達成心願，因此本席等提案建

議本院同仁捐出一日所得幫助這些老兵返鄉探親。

關於這項提案，現已有十三位委員連署，本席以爲本院所有的資深委員尤應同意此案，因爲這些老兵當年在大陸時曾是你們的選民，此外，政府開放探親之後，由大陸來台之災胞已很少，所以本席認爲大陸災胞救濟總會應將經費轉用至協助老兵返鄉。

現今許多國軍高級將領均是老兵當年的長官，然而在政府開放探親之後，卻未見這些長官表現任何應有的積極行爲，立法院既爲全國最高立法機關，在此情況下，當然有責配合政府的開放探親政策，因此本席連同十三位委員提出此一建議，希望開風氣之先，呼籲本院同仁捐出一日所得來支持老兵返鄉探親。

由於老兵長期是國民黨政權忠心耿耿的鐵桿力量，也是國民黨在選舉時忠心耿耿的鐵票部隊，面對我們如當時台灣時報所形容「洞燭先機」的臨時提案（附剪報），國民黨有些立委，一如老兵出身的周書府所說，不免「有幾分意外」，夾雜著不安

黃煌雄洞燭先機

助貧困老兵返鄉

國會春秋

△民進黨立委黃煌雄洞燭機先的發起一人一元協助老兵返鄉運動，並在院會中提案，要求全體立委捐一日所得，拋磚引玉，他爲老兵喉舌的仁道做法，儼然成爲老兵利益的守護神。

在黃煌雄一連串爲老兵呼籲後，行政院長俞國華及新任退輔會主委許歷農也都對貧困老兵返鄉問題寄予高度的關切，不分黨內外一致地對老兵表示關懷，使社會充滿了溫馨地畫面。

有人批評反對黨人士對老兵的關切，將其當做政治籌碼運用的心態居多，當然這種情形可能存在，不過，在反對陣營中有理論大師之譽的黃煌雄，問政平實，亦少藉激烈的手段來突顯自己，在其幕僚羣中有不少眷村子弟爲其義務幫忙，他對老兵的關懷，的確出諸於仁道的想法與眞誠。（黃東烈）

與奚落，周書府也另外提出一個有31位立委連署的臨時提案。由於我的臨時提案連署人數只有13位，未達法定人數，在院會中有幾位委員發言，建議將兩個臨時提案併案處理，最後院會主席就「本院委員周書府、黃煌雄等分別臨時提案，爲請行政院即日調查榮民返鄉探親登記人數，寬籌經費；並建議本院同仁各捐一日所得，協助榮民早日返鄉。是否有當，請公決案。」院會決議：「基於人道精神，協助榮民早日返鄉探親心願，請行政院即日調查榮民返鄉登記人數，寬籌經費；本院同仁並捐一日所得，以表倡導。」

這就是在解嚴後不久，朝野難得達成的共同協助老兵返鄉探親的過程紀要。對於剛成立不久的民進黨而言，能夠超越政治與黨派，從歷史與人道的觀點，主動發

由右至左為雷渝齊立委、紅十字會常松茂副祕書長、作者

起這項老兵返鄉探親運動，在形象上，實為一大提升。

在立法院發起每位立委捐一日所得協助老兵返鄉探親的同時，我也結合10位立委與國大，發起一人一元協助老兵返鄉探親運動（全文如附），並一起到台灣各地舉辦一人一元協助老兵返鄉說明會（如附圖），後來，我們也將捐款所得經由紅十字會轉贈（如附照片）。由於這項運動內涵有「實踐中華文化的傳統精神」，「發揮同胞愛」，「表現人類的同情心」，因而一度引發風潮，並贏得老兵及老將的「敬禮」與「致謝」。

◎一人一元協助老兵返鄉運動

自政府開放大陸探親之後，有「能力」回大陸的人，都已經在趕辦手續、打點行裝、置備禮物，準備返鄉，和親人重溫骨肉團圓的天倫之樂。

此情此景，更令我們想起那些少小離家，半生戎馬，為國家流血流汗，到老來卻孤苦無依，舉目無親，而且又沒有「能力」返鄉的老兵。老兵是動盪時代悲哀的見證，他們以垂暮之年，實比任何人更想回到自己從小生長的地方，看看家鄉，聽聽鄉音，祭掃一下祖先的廬墓，讓故鄉和親人，來撫慰他們四十年來所忍受的寂寞和創傷！

雖然，在大時代中，老兵曾為國民黨效命疆場；到台灣來以後，又長期成為國民黨操縱選舉的工具；國民黨又曾有「望梅止渴」的「戰士授田證」的承諾；但當老兵以風燭之年，急願返鄉而不可得之際，國民黨竟然對其政權的主要支持喊出「不協助」的政策。這不僅是對國民黨人

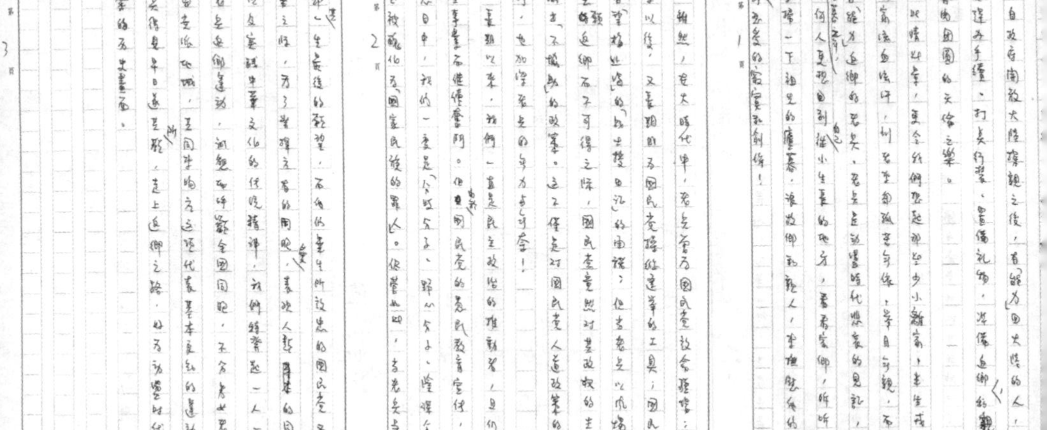

此為「一人一元協助老兵返鄉運動」原稿

一人一元協助老兵返鄉運動聲明

自政府開放大陸探親之後，有「能力」回大陸的人，都已經在趕辦手續、打點行裝、置備禮物，準備返鄉，和親人重溫骨肉團圓的天倫之樂。

此情此景，更令我們想起那些少小離家，半生戎馬，爲國家流血流汗，到老來却孤苦無依，舉目無親，而且又沒有「能力」返鄉的老兵。老兵是動盪時代悲哀的見證，他們以垂暮之年，實比任何人更想回到自己從小生長的地方，看看家鄉，聽聽鄉音，祭掃一下祖先的廬墓，讓故鄉和親人，來撫慰他們四十年來所忍受的寂寞和創傷！

雖然，在大時代中，老兵曾爲國民黨效命疆場；到台灣來以後，又長期成爲國民黨操縱選舉的工具；國民黨又曾有「望梅止渴」的「戰士授田證」的承諾；但當老兵以風燭之年，急願返鄉而不可得之際，國民黨竟然對其政權的主要支持喊出「不協助」的政策。這不僅是對國民黨人道政策的最大諷刺，也加深老兵的無力與無奈！

長期以來，我們一直是民主政治的推動者，且仍將爲民主事業而繼續奮鬥。但由於國民黨的愚民教育宣傳，在老兵心目中，我們一度是「分歧分子、野心分子、陰謀分子」，甚至被醜化爲「國家民族的罪人」。儘管如此，當老兵急待了却其一生最後的願望，而他們畢生所效忠的國民黨又不予理會之際，爲了發揮應有的同胞愛，表現人類的同情心，以及實踐中華文化的傳統精神，我們特發起一人一元協助老兵返鄉運動，誠懇地呼籲全國同胞，不分男女老幼、不分黨派地域，共同來響應這項代表基本良知的運動，讓老兵得早日遂其所願，走上返鄉之路，好爲動盪時代增添溫馨的歷史畫面。

共同發起人：黃煌雄、張俊宏、許榮淑、施性忠、許國泰、吳淑珍、余政憲、邱連輝、吳哲朗、當淪齊。

道政策的最大諷刺，也加深老兵的無力與無奈！

長期以來，我們一直是民主政治的推動者，且仍將爲民主事業而繼續奮鬥。但由於國民黨的愚民教育宣傳，在老兵心目中，我們一度是「分歧分子、野心分子、陰謀分子」，甚至被醜化爲「國家民族的罪人」。儘管如此，當老兵急待了卻其一生最後的願望，而他們畢生所效忠的國民黨又不予理會之際，爲了發揮應有的同胞愛，表現人類的同情心，以及實踐中華文化的傳統精神，我們特發起一人一元協助老兵返鄉運動，誠懇地呼籲全國同胞，不分男女老幼、不分黨派地域，共同來響應這項代表基本良知的運動，讓老兵得早日遂其所願，走上返鄉之路，好爲動盪時代增添溫馨的歷史畫面。

共同發起人：黃煌雄、張俊宏、許榮淑、施性忠、許國泰、吳淑珍、余政憲、邱連輝、吳哲朗、雷渝齊

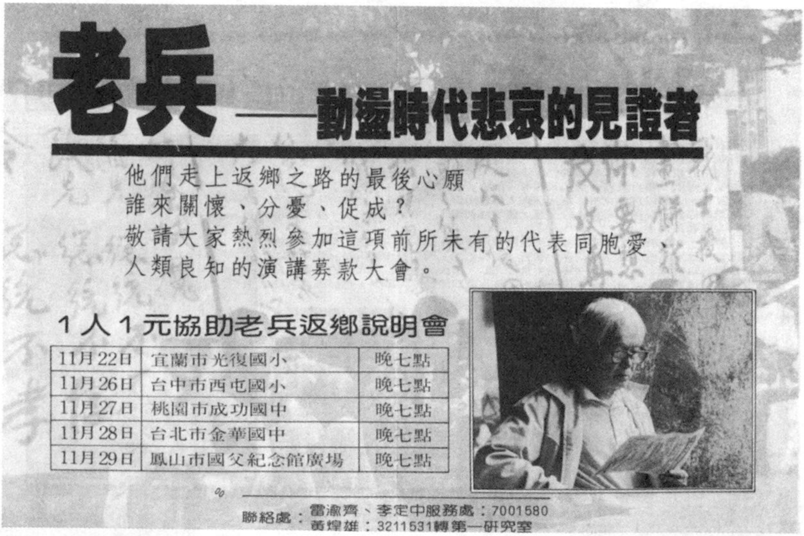

老兵——動盪時代悲哀的見證者

他們走上返鄉之路的最後心願
誰來關懷、分憂、促成？
敬請大家熱烈參加這項前所未有的代表同胞愛、人類良知的演講募款大會。

1人1元協助老兵返鄉說明會

11月22日	宜蘭市光復國小	晚七點
11月26日	台中市西屯國小	晚七點
11月27日	桃園市成功國中	晚七點
11月28日	台北市金華國中	晚七點
11月29日	鳳山市國父紀念館廣場	晚七點

聯絡處：雷渝齊、李定中服務處：7001580
黃煌雄：3211531轉第一研究室

當這項運動開展之際，我在立法院的辦公室接到不少老兵來函，以不同形式表達他們的謝意，其中有一張明信片，正面寫「立法院　黃委員煌雄」，明信片上沒有地址，也沒有署名的人，僅僅在明信片背面寫著（如附）：

謝謝您的愛心，
老兵們向您
敬禮！

一位當過陸軍官校校長、退役後擔任退輔會副主委的老將，在一次聚會上，第一次見到我，經由介紹知道我是黃煌雄時，他的第一個反應，便是馬上站起來，舉杯向我致意說：「黃委員，你所發起的一人一元協助老兵返鄉探親運動，對我們退輔會、對老兵，幫忙太大了，謝謝您，向您致意。」

從「國民黨，讓我回家！」到在立法院發起每位立委捐一日所得，到親赴台灣各地發起一人一元協助老兵返鄉探親運動，現在回顧起來，從台東山上的記憶，經由歷史的機緣，20年後卻轉化爲人間充滿溫情的風潮，這項洋溢著純潔無私、人道關懷、傳統文化精神的工作，可說是我30多年公共生涯中感到最溫馨又最有意義的其中一項。

3、醬油和鹽巴的故事

我在第二任立委期間，爲老兵的「讓我回家」揭開序幕，並以一人一元的運動爲老兵返鄉探親持續用力；在第三任立委期間，則爲台籍老兵的回家之路，在他們最需要協助的階段，陪他們走過關鍵的兩年；第二任監委卸任前，我經由立案調查，並在國防部、退輔會人員的陪同下，走上關懷之旅，與所剩不多的台籍老兵互動，感受他們的蒼老，聽取他們幾乎被社會遺忘的聲音。

最令人唏噓不已的，便是我在相關調查案的工作過程上，聽到一則有關大陸老兵（老芋仔）醬油的故事，和一則有關台籍老兵鹽巴的故事。

一位雲林縣議會的女性縣議員，在得知我首先倡導讓老兵回家的訊息後，當面向我敘說他父親知道可以返鄉探親後激動地掉下眼淚，一直以興奮的心情準備返鄉探親，並帶著兩瓶醬油想到雙親墳前致祭。她說，幾十年前，她的父親就是在母親囑咐下，到街上買醬油，結果被抓去當兵，隨著國民黨內戰失利，跟著政府到台灣來，由於兩岸長期對峙，不相往來，從此和家人音訊全無，幾十年過去了，雙親也走了，他也終於可以回家，第一件事便想到母親的交待，所以他就提著兩瓶醬油到雙親墳前說：兒子回來了，帶著妳要我買的醬油回來了。

另一位在東台灣的台籍老兵則訴說著，當年他也是在家人的交待下，到市場買鹽巴，結果在途中被抓去當兵，他也不知道要去哪裡，到中國大陸後，幾經輾轉，幾度參與戰爭，戰爭失敗了，他在大陸的千山萬水之中變成俘虜，隨著兩岸對峙，不相往來，幾十年下來，他身心俱疲，倖以苟活，當大陸老兵得以返鄉探親之後，在大陸的台籍老兵也想回家，當他爭取回到台灣，他想起幾十年前家人的吩咐，他帶著鹽巴回家，來到雙親墳前說：我回來了，兒子買鹽巴回來了。

4、台籍老兵

1987年10月，蔣經國正式開放老兵返鄉探親，隨著在台灣的大陸老兵返鄉探親的發展，也相應引發在大陸的台籍老兵返鄉相關事宜。1994年春，許昭榮來到我的立委辦公室，當我聽完他個人的人生遭遇與努力在大陸尋找尚存的台籍老兵的故事，基於歷史體認與民胞物與的情懷，我向他表示：「從今天起，我將盡我所能，謙誠地來協助台籍老兵的相關事宜。」

所謂台籍老兵，就是指抗戰勝利，台灣光復，不久，國共內戰爆發，國民黨經由來台的國軍70軍及62軍等，在台灣以各種方式，包括欺騙和非志願，強徵台灣青年到大陸參戰的兵員。依「中華民國原國軍台籍老兵暨遺族協會」（現改名爲「台灣前國軍退役軍人暨遺族協會」）的估計，從1945年底到1948年間，被強徵的台籍老兵約有15000人左右。

1994年4月，我在立法院主持一場「黑水溝的鄉愁——台籍老兵問題面面觀」的公聽會，當聽到那些操著「山東腔」、「上海腔」的台籍老兵訴說斑斑血淚的事蹟時，聽者無不動容：「我們並未被告知要去大陸，欺騙說要移防至嘉義，但事實上卻被調往中國打仗」；「到達上海才發給手榴彈、槍械，和共產黨八路軍開戰，問題是那時，我們連八路是哪一個國家也不知道」；「那時國民黨跟我們說，去中國是爲了接受訓練，以便日後回山地部族服務，但事實上卻是受騙了」。

這些轉戰於錦州、塔山、徐州、平津戰役的台灣子弟，在雨雪紛飛的「祖國」，在冰天雪地裡荷槍挺進，沿途留下的卻是袍澤的遺體和不忍揮淚的場景……

這場公聽會也呈現了台籍老兵的面貌與處境：「我們在大陸有家歸不得，在台灣定居四年卻沒有人聞問，父母早已不在，家鄉，十分地陌生」；「人家聽我講話，說台灣腔不標準，不是眞正的台灣人，所以處處受到排擠」；「原來在森林之巔的家已不存在，現在住在不屬於自己的平野，誰來照顧？家又在何方？」；「我們台籍老兵一生戎馬爲國，終生只能做二等兵，連個受國家照顧俸養的『榮民』資格都沒有！」這正是1994年春在經濟上貧無立錐、精神上只能行走於荒原、身分認同上是社會邊緣人的台籍老兵最眞實寫照。

在正常情況下，立法院上午的公聽會通常都會在中午12點前結束，但這場公聽會，由於台籍老兵令人動容的故事，與會者幾乎都是聞所未聞，且觸及人們靈魂的深處，作爲公聽會主席，我實不忍中止或打斷，決定讓台籍老兵暢所欲言，一面宣布延長公聽會時間，一面交待助理爲老兵們準備午餐便當，結果公聽會整整開了將近5個小時，同時也爲台籍老兵準備了約400個便當，這也是我三任立委任期內，請人吃便當最多的一次，我常想，這或許是我關心台灣史所結的緣分吧。

從1994年起，我一直陪台籍老兵同行；先後經歷兩位國防部長——孫震與蔣仲苓，他們也都有積極的回應。

1994年4月28日，我帶領300多位台籍老兵及遺族代表，到國防部所屬空軍軍官活動中心請願，國防部長孫震親自接見，表示歡迎老兵回到國防部，並責成與會的國防部人力司負責人應傾聽老兵的訴求，詳加整理研議，這是歷經顛沛流離的台籍老兵，第一次有著最起碼的回家的感覺——在精神和象徵上，正式被接納爲國軍成員。

1995年7月5日，我陪同台籍老兵赴國民黨中央黨部抗議（附圖片），蔣仲苓部長一度親臨現場，並告訴我說，請台籍老兵派代表座談。在座談前，蔣部長講了一段很感人的話，他說：「各位老兵，有什麼問題一項一項講，慢慢講，我能夠做到的，一定全力以赴，因爲我也是一個老兵。」蔣部長這句「我也是個老兵」，拉近了與台籍老兵的距離，座談會過程上，蔣部長向台籍老兵承諾「認定從寬、撫卹從優」的原則。1995年8月24日，基於台籍老兵的請求，蔣部長也在圓山忠烈祠親自主持「國軍台籍陣亡將士公祭典禮」，以慰英靈。

左為許昭榮、右為作者

從1993年底到1995年間，在立法院多位委員的共同努力下，國防部終於決定發給台籍老兵「榮民證」及按年資核發慰問金，這應該算是我在第三任立委期間內心感到非常欣慰的一件事情。

在我兩任監委任內，也持續關注台籍老兵的權益及處遇，甚至到2013年4月還立案調查，用了約一年時間，到2014年4月，亦即在我第二任監委卸任前3個月，提出長達100多頁的調查報告，要求國防部與退輔會，針對所剩不多、屬社會弱勢中之弱勢的台籍老兵，在人生的最後階段，給予應有的關懷，使其晚年生活得以維持最基本的尊嚴。我在該報告提出幾點調查意見：

（一）國防部自84年1月起辦理台籍老兵身分核認作業，至該年10月16日止，10個月內即受理登記

國共內戰陣亡台籍官兵英靈公祭留念 1995年8月21日 於台北圓山忠烈祠

共1931人；惟自84年10月17日迄今（102年）已有18年之久，截至目前受理登記共約2207人，僅增加276人，該部在無人持續關注之下，既未主動查明原因，亦未積極尋訪找出台籍老兵，讓渠等晚年能夠獲得最基本的撫卹及照顧，核有怠失。

（二）截至目前（102年）爲止，國防部受理登記共2207人，其中經核認身分後並核發撫慰金者爲1746人，另有461人未獲發撫慰金，惟國防部迄未探究查明原因，實有欠當。

（三）目前經國防部核認台籍老兵身分並核發撫慰金者計有1746人，其中僅745人領有「視同退伍證明書」及「榮譽國民證」，惟國防部及退輔會始終未能積極查明前開人數落差之原因，實有未當。（如378頁附表1）

（四）獲發榮民證的745人當中，僅245人因符合公費就養資格而領有就養給付，其餘500人（含亡故）因未符資格而未能領有就養給付，占領有榮民證之台籍老兵總人數67.11%；但截至103年2月底止，現存未領有就養給付的台籍老兵爲71人，退輔會允應主動協助現存71名未獲就養給付之台籍老兵重新申辦。（如379頁附表2）

茲附簡要說明表如下：

根據台籍老兵相關團體指出，34年底至37年間，被強徵的台籍國軍約有1萬5000人左右。

84年1月間國防部開始辦理重新調查台籍老兵人數。

截至84年10月16日止，10個月內即受理登記共1931人。

截至103年3月26日止，受理登記共2207人，僅再增加276人。

目前國防部受理登記共2207人，其中經核認身分後並核發撫慰金者為1746人，另有461人未獲發撫慰金，其原因不明。

目前經國防部核認台籍老兵身分並核發撫慰金者計有1746人，其中745人領有「視同退伍證明書」及榮民證，1001人未領（其中723人係已亡故，另278人未申領之原因不明）。

目前獲發榮民證之台籍老兵共745人，其中245人因符合公費就養資格而領有就養給付，其餘500人未領有就養給付。截至103年2月底，現存未領有就養給付的台籍老兵僅剩71人。

附表1

82-102年滯留大陸台籍前國軍人數統計表──按有無核發榮民身分區分（含已亡故）

單位：人

年別	總計	有榮民證	無榮民證
84年底	463	424	39
85年底	577	549	28
86年底	629	601	28
87年底	692	664	28
88年底	722	698	24
89年底	734	710	24
90年底	751	726	25
91年底	759	735	24
92年底	762	738	24
93年底	766	742	24
94年底	766	742	24
95年底	767	743	24
96年底	767	743	24
97年底	767	743	24
98年底	767	743	24
99年底	767	743	24
100年底	769	744	25
101年底	769	745	24
102年11月底	769	745	24

資料來源：退輔會

附表2

歷年台籍老兵就養情形統計（含已亡故者）

單位：人

年別	領有榮民證之人數(A)	公費就養人數				未就養人數(A-B)
		住榮家人數	長居大陸人數	外住就養人數	合計(B)	
84	424	13	6	360	379	45
85	549	12	6	424	442	107
86	601	8	11	463	482	119
87	664	15	12	500	527	137
88	698	12	20	525	557	141
89	710	7	23	524	554	156
90	726	3	26	519	548	178
91	735	5	36	497	538	197
92	738	3	40	479	522	216
93	742	4	42	447	493	249
94	742	6	48	421	475	267
95	743	6	51	393	450	293
96	743	6	56	360	422	321
97	743	8	50	327	385	358
98	743	9	54	290	353	390
99	743	5	52	267	324	419
100	744	8	55	227	290	454
101	745	9	57	204	270	475
102(截至11月底)	745	8	49	188	245	500

備註：本表所稱「台籍老兵」係指榮民基本資料中「退伍時單位及職務」記載為「滯留大陸台籍老兵前國軍」者。

資料來源：依據退輔會提供之統計資料彙整製作。

為了便於了解台籍老兵的歷史緣起與政府處理經過，我在監察院的調查報告曾參酌許昭榮所著《台籍老兵血淚恨》和我在監察院所彙整的資料，整理出大事記如下表：

二戰後台籍老兵大事紀要

日期	內容摘要
民國34.8.15	日本裕仁天皇發布詔令，向盟軍無條件投降。
34.10.17	國軍第70軍（軍長陳孔達）主力部隊由基隆登陸。
34.10.25	台灣省行政長官陳儀於台北公會堂舉行受降典禮，日本結束統治台灣，國民政府接管台灣。
34.11 中旬	國軍第62軍於高雄登陸。
35.6	國軍第70軍及62軍奉令整編，在台灣各地張貼布告招兵。
35.8 月底	國府海軍「台灣技術員兵大隊」在左營軍區內成立，開始招募海軍人員。
35.9 月初	國軍第62軍及獨立第95師完成整編，分梯從基隆上船開往秦皇島，轉赴東北。台灣全省防務由整編第70師接防。
35.12 月底	國軍整編第70師分梯從高雄及基隆上船調往徐州。
36.2.27	查緝私煙人員在臺北大稻埕毆打煙犯林江邁，引發228事件。
36.3.1	第一批台灣技術員兵56人乘「中程」登陸前往上海、青島。
36.7.4	國軍整編第70師開到山東省金鄉、魚台地區待命。
36.7.14	國軍整編第70師被解放軍殲於六營集，師長陳頤鼎未戰被俘，高吉人接掌70師殘部。
36.10.20	第2批台灣技術員兵2百餘人乘「中練」軍艦離臺，經由上海轉赴青島。
37.10.15	中共東北野戰隊攻陷錦洲，東北剿總副總司令范漢傑等以下高級將領被俘，國軍第62軍及獨立第95師被擊敗潰散。
38.2.12	海軍「黃安」艦從青島駛往連雲港投共，艦上有台籍技術員楊玉榮、王喜森、林尤鈴、吳聲銘、尤錫鋙、莫松等6人。

38.2.13	煙台巡防處201號掃雷艇投共。艇上有台灣技術員兵劉謹言、黃泗淇、侯玉輝、童象，以及34號掃雷艇上的洪榮泰等5人。
38.4.13	海軍「惠安」、「吉安」、「興安」、「永績」、「威海」等艦，在長江突圍失敗被俘，艦上有台灣技術員柯永順、賴步海、陳春鐵、曾炳貴、吳國宏、洪如斌、杜清池、周清樟等8人。
38.5.20	台灣省全境宣布戒嚴。
55.5.16	中共中央政治局通過毛澤東的「五．一六通知」，展開文化大革命。被俘滯留大陸原國軍台籍老兵大多數被列為「歷史反革命分子」，開始受難。
65.10.6	中共四人幫集團被推翻，中共當權者改變作風，陸續起用台灣人做為對臺統戰工具，被下放的台籍老兵陸續獲得平反。
75	立院黃煌雄委員於年底競選立委時，推出全國第1張公開呼籲讓老兵返鄉探親的傳單——「國民黨，讓我回家」，其後並於76年發起每位立委捐1日所得及全民「一人一元協助老兵返鄉探親運動」。
76.3.20	民進黨中常會決議發起「返鄉探親運動」，爭取滯留大陸及海外鄉親歸臺省親，亦尊重在臺大陸籍同胞返鄉探親。
76.7.14	蔣經國總統宣告自同年7月15日凌晨零時起解除戒嚴令
76.10.15	行政院院會正式通過赴大陸探親辦法，並自同年11月2日開始受理登記。
77.1.1	政府宣布解除報禁。
77.5.1	由95名朝野人士共同發起的「台灣人返鄉權利促進會」成立。
77.9.24	「台灣省籍老兵返鄉探親協進會」於大陸北京成立，發表「返鄉探親」宣言，爭取返鄉探親合法權利。
77.11.22	內政部政務次長劉兆田表示，滯留大陸前國軍返臺定居案，可望放寬適用範圍，其配偶及未成年子女可望允許入境。
77.12.19	政府核准第一位滯留大陸前國軍台籍老兵謝源拔返鄉探親。
78.1.21	政府開放黨禁。
78.1.25	滯留大陸之「台灣省籍老兵返鄉探親協進會」作成「大陸台灣省籍老兵名冊」，一共列有932人原國軍台籍老兵的資料。
78.2.18	第一位返鄉探母的台籍老兵謝源拔停留2個月期滿返回大陸。
78.3.6	「台灣省籍老兵返鄉探親協進會」呼籲政府取消人為的障礙，讓台籍老兵返鄉探親。
78.4.4	政府核發第一張返臺定居入境證給滯留大陸前國軍台籍老兵廖天生。

78.8.30	台灣省政府兵役處調查報告，滯留大陸前國軍台籍人員計有1,569人，至78年7月31日止，已申請返鄉定居者11人。
79.4.23	總統令制定公布「戰士授田憑證處理條例」。
81.7.31	總統令制定公布「台灣地區與大陸地區人民關係條例」，該條例第16條第1項第2款規定：「大陸地區人民有左列情形之一者，得申請在台灣地區定居……二、民國34年後，因兵役關係滯留大陸地區之台籍軍人及其配偶、直系血親尊親屬及其配偶。……」
82.6.25	台籍老兵許昭榮開始編著《台籍老兵的血淚恨》一書。
82.12.2	立委黃煌雄於立法院向行政院提出專案質詢，針對滯留大陸前國軍台籍老兵的返鄉安養問題，籲請行政院本諸政府責任與人道精神加以重視，並對其適應社會的情況進行入了解，以提供必要的協助。同時，有鑑於滯留大陸台籍老兵特殊的遭遇，行政院應以專案處理，並給與足夠的物質援助。
83.3.15	立委葉菊蘭召開「戰俘老兵問題」公聽會。
83.3.17	立委黃煌雄於立法院向行政院提出專案質詢，針對民國38年以前，被國軍徵調到大陸「剿共」的台籍老兵及其遺族，政府應對於戰爭的善後處理負起責任，給予應有的撫恤及安養照顧。同時應馬上進行對於滯留大陸台籍老兵的尋訪、登錄工作，並且將此一工作列入兩岸對談議題，由雙方政府配合進行，進而彰顯兩岸對於和平、人道精神的重視。
83.3.28	立委黃煌雄於立法院召開「前國軍台籍老兵及遺族索討公道」公聽會。
83.4.26	立委黃煌雄於立法院召開「黑水溝彼岸的鄉愁——台籍老兵問題面面觀」公聽會。
83.4.28	立委黃煌雄帶領3百餘位台籍老兵家屬赴國防部空軍官兵活動中心陳情，孫震部長親自接見，並表示「歡迎」老兵回到國防部並致歉。
83.5.6	立委黃煌雄於立法院向行政院提出專案質詢，就1945至49年期間為國民黨誘騙至中國參戰的「台籍老兵」，經歷40年的顛沛流離，傷亡無數，成為台灣人第1批「國共內戰」的祭品。倖存者及其遺族於兩岸解凍重返台灣時，卻絲毫未受到妥善的照顧；使其經濟上貧無立錐，精神上只能行走於荒原；身分認同上是社會邊緣人中的邊緣人，到處尋找回家的感覺卻無家可歸。本席強烈要求國防部對「原國軍台籍老兵」權益問題必須正視於物質精神及身分認同上全盤賠償、撫慰、道歉及補償。

83.11.10	「中華民國原國軍台籍老兵暨遺族協會」成立，《台籍老兵的血淚恨》一書問世。
83.11.17	立委黃煌雄於立法院向行政院提出專案質詢，就「原國軍台籍老兵暨遺族」權益問題，國防部在本席的2次書面質詢，2次公聽會，1次總質詢及多次口頭質詢下，終於決定發給台籍老兵「榮民證」及按年資核發慰問金，值得欣慰。然本席基於人道精神及對台灣史的關注，呼籲政府應擴大台籍老兵權益適用範圍，對於作戰負傷成殘，被俘留滯中國，及遺失證件能提供其他證明者，應儘量配合相關撫慰賠償措施，以免為德不卒，空留遺憾。
84.4.7	總統令制定公布「二二八事件處理及補償條例」，該條例第7條規定，受難者之賠償金額，以基數計算，每一基數為10萬元，但最高不得超過60個基數。
84.5.12	立委黃煌於立法院向行政院提出專案質詢，就「前國軍台籍老兵」身分認定事宜屢遭拖宕，影響老兵權益甚鉅，籲請行政院責成國防部，基於「認定從寬，處理從優」原則，並由內政部、退輔會配合國防部作業，處理身分認定之相關問題，儘速提出登記作業改善辦法。
84.7.5	立委黃煌雄陪同中華民國原國軍台籍老兵暨遺族協會赴中國國民黨中央黨部抗議，國防部長蔣仲苓接見承諾「認證從寬、撫恤從優」。
84.8.18	國防部人士參謀次長室正式授權「中華民國原國軍台籍老兵暨遺族協會」為「證件不全」或「遺失證件」者保證背書，期限至8月31日止，為期僅14天。
84.8.24	國防部特於忠烈祠由蔣仲苓部長親自主持「國軍台籍陣亡將士公祭典禮」，以慰英靈。
85.11.29	行政院通過國防部送審之「台灣地區光復初期隨國軍赴大陸作戰人員撫慰金發給辦法草案」，「中華民國原國軍台籍老兵暨遺族協會」會員對於補償金額「早期遣返人員」一律20萬元，「滯留大陸返臺人員」最高80萬元，紛紛表達不滿。
86.4.16	國防部訂定發布「台灣地區光復初期隨國軍赴大陸作戰人員撫慰金發給辦法」，第4條規定早期返臺人員，一律發給撫慰金20萬元；第5條規定滯留大陸人員撫慰金最高發給80萬元。
86.4.30	「中華民國原國軍台籍老兵暨遺族協會」函請國防部修訂「撫慰金」之名稱為「補償金」，並要求提高金額。

88.10.12	立委林政則等40人提出「台灣光復初期投效國軍赴大陸作戰台籍老兵補償條例」草案，於90年4月23日立法院審查「中華民國敵後受難歸來國軍官兵處理及補償條例草案」時，要求將有關台籍老兵補償條例單獨排入議程，惟未獲通過。
91.12.27	總統令修正公布「軍人撫卹條例」全文，第36條規定：「為照顧台灣地區光復初期隨國軍赴大陸作戰人員之生活，國防部得發給撫慰金。前項撫慰金發給適用地區、適用對象、發給條件、限制因素、金額標準、申領及作業程序之辦法，由國防部擬訂，報請行政院核定。」
94.12.13	經台籍老兵許昭榮及全國原國軍台籍老兵暨遺族協會的努力爭取，獲得高雄市政府及行政院文化建設委員會的支持，取得高雄市旗津附近約1公頃土地，設立「戰爭與和平紀念公園」（97年9月29日開工、98年3月16日竣工），嗣後豎立「魂鎮故土」、「台灣無名戰士紀念碑」。
97.5.20	台籍老兵口述歷史《台籍老兵的血淚恨》作者許昭榮，因抗議政府對台籍老兵暨遺族協會不聞不問於台灣無名戰士紀念碑前自焚身亡。
97.5.27	台灣研究基金會創辦人黃煌雄於中國時報發表「台籍老兵的悲愴」乙文，略以：基於對台籍老兵命運的感嘆，這些年來，許昭榮一直希望找塊地，立碑紀念，藉以惕勵後人。幾經努力，他終於獲得高雄市政府的支持，取得在高雄市旗津附近約1公頃的土地，作為「戰爭與和平紀念公園」之用。他很快地在有限的資源與很短的時間內，豎起「魂鎮故土」、「台灣無名戰士紀念碑」。今年5月20日，在2次政黨輪替交接的同一天晚上，這位台籍老兵權益的代言人與領導人，卻以最悲壯的自焚方式結束悲愴的一生。從他所留下「我的遺言」，誓言「本人甘願死守台灣唯一的『戰爭與和平紀念公園』，直到催生國立『台灣歷代戰歿英靈紀念碑』為止。」許昭榮的自焚，固然蘊含個人悲憤與失落，更蘊含有大時代的悲愴。如果我們能拋棄狹隘的黨派觀點與意識形態，而從歷史的高度、人文的情懷、人道的精神、藝術的角度，活化並豐富「戰爭與和平紀念公園」的內涵與意義，對兩岸所有經歷過大時代悲慘命運的人民而言，都是一件既能激勵人心、又能惕勵歷史的重大心靈與歷史復建的工程。
98.5.20	高雄市旗津「戰爭與和平紀念公園」落成啟用。

右一為蔡英文總統、右二為陳菊市長。圖片取自總統府網站

許昭榮可說是台籍老兵權益的代言人和引導人。台籍老兵的血淚史，長期爲社會所忽略，許昭榮等在呼喚全國各界關心的旅程上，經歷一段比較辛苦的歲月，在那段艱難的日子，我一直陪他們同行。我爲他們舉辦空前的公聽會，帶他們回家（國防部），陪他們走上街頭抗議，也爲他們安排忠烈祠祭典，許昭榮屬於老一輩的台灣人，他一直謹記在心，當他創立「全國原國軍台籍老兵暨遺族協會」時，以「台兵聘字第一號」聘我爲「名譽顧問」；當他決意於2008年5月20日自焚前，他於同年月4日寄「邀請函」給我，文內也提到他的眞情與感受：「……回憶19年前，爲了向國民黨政府追討台籍老兵暨遺族之尊嚴與公道，渥蒙委員仗義相助，尤其自從1994年4月2日，委

員在立法院第七會議室召開『黑水溝彼岸的鄉愁』公聽會開始，一直到委員就任監委爲止，熱心關懷照顧台籍老兵暨遺族，曷勝感激。之間，帶領我們見孫震及蔣仲苓兩位部長，爲存活者爭取撫慰金，爲戰歿者爭取入祠等等，不遺餘力，銘感不忘。」

現今座立於高雄市旗津的「戰爭與和平紀念公園」，代表許昭榮最後心願的實現，陳水扁總統執政後期，未能親臨此一公園，向台灣戰歿英靈獻花致敬；馬英九總統執政期間，也未能親臨此一公園；蔡英文總統卻在２０１６年11月5日親臨此一公園，她也因而成爲歷史上第一位走進「戰爭與和平紀念公園」，並向台灣戰歿英靈獻花致敬的民選總統（上頁圖）。如果蔡英文總統能進一步從「歷史的高度、人文的關懷、人道的精神、藝術的角度，活化並豐富『戰爭與和平紀念公園』的內涵與意義，對兩岸所有經歷過大時代悲慘命運的人民而言，都是一件既能激勵人心，又能警惕歷史的重大心靈與歷史復建工程。」這本是陳水扁任職總統期間應該做而尚未做的一件工作，這個歷史的機會之窗，也許就是蔡總統在11月5日親臨「戰爭與和平紀念公園」致詞時所說的：「我們一定會替他（許昭榮）完成他所未能完成的工作。」

結語

先行一步

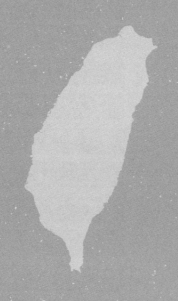

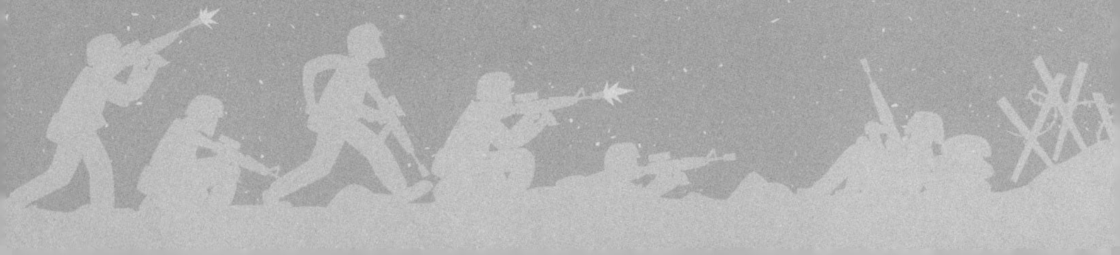

1、中國軍改

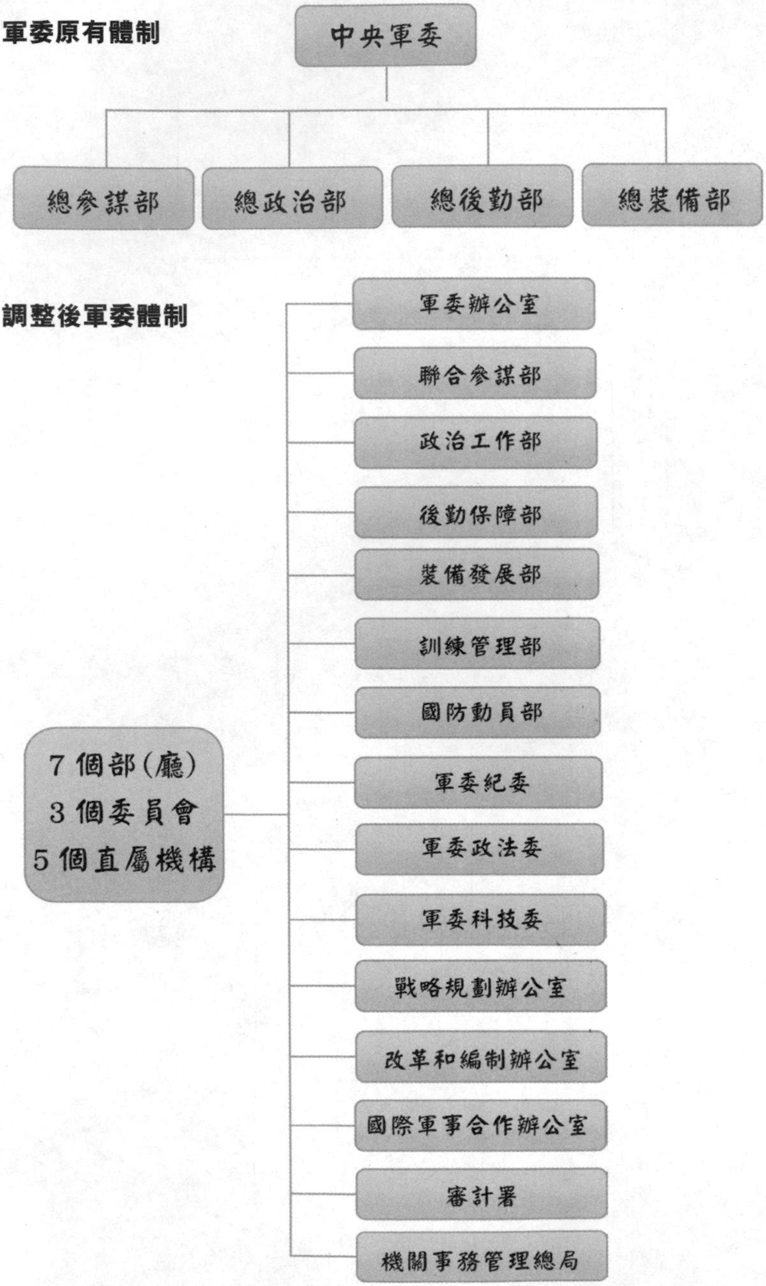
軍委原有體制
中央軍委
總參謀部
總政治部
總後勤部
總裝備部
調整後軍委體制
7個部(廳)
3個委員會
5個直屬機構
軍委辦公室
聯合參謀部
政治工作部
後勤保障部
裝備發展部
訓練管理部
國防動員部
軍委紀委
軍委政法委
軍委科技委
戰略規劃辦公室
改革和編制辦公室
國際軍事合作辦公室
審計署
機關事務管理總局

中國大陸在20世紀80年代裁軍百萬，20世紀90年代裁軍70萬，到2014年，習近平宣稱中國將再裁軍30萬；而在2015年年底，習近平更對中國國防和軍隊進行空前的領導與組織變革，將原四總部調整爲七個部（廳）、三個委員會、五個直屬機構；七個軍區改爲五個戰區；軍種變爲陸軍、海軍、空軍、火箭軍、戰略支援部隊。

茲參酌人民網和新華網的相關報導，摘要以簡圖（388～391頁圖）說明如下：

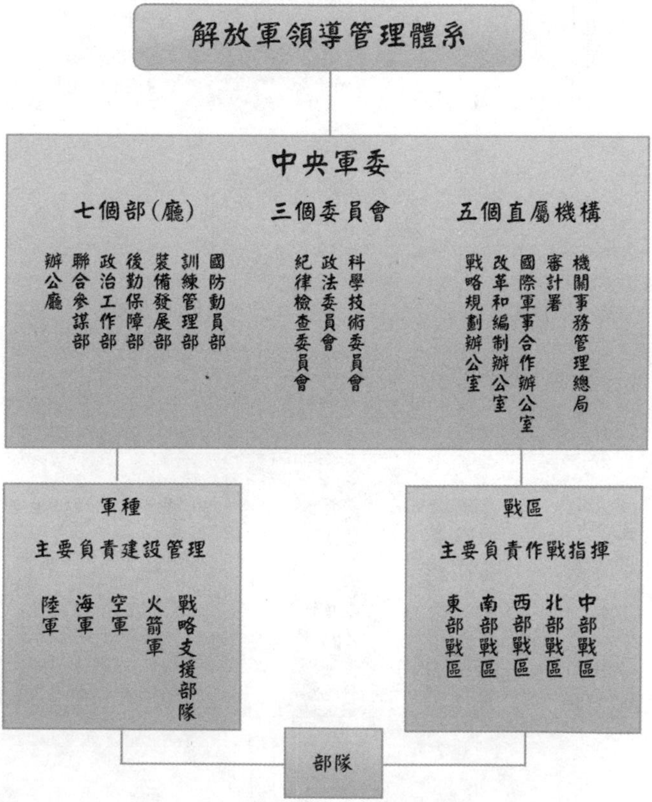

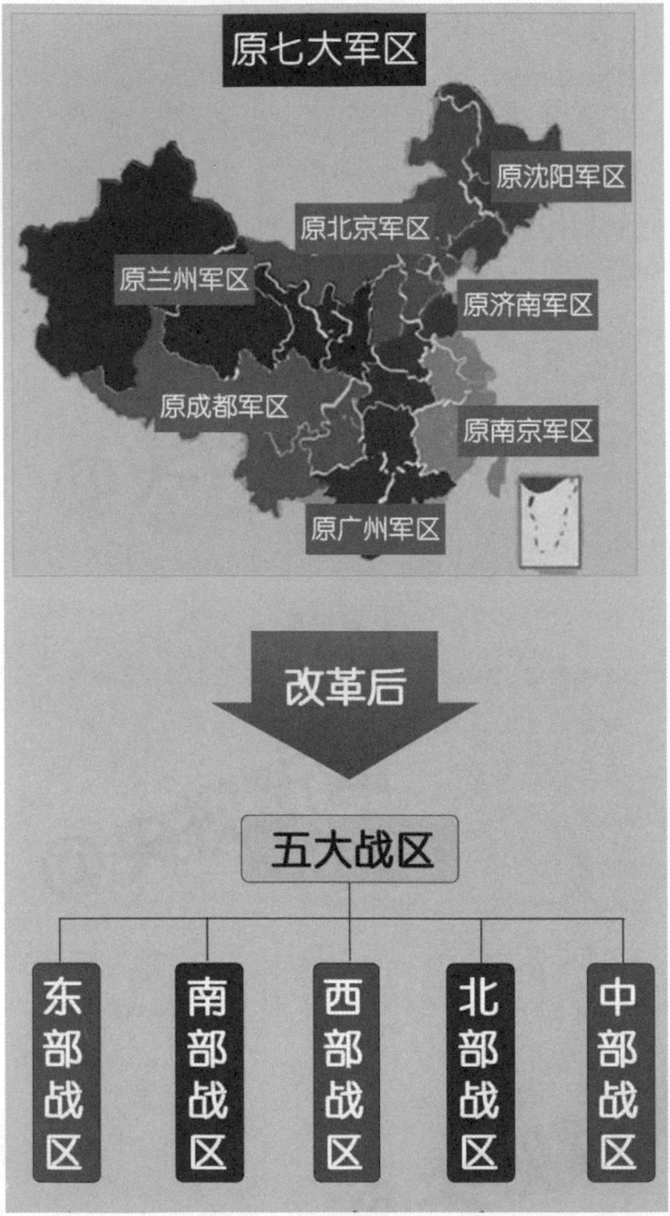
原七大军区
原沈阳军区
原北京军区
原兰州军区
原济南军区
原成都军区
原南京军区
原广州军区
改革后
五大战区
东部战区
南部战区
西部战区
北部战区
中部战区

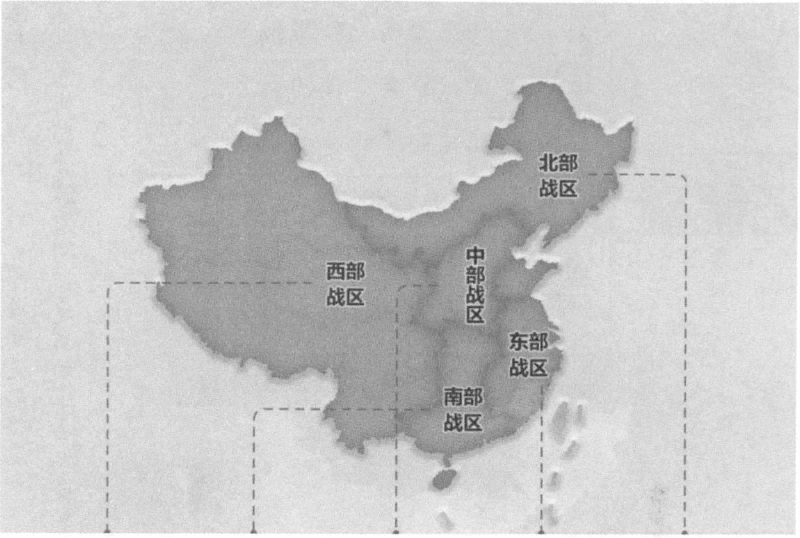

國防和軍隊改革重大部署

改革總目標

・2020年前在領導管理體制、聯合作戰指揮體制改革上取得突破性進展

・在優化規模結構、完善政策制度、推動軍民融合發展等方面改革上取得重要成果

・努力構建能夠打贏信息化戰爭、有效履行使命任務的中國特色現代軍事力量體系，完善中國特色社會主義軍事制度

新形勢下的強軍目標

1. 新格局：軍委管總 戰區主戰 軍種主建

著眼於貫徹新形勢下政治建軍的要求，推進領導掌握部隊和高效指揮部隊有機統一，形成軍

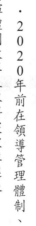

委管總、戰區主戰、軍種主建的格局。

2. 新監管體系：組建新的軍委紀委和政法委：著眼於深入推進依法治軍、從嚴治軍，抓住

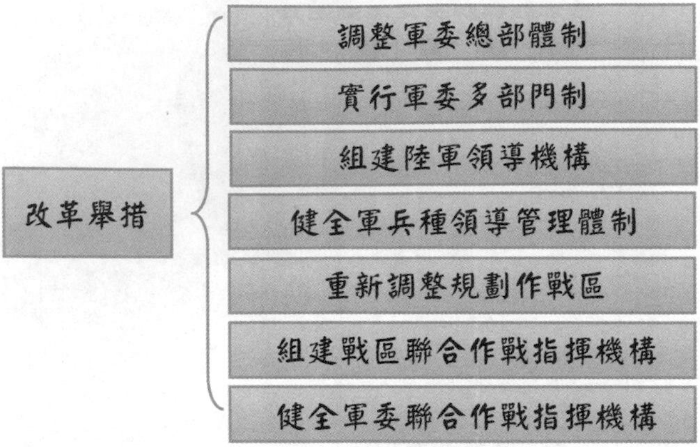

建構新的作戰指揮體系

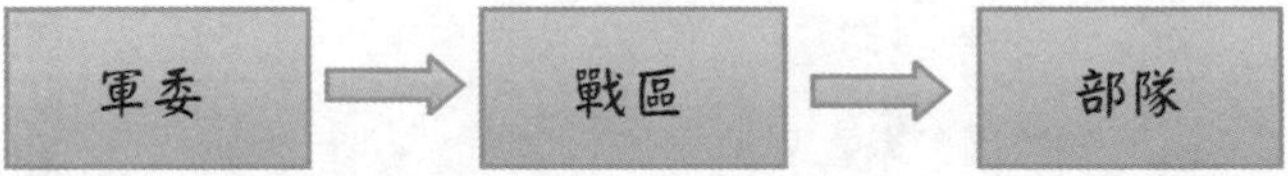

建構新的領導管理體系

治權這個關鍵，構建嚴密的權力運行制約和監督體系。

3.裁軍30萬質量效能轉變：著眼於打造精銳作戰力量，優化規模結構和部隊編成。推動我軍數量規模型↓質量效能型。

根據不同方向安全需求和作戰任務改革部隊編成，推進以效能爲核心的軍事管理革命。

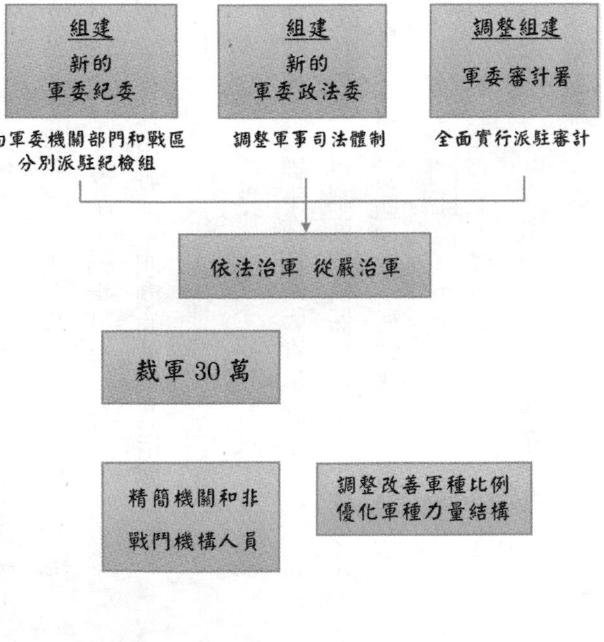

綜觀中國這次深化國防和軍隊的改革，除了裁軍30萬以外，最彰顯的舉措在構建「軍委↓戰區↓部隊」新的作戰指揮體系，以及「軍委↓軍種↓部隊」新的領導管理體系；同時組建陸軍領導機構，健全軍兵種（包括陸軍、海軍、空軍、火箭軍、戰略支援部隊）領導管理體制；而在軍委及戰區層級都組建聯合作戰指揮機構。這些淡化大陸軍獨大色彩和強化聯合作戰指揮機構的重大舉措，實是中國此次軍改的最大特色。

深化軍改一年來，依中國軍網解放軍報2016年12月2日的報導，在過程上，「許多部隊打散、隸屬、新建、大批人員調動、移防、轉崗」；「番號改了、臂章換了、人員動了、駐地變了」；這一年新的「四梁八柱」拔地而起；改革最先動刀子的地方，是總部；最先精簡整編的單位，是領率機關；「四總部」成為歷史，軍委機關由總部制改為多部門制；從「4」到「15」，不只是數字增減、名稱改變那麼簡單，而是結構性、功能性重塑，在精兵簡政、解決「頭重尾巴長」等問題邁出實質性步伐。這一年，千變萬化指向一個「戰」字。……這次演練實現了從形聯到神聯的跨越，折射出大陸軍思維定勢被打破，聯合作戰、聯合致勝理念已經深入人心。一年來，「聯合」一詞屢屢見諸各大媒體……改革，劍指打贏；打贏，必須聯合。……西部戰區一下子砍掉與聯合作戰指揮關連不大、作用發揮不明顯的數十個指揮席位，對職能相近、任務交叉的席位「關停併轉」，指揮席位的「減法」帶來指揮效率的「加法」。

「從軍區到戰區，一字之變蘊涵質的飛躍。」戰區的心思就應該完全掛在打仗上，不能老想著派個工作組去檢查督導部隊，因為那是軍種的事，已經不在你的職責範圍了。從「官位」走上「戰位」的轉型之痛，必須以聯戰聯訓支撐轉型，以制度機構保證轉型……前段時間，東部戰區參與組織的聯合立體登陸演習，海空軍力量運用明顯加重，傳統陸軍不再是「老大」……「今後抓聯合作戰，我的崗位在哪裡？決不能整天坐在辦公桌前批文件、寫材料，而應該身穿迷彩服、腳蹬作戰鞋，紮進指揮所，坐在指揮席上推方案、擬命令。」

如今，改革之初的尷尬，已經化作一個個成長故事，一次次破繭重生……改革潮起一年間，給全軍官兵帶來的衝擊、震動前所未有，給這支軍隊帶來的變化、影響前所未有。

2、先行一步

中國這次深化軍改的特色，以及一年來在軍改過程上所反射出的各種現象與問題，和台灣30多年來，特別是近20多年來國防組織變革所展現的精神、遭遇的挑戰與浮現的問題，在一定程度和意義上，均有著似曾相識之感；其中更有著不可言喻的相通之處。從宏觀的歷史觀點比較，兩岸的綜合國力和軍事實力雖已今非昔比，並向大陸嚴重傾斜，但我們在戰略守勢指導下，在國防現代化以及淡化陸軍獨大、建立聯合作戰指揮機構的重大變革上卻先行一步。這樣的先行一步，不僅增添我們的自信，更讓我們不禁要懷念那些在變革關鍵節點上的關鍵推動者。

台灣自20世紀80年代初到21世紀20年代中，30多年間，國防政策從戰略攻勢的反攻大陸調整為戰略守勢的保衛台灣；國防預算從占中央總預算約48%調降到只占18%～16%；國防組織更大幅變革，兵力總員額從49萬5000餘員，裁軍28萬，只剩21萬5000餘員。不僅如此，期間更歷經國防二法與國防六法的軍事事務革新與引導，從此我國國防走上軍隊國家化、軍政軍令一元化、文人領軍的民主國家憲政常態之路；而在建軍旅程上，更經由國軍聯合作戰指揮機構的建立與驗證，以及博勝案的引進與運用，使我國國防走上現代化國家之林。

但台灣國防走上現代化之路，並非一帆風順，在變革的過程上，頻頻出現短視與遠見、橫生波折與堅定決心的交織畫面。30多年前，宋長志在立法院所講「戰略守勢」的「老實話」，一度引發爭論與質疑；20多年前，我在立法院所提改變中央政府預算分配結構的新方案，也引發批判與圍剿；特別是20多年來持續不斷的組織變革，更引來「部隊不知爹娘是誰」、「不知左邊右邊的兄弟姊妹是誰」的失落與感嘆，但在關鍵節點上的關鍵推動者，卻都展現堅定的意志與決心，並有時不我予的歷史使命。從十年兵力案到精實案，從精進案到精粹案、從國防二法到國防六法，從劉和謙到羅本立，從唐飛到湯曜明，從李傑到高華柱，……都讓人感受到這樣的guts，也看到這樣的身影。

劉和謙總長說，「我感覺到十年兵力目標規劃的迫切性」，「十年兵力目標不僅是精簡編組……而是藉全方位精進，朝向國軍現代化之總目標邁進」；羅本立總長說，「這是近40年來，調整幅度最大，兵力裁減最多的整編案，不僅應對國軍、國家負責，也應對歷史負責」，「精實案的推動是國軍邁向現代化建軍的重要工作，不容許失敗，也不容許推拖延遲……必須摒除本位主義，排除任何困難，全力貫徹執行」，「我個人可以自豪地說，精實案的推動，個人始終抱持無私無我的心態……亦未考慮個人的得失，推行至今……個人無愧於心了」。唐飛部長說，「我在參謀本部三年多，後來所以寧願放棄一級上將待遇，接受國防部長職位，最主要的心情，或者是動力，便是堅定認爲如果國防二法不能及時通過，不但國防部無法可依，國防更永遠無法現代化。……因此，在修法過程上，當時是先求有，再求好。」及國防二法剛通過不久，卻面對要求「修法」的困擾時，唐飛部長說：「（國防）二法的『立』和『修』已經拖了50多年，好不容易打破陳腐的觀念，要將經過立院三讀通過的國防二法法案，再度修法回去，豈不兒戲，我沒有採取行動，這也是我一生服務軍公職近50年唯一的一次合法的冷處理。」而接任的湯曜明部長則說：「其實我希望建立一個制度，這是我任職這一兩年所要做的事……我明確表示，在我部長任內最重要的事，就是實施國防二法轉型當中，能夠建立一個制度，然後盡快交予文人擔任部長。」

隨著募兵時刻的到來，台灣的國防不僅需要面對21世紀20年代新的現實，更需要研擬並確立新的戰略指導。30多年前，支撐戰略守勢的核心優勢——制空與制海，現在已時不我予；兩岸軍力對比也已嚴重向中國大陸傾斜，且落差將愈來愈大。我們必須冷靜以對敵大我小、敵強我弱的涵義；我們必須在新的戰略指導下，從古今中外的戰史中，從三國時代的赤壁之戰到20世紀80年代英國與阿根廷的福克蘭戰役，冷靜以對如何面對決戰，如何打贏戰爭，如何定義勝戰，如何定義失敗，如何展現代表主權與國力的基本戰力，如何創新並發揮不對稱的決勝戰力，如何維持可長可久的配套戰力，如何主動選擇或運用對我最有利、對敵最不利的時間與環境，讓敵人無法登陸立足，而打贏戰爭，確保生存，帶來和平。這應該就是當前國防建軍備戰所要達成的目標。

已過世的新加坡精神領袖——李光耀，在《新加坡賴以生存的硬道理》序言中寫道：「沒有強大的經濟，哪來強大的國防力量。沒有強大的國防力量，也就沒有新加坡；新加坡會淪爲附屬國，受到鄰居恐嚇和欺凌。人口只有400多萬的小國要維持強大的經濟和國防力量，需要最能幹、最有獻身精神及最經得起考驗的人來領導政府……只有最好的團隊才能肩負起領導與保障新加坡的責任，這是不變的事實。」

雖然台灣的土地面積比新加坡大一些，人口比新加坡多一些，綜合條件比新加坡好一些，國防力量比新加坡強一些，但是台灣如果要繼續確保生存與發展，就需要「維持強大的經濟和國防力量」，也需要「最能幹、最有獻身精神及最經得起考驗的人來領導」，因爲「只有最好的團隊才能肩負起領導與保障」台灣的責任，「這是不變的事實」。

當前台灣的領導團隊，針對變革中的台灣國防，實應謹記被鈕先鍾形容是「全世界最偉大的兵學經典」——《孫子》的教誨，特別是其中所論的：

兵者，國之大事也。死生之地，存亡之道，不可不察也。……夫未戰而廟算勝者，得算多也；未戰而廟算不勝者，得算少也。多算勝，少算不勝，而況乎無算乎！（**計篇**）

凡用兵之法，全國爲上，破國次之；全軍爲上，破軍次之；……是故百戰百勝，非善之善者也；不戰而屈人之兵，善之善者也。故上兵伐謀，其次伐交，其次伐兵，其下攻城。……故善用兵者，屈人之兵而非戰也，拔人之城而非攻也，毀人之國而非久也，必以全爭於天下，故兵不頓而利可全，此謀攻之法也。……故知勝有五：知可以戰與不可以戰者勝，識眾寡之用者勝，上下同欲者勝，以虞待不虞者勝，將能而君不御者勝。此五者，知勝之道也。故曰，知彼知己，百戰不殆；不知彼而知己，一勝一負；不知彼不知己，每戰必殆。（**謀攻篇**）

昔之善戰者，先爲不可勝，以待敵之可勝。不可勝在己，可勝在敵。……古之所謂善戰者，勝於易勝者也。故善戰者之勝也，無智名，無勇功。……故善戰者，立於不敗之地，而不失敵之敗也。是故，勝兵先勝而後求戰，敗兵先戰而後求勝。（**形篇**）

故善戰者，致人而不致於人。……故形人而我無形，則我專而敵分；吾所與戰之地不可知，不可知，則敵所備者多；敵所備者多，則吾所與戰者寡矣。故備前則後寡，備後則前寡；備左則右寡，備右則左寡；無所不備，則無所不寡。……故知戰之地，知戰之日，則可千里而戰；不知戰地，不知戰日，則左不能救右，右不能救左，前不能救後，後不能救前，而況遠者數十里，近者數里乎！故曰：勝可爲也。……故形兵之極，至於無形；……夫兵形象水，水之行，避高而趨下；兵之勝，避實而擊虛。……能因敵變化而取勝者，謂之神。（**虛實篇**）

故用兵之法，無恃其不來，恃吾有以待也；無恃其不攻，恃吾有所不可攻也。（**九變篇**）

這些教誨，已經歷過2000多年不同時空與不同戰場的淬鍊與考驗，並爲歷史上不同階段、不同國家的政治領袖與軍事將領奉爲圭臬；對當前的台灣國防而言，這些教誨實屬「國之大事」，且爲「死生之地，存亡之道，不可不察也」。

附錄一

表1：國防部歷任部長及任期

任別	姓名	任期
第一任	白崇禧	35.05.23－37.06.03
第二任	何應欽	37.06.03－37.12.22
第三任	徐永昌	37.12.22－38.05.01
第四任	何應欽	38.05.01－38.06.12
第五任	閻錫山	38.06.12－39.01.31
第六任	顧祝同	39.01.31－39.04.01
第七任	俞大維	39.04.01－40.03.01
第八任	郭寄嶠	40.03.01－43.06.01
第九任	俞大維	43.06.01－53.12.31
第十任	蔣經國	54.01.14－58.07.01
第十一任	黃　杰	58.07.01－61.06.01
第十二任	陳大慶	61.06.01－62.07.01
第十三任	高魁元	62.07.01－70.11.19
第十四任	宋長志	70.12.01－75.07.01
第十五任	汪道淵	75.07.01－76.04.29
第十六任	鄭為元	76.04.29－78.12.05
第十七任	郝柏村	78.12.05－79.05.31
第十八任	陳履安	79.06.01－82.02.01
第十九任	孫　震	82.02.27－83.12.16
第二十任	蔣仲苓	83.12.16－88.01.31
第二十一任	唐　飛	88.02.01－89.05.20
第二十二任	伍世文	89.05.20－91.02.01
第二十三任	湯曜明	91.02.01－93.05.20
第二十四任	李　傑	93.05.20－96.05.21
第二十五任	李天羽	96.05.21－97.02.25
第二十六任	蔡明憲	97.02.25－97.05.20
第二十七任	陳肇敏	97.05.20－98.09.10
第二十八任	高華柱	98.09.10－102.08.01
第二十九任	楊念祖	102.08.01－102.08.08
第三十任	嚴　明	102.08.08－104.01.30
第三十一任	高廣圻	104.01.30－105.05.20
第三十二任	馮世寬	105.05.20迄今

表2：國防部歷任參謀總長及任期

任別	姓名	任期
第一任	陳　誠	35.05.23－37.05.12
第二任	顧祝同	37.05.12－39.03.25
第三任	周至柔	39.03.25－43.07.01
第四任	桂永清	43.07.01－43.08.12
第五任	彭孟緝	43.08.18－46.07.01
第六任	王叔銘	46.07.01－48.07.01
第七任	彭孟緝	48.07.01－54.07.01
第八任	黎玉璽	54.07.01－56.07.01
第九任	高魁元	56.07.01－59.07.01
第十任	賴名湯	59.07.01－65.06.30
第十一任	宋長志	65.07.01－70.12.01
第十二任	郝柏村	70.12.01－78.12.05
第十三任	陳燊齡	78.12.05－80.12.05
第十四任	劉和謙	80.12.05－84.07.01
第十五任	羅本立	84.07.01－87.03.04
第十六任	唐　飛	87.03.05－88.01.31
第十七任	湯曜明	88.02.01－91.02.01
第十八任	李　傑	91.02.01－93.05.20
第十九任	李天羽	93.05.20－96.02.01
第二十任	霍守業	96.02.01－98.02.05
第二十一任	林鎮夷	98.02.05－102.01.16
第二十二任	嚴　明	102.01.16－102.08.08
第二十三任	高廣圻	102.08.08－104.01.30
第二十四任	嚴德發	104.01.30－105.12.01
第二十五任	邱國正	105.12.01迄今

附錄二：各調查案件受邀參加諮詢會議及接受訪談與約詢人員

表 1-1:「國防部推動精實案」調查案接受訪談人員

場次	時間	受訪者	備註
1.	88/5/10	沈方枰	前計畫次長
2.	88/5/12（上午）	劉和謙	前參謀總長
3.	88/5/12（下午）	孫 震	前國防部長
4.	88/5/13	何兆彬	前計畫次長
5.	88/5/14	蔣仲苓 羅本立	前國防部長 前參謀總長
6.	88/8/10	陳履安	前國防部長

表 1-2:「國防部推動精實案」調查案接受約詢人員

場次	時間	受訪者	備註
1.	88/5/17	劉志遠 陳金生	時任計畫次長 時任人事次長
2.	88/5/19	湯曜明	時任參謀總長
3.	88/5/21	唐 飛	時任國防部長

附註：按監察院相關內規，現職人員的當面說明稱爲約詢，而對卸任人員爲表示尊重，則稱爲訪談或約訪。

表 2-1:「國防政策總體檢案」接受訪談人員(含陪同)

場次	時間	受訪者	備註
1.	90/2/1	劉和謙 沈方枰(陪同) 蘭寧利(陪同)	前參謀總長 前計畫次長 前海總副參謀長
2.	90/2/2	陳履安	前國防部長
3.	90/2/5	唐 飛	前國防部長
4.	90/2/6	劉和謙 沈方枰(陪同) 蘭寧利(陪同)	前參謀總長 前計畫次長 前海總副參謀長
5.	90/2/12	孫 震	前國防部長
6.	90/3/14(上午)	宋長志	前國防部長
7.	90/3/14(下午)	陳燊齡	前參謀總長
8.	90/3/15	羅本立	前參謀總長
9.	90/3/16	蔣仲苓 陳筑藩(陪同)	前國防部長 前部長辦公室主任

表 2-2:「國防政策總體檢案」接受約詢人員

場次	時間	受訪者	備註
1.	90/2/8(上午)	湯曜明 胡鎮埔 趙世璋 朱凱生 陸小榮 張小興	時任參謀總長 時任作戰次長 時任軍務局長 時任聯督部主任 時任計畫次長室軍制編裝處處長 時任計畫次長室計畫研發處處長
2.	90/2/8(下午)	伍世文 傅慰孤 張志澄	時任國防部長 時任空軍常務次長 時任部長辦公室主任

表 3-1：「國防二法實施兩年以來，其執行績效及遭遇問題之探討案（2004 年）」受邀參加諮詢會議人員

場次	時間	與會者	備註
1.	92/9/25（上午）	顧崇廉	前國防部副部長
		夏瀛洲	前國防大學校長
		周正之	前後勤次長室次長
		沈方枰	前計畫次長室次長
		帥化民	前國防管理學院院長
2.	90/9/25（下午）	蘭寧利	前電腦兵棋中心主任
		劉定堅	前國防部長辦公室主任
		韓學智	前計畫次長室副處長
		劉湘濱	時任國安會處長
		蘇進強	時任文化總會祕書長
3.	90/9/26	蘇紫雲	時任國安會研究員
		陳勁甫	時任國防管理學院決策所所長
		呂昭隆	時任中國時報資深記者
		翁明賢	時任淡江大學國際事務與戰略研究所教授
		潘東豫	退役空軍上將

表 3-2：「國防二法實施兩年以來，其執行績效及遭遇問題之探討案（2004 年）」接受訪人員

場次	時間	受訪者	備註
1.	92/9/30	劉和謙	前參謀總長
2.	92/10/1	羅本立	前參謀總長
3.	92/10/2	唐 飛	前國防部長
4.	92/10/13	伍世文	前國防部長

表3-3：「國防二法實施兩年以來，其執行績效及遭遇問題之探討案（2004年）」接受約詢人員

場次	時間	受訪者	備註
1.	92/11/4	李 傑 王立申 向榕錚 雷光旦 金乃傑	時任參謀總長 時任戰規司司長 時任法制司司長 時任作計室次長 時任整評室代主任
2.	92/11/11	湯曜明 鄧福全 王立申 吳達澎 向榕錚 雷光旦 金乃傑	時任國防部長 時任主計局局長 時任戰規司司長 時任人力司司長 時任法制司司長 時任作計室次長 時任整評室代主任

表3-4：「國防二法實施兩年以來，其執行績效及遭遇問題之探討案(2004年)」參加國安會座談人員：

場次	時間	受訪者	備註
1.	92/12/8	康寧祥 柯承亨 黃再添	時任國安會祕書長 時任國安會副祕書長 時任國安會祕書室主任

表4-1：「國軍聯合作戰指揮機構執行績效體檢案」受邀參加諮詢會議人員

場次	時間	與會者	備註
1.	93/9/8	顧崇廉 夏瀛洲 沈方枰 周正之 帥化民 蘭寧利	前國防部副部長 前國防大學校長 前計畫次長室次長 前後勤次長室次長 前國防管理學院院長 前電腦兵棋中心主任

表4-2：「國軍聯合作戰指揮機構執行績效體檢案」接受訪談人員

場次	時間	受訪者	備註
1.	93/9/23	劉和謙	前參謀總長
2.	93/9/24	伍世文	前國防部長
3.	93/10/8	唐 飛	前行政院長

註：前國防部長湯曜明就本院訪談問題提供有詳細之書面說明。

表4-3：「國軍聯合作戰指揮機構執行績效體檢案」接受約詢人員

場次	時間	受訪者	備註
1.	93/10/11	李天羽	時任參謀總長
2.	93/10/18	李 傑	時任國防部長

附註：本案曾親到各作戰區聯戰指揮中心及各軍種綜合協調中心勘查座談

表5-1：「國防部擬實施全募兵制對政府財政及國軍戰力之影響專案調查案（2009年）」受邀參加諮詢會議人員

場次	時間	與會者	備註
1.	97/9/26	帥化民 丁守中 蘭寧利 陳勁甫 王高成 楊念祖	時任立法委員 時任立法委員 前電腦兵棋中心主任 前國防管理學院決策所所長 時任淡江大學國際事務與戰略研究所所長 時任國立中山大學教授
2.	97/10/6 （上午）	夏瀛洲 曾金陵 沈方枰 傅慰孤 周正之 李文忠 張榮豐	前國防大學校長 時任國防大學校長 前計畫次長室次長 前空軍副總司令 前立法委員 前立法委員 前國安會副祕書長
3.	97/10/6 （下午）	蘇進強 翁明賢 劉立倫 丁樹範 賴岳謙 馬振坤	時任台灣時報社社長 時任淡江大學國際事務與戰略研究所教授 時任中原大學商學院教授 時任國立政治大學國際事務學院教授 時任實踐大學副教授 時任國防大學政治作戰學院政治系副教授
4.	97/10/8	姚嘉文 蔡明憲 丁渝洲 陳唐山 朱凱生 陳新民	前考試院院長 前國防部長 前國安會祕書長 前國安會祕書長 前軍備副部長 時任中國文化大學法律系教授

表 5-2：「國防部擬實施全募兵制對政府財政及國軍戰力之影響專案調查案（2009 年）」接受訪談人員

場次	時間	受訪者	備註
1.	97/10/9	劉和謙	前參謀總長
2.	97/10/13	郝柏村	前行政院長
3.	97/10/24	沈國禎	前空軍總司令
4.	97/10/30（上午）	李天羽	前國防部長
5.	97/10/30（下午）	唐 飛	前行政院長
6.	97/11/30	苗永慶	前海軍總司令
7.	97/11/10	陳履安	前國防部長
8.	97/11/11	伍世文	前國防部長

表 5-3：「國防部擬實施全募兵制對政府財政及國軍戰力之影響專案調查案（2009 年）」參加座談人員

國防部座談：

場次	時間	受訪者	備註
1.	97/11/12	陳肇敏 等	國防部長暨國防部各業管軍官等多人。

國安會座談：

場次	時間	受訪者	備註
1.	97/11/13	蘇 起 李海東 鍾 堅	時任國安會祕書長 時任國安會副祕書長 時任國安會諮詢委員

表6-1：「國防二法實施之成效與檢討案（2010年）」受邀參加諮詢會議人員

場次	時間	與會者	備註
1.	98/4/16	帥化民 蘭寧利 蘇進強 劉立倫 陳珠龍	時任立法委員 前電腦兵棋中心主任 時任南華大學和平與戰略研究中心主任 時任中原大學企管系教授 時任致理技術學院企管系教授
2.	98/4/17（上午）	沈國禎 金乃傑 王立申 高廣圻 董翔龍 陳永康 陳遠雄 王貴民	前空軍總司令 時任國防大學校長 時任海軍司令 時任副參謀總長 時任聯勤司令 時任海軍副司令 時任國防部參事 前國防部整合評估室模式模擬處處長
3.	98/4/17（下午）	李文忠 賴岳謙 王央城 宋學文 馬振坤	前立法委員 時任實踐大學教務長 時任國防大學管理學院院長 時任中正大學戰略暨國際事務研究所教授 時任國防大學政治作戰學院政治系教授
4.	98/4/20	蔡明憲 曾金陵	前國防部長 前國防大學校長
5.	98/5/4	吳達澎 黃奕炳 王宗海 王木榮	時任副參謀總長兼執行官 時任國防部常務次長 時任退輔會副祕書長 時任國防部參事

表6-2：「國防二法實施之成效與檢討案（2010年）」接受訪談人員

場次	時間	與會者	備註
1.	98/5/21	朱凱生 苗永慶	前軍備副部長 前海軍總司令
2.	98/6/4（上午）	伍世文	前國防部長
3.	98/6/4（下午）	霍守業	前參謀總長
4.	98/6/5（上午）	李天羽	前國防部長
5.	98/6/5（下午）	李　傑	前國防部長
6.	98/6/8	霍守業	前參謀總長
7.	98/6/15	霍守業	前參謀總長
8.	98/7/3	唐　飛	前行政院長

表6-3：「國防二法實施之成效與檢討案（2010年）」參加國防部座談人員

場次	時間	與會者	備註
1.	98/11/18	高華柱 楊念祖 趙世璋 林鎮夷 吳達澎	時任國防部長 時任軍政副部長 時任軍備副部長 時任參謀總長 時任副參謀總長執行官 （及二位常務次長暨各相關業務軍官共30多人參加） （本次座談共討論51個題目）

附註：本案曾親到各作戰區聯合指揮中心及各軍種綜合協調中心勘查。

表7-1：「精粹案之執行成效及其檢討」案受邀參加諮詢會議人員

場次	時間	與會者	備註
1.	101/11/26（上午）	王高成	時任淡江大學國際事務與戰略研究所教授
		劉立倫	時任中原大學企管系教授兼商學院院長
		陳勁甫	時任元智大學社會暨政策科學系副教授
		賴岳謙	時任實踐大學博雅學部副教授
		馬振坤	時任國防大學政治作戰學院政治系教授
2.	101/11/26（下午）	蘭寧利	前電腦兵棋中心主任
		帥化民	前立法委員
		蘇進強	前台灣團結聯盟主席
		傅慰孤	前空軍副總司令
		沈方枰	前中山科學研究院院長
3.	101/11/28	沈國禎	前空軍總司令
		吳達澎	前副參謀總長兼執行官
4.	102/3/14	苗永慶	前海軍總司令
		朱凱生	前軍備副部長

表7-2：「精粹案之執行成效及其檢討」案接受訪談人員

場次	時間	受訪者	備註
1.	101/12/27（上午）	陳履安	前國防部長
2.	101/12/27（下午）	唐　飛	前行政院長
3.	101/12/28	劉和謙	前參謀總長
4.	102/1/2	蔡明憲	前國防部長
5.	102/1/4（上午）	伍世文	前國防部長
6.	102/1/4（下午）	孫　震	前國防部長
7.	102/1/7（上午）	李　傑	前國防部長
8.	102/1/7（下午）	李天羽	前國防部長
9.	102/1/11	霍守業	前參謀總長
10.	102/1/21	霍守業	前參謀總長
11.	102/1/29	林鎮夷	前參謀總長

表7-3:「精粹案之執行成效及其檢討」案參加國防部座談人員

場次	時間	受訪者	備註
1.	102/4/11	高華柱 嚴 明 楊念祖 高廣圻 孫玦新 廖榮鑫 黃奕炳	時任國防部長 時任參謀總長 時任軍政副部長 時任軍備副部長 時任陸軍常次 時任空軍常次 時任總督察長 (及各相關業務軍官共28人參加) (本次座談共討論33個題目)

表8-1:「國防部推動實施募兵制之規劃與執行案(2013年)」受邀參加諮詢會議人員

場次	時間	與會者	備註
1.	101/11/26 (上午)	王高成 劉立倫 陳勁甫 賴岳謙 馬振坤	時任淡江大學國際事務與戰略研究所教授 時任中原大學企管系教授兼商學院院長 時任元智大學社會暨政策科學系副教授 時任實踐大學博雅學部副教授 時任國防大學政治作戰學院政治系教授
2.	101/11/26 (下午)	蘭寧利 帥化民 蘇進強 傅慰孤 沈方枰	前電腦兵棋中心主任 前立法委員 前台灣團結聯盟主席 前空軍副總司令 前中山科學研究院院長
3.	101/11/28	沈國禎 吳達澎	前空軍總司令 前副參謀總長兼執行官
4.	102/3/14	苗永慶 朱凱生	前海軍總司令 前軍備副部長
5.	102/8/1	蔡明憲 姚嘉文	前國防部長 前考試院院長
6.	102/8/22	陳文政 柯承亨	時任淡江大學國際事務與戰略研究所助理教授 前國防部副部長

表 8-2：「國防部推動實施募兵制之規劃與執行案（2013年）」接受訪談人員

場次	時間	受訪者	備註
1.	101/12/27（上午）	陳履安	前國防部長
2.	101/12/27（下午）	唐 飛	前行政院長
3.	101/12/28	劉和謙	前參謀總長
4.	102/1/2	蔡明憲	前國防部長
5.	102/1/4（上午）	伍世文	前國防部長
6.	102/1/4（下午）	孫 震	前國防部長
7.	102/1/7（上午）	李 傑	前國防部長
8.	102/1/7（下午）	李天羽	前國防部長
9.	102/1/11	霍守業	前參謀總長
10.	102/1/21	霍守業	前參謀總長
11.	102/1/29	林鎮夷	前參謀總長

表 8-3：「國防部推動實施募兵制之規劃與執行案（2013年）」接受約詢人員

場次	時間	與會者	備註
1.	102/9/23	嚴 明 王天德 成雲鵬 陳遠雄 陳 麒 王信龍 王明我 黃德孝 殷榮源	時任國防部長 時任資源規劃司長 時任戰規司長 時任整合評估司長 時任主計局長 時任人室次長 時任政戰局長 時任軍備局處長 時任全動室主任
2.	102/10/14	林慶隆 石素梅	時任審計部審計長 時任行政院主計總處主計長
3.	102/10/23	林政則 吳當傑 淩忠嫄	時任行政院政務委員 時任財政部次長 時任財政部國庫署長
4.	102/11/27	林慈玲 林國演 劉國傳 尤明錫 楊新義	時任內政部次長 時任內政部役政署長 時任退輔會副主任委員 時任海巡署副署長 時任海巡署海岸巡防總局長

附錄三：黃煌雄於第三屆立委期間（1993年2月～1996年1月）質詢及協調軍方用地紀要

編號	時間	立法院質詢主題	協調（含履勘）	行政院函覆	出處
1.	82/3/2	籲請行政院重新檢討目前國防部在臺北縣占有軍事營區的必要性，以利臺北縣都市基礎及公共設施不足、生活品質不良等問題之改善，特向行政院質詢。		行政院82／5／7函覆：自76年解嚴迄今，計解除管制一處，縮小管制區六處，縮小管制面積達三〇八．八四八公頃。今後仍……繼續檢討辦理。	立法院公報82卷008期下冊2607號
2.	82/3/2	籲請國防部基於新的國土規劃及全盤考量，儘速開放臺北縣千餘公頃非必要軍事管制限建土地，供作興建國宅及休閒設施之用，以提升臺北縣民之生活品質，特向行政院質詢。		行政院82／4／28函覆：自76年解嚴迄今，計解除管制一處，縮小管制區六處，縮小管制面積達三〇八．八四八公頃。今後仍……繼續檢討辦理。	立法院公報82卷008期下冊2607號
3.	82/3/5	籲請行政院責成國防部，重新檢討位於臺北縣新店市軍事用地的必要性，裁撤、搬遷或縮小阻礙地方發展的營區，作為增建國宅或公共設施之用，特向行政院質詢。		行政院82／5／12函覆：新店地區國軍單位，各有其任務與需要，目前無法裁撤或搬遷；惟本部……賡續檢討縮小新店軍事設施管制區之範圍。	立法院公報82卷009期2608號

4.	82/3/9	籲請行政院責成國防部限期遷移位於臺北縣板橋市的健華營區，及縮小團管區占地面積，將之作為興建國宅、停車場或公園等設施用地，以改善板橋市民的生活品質，特向行政院質詢。		行政院82/5/29函覆：已由內政部與國防部協調確定將提供板橋健華營區整體開發為新社區。	立法院公報82卷010期2609號
5.	82/3/19	籲請行政院責成國防部，縮小或遷移位於臺北縣林口鄉的憲兵特勤隊營區，並考慮裁撤心戰總隊，將營區用地撥供林口新市鎮整體建設之推動，及改善當地的聯外交通，特向行政院提出質詢。		行政院82/5/20函覆：俟地方政府辦理土地協調撥用時，雙方達成地上物拆遷補償協議後，本部當配合辦理。	立法院公報82卷014期上冊2613號
6.	82/3/23	籲請國防部正視軍事與社會的良性互動關係，裁撤或遷移臺北縣樹林鎮羌寮里的陸軍光華營區，供作興建公立高中之用；並縮小陸軍樹林營區工保連腹地，或將之遷移，以利樹新路拓寬工程進行，加速樹林鎮發展，特向行政院質詢。	84/3/24：樹林鎮光華營區與樹林營區遷移協調會，首度於立法院協調。 84/4/28：樹林鎮公所爭取撥用軍營土地案，再次於立法院進行協調。	行政院82/5/18函覆：台北縣樹林鎮光華營區及樹林營區，其都市計畫使用分區皆機關用地，符合軍事用途使用……現無遷建計畫，亦無法縮小範圍供興建學校或闢建道路之用。	立法院公報82卷015期2614號0316-0317頁
7.	82/3/26	籲請行政院責成國防部，通盤檢討目前位於臺北縣中和市軍事用地的適當性，考慮裁撤原警備總部使用的天山營區，並遷移國防部管理學院、國安局使用之鐵塔及灰窯里彈藥庫，將營區土地供作貨運集散中心與長途客運中心計畫用地，或作為興建國宅與公共設施之用，以配合帶動中和市之發展，並改善中和市民之生活品質，特向行政院提出質詢。		行政院82/5/31函覆：軍管區與國防管理學院均不適合拆遷或遷建；惟中坑彈庫之配置已責成陸軍及中囤儲入山區谷地，並檢討縮減禁建限管制範圍百分之三七．七，以兼顧地方安全與繁榮發展。	立法院公報82卷016期上冊2615號0238-0239頁

8.	82/4/8	籲請行政院責成國防部重新檢討位於臺北縣土城鄉軍事營區占地的適當性，把即將裁撤的運輸兵學校用地，先行依承諾撥作頂埔國小校地；將已裁撤的柑林村彈藥庫及原仁愛教育實驗所用地回歸地方使用，並遷移埤塘村彈藥庫及開放紅線區管制，供作興建國宅及公共設施之用，以提高土城鄉民之生活品質，特向行政院提出質詢。		行政院82/6/7函覆：82/4/29日，陸軍總部應委員要求假運輸兵學校，邀請台北縣政府、頂埔國小及鄉民代表等再次舉辦說明會，已達成共識，請台北縣政府儘速於近日內辦理土地鑑定及地物查估後召開營地遷建及地上物補償協調會，再研商撥用校地事宜。	立法院公報82卷019期2618號0174-0175頁
9.	82/4/15	籲請行政院責成國防部立即釋出臺北縣土城鄉運輸兵學校用地，供作頂埔國小擴充校舍和校地之用，以維護該校學童接受教育之權益，並避免造成軍民流血衝突，特向行政院提出緊急質詢。	82/4/16：黃煌雄陪同頂埔國小學生家長、校方赴立院，當面向國防部長孫震陳情。 82/4/29：偕國防部官員赴頂埔國小與運輸兵學校實地勘察，旋於校內進行協調。 82/5/25：軍方與頂埔國小前往指界，勾勒撥用校地範圍，初步達成共識。 82/6/28：於台北縣政府與軍方、校方就頂埔國小校地問題進行協商，軍方首次公開同意撥用土地。	行政院82/6/23函覆：本院業於82/6/7以台八十二專字第一八二三五號函答覆。(見上)	立法院公報82卷022期上冊2621號0245-0246頁

10.	82/4/27	為國防部所有之臺北縣新莊市國際社區電臺，以每年新臺幣一元的廉價租給ICRT使用之事，要求行政院查明是否有違法利益輸送情事，並籲請國防部無償撥用該土地，以利地方建設之推展，特向行政院提出質詢。		行政院82/6/22函覆：經82/6/18召開協調會，已達成共識。	立法院公報82卷025期2624號0229-0229頁
11.	82/4/29	籲請行政院責成國防部速將台北縣鶯歌鎮力行營區占地歸還台北縣民，供鶯歌鎮作為興建公立高中、停車場、運動場或國宅之用，以改善鶯歌鎮民之生活品質，並促進地方發展，特向行政院質詢。			立法院公報82卷026期上冊2625號0208-0208頁
12.	82/5/11	籲請行政院責成國防部重新檢討臺北縣淡水鎮軍事營區占地的適當性和必要性，將空軍氣象聯隊、淡海營區指揮部及淡水憲兵隊等營區占地釋出，作為興建國宅或公共設施之用，以因應配合淡海新市鎮計畫之推展，並改善鎮民之生活品質，特向行政院提出質詢。		行政院82/6/22函覆：依都市計畫法台灣省施行細則規定，並無不符使用情形。因該地區任務需要，必須設置。	立法院公報82卷029期2628號0313-0314頁
13.	82/5/18	籲請行政院責成退輔會，解除臺北縣板橋市「榮譽國民之家」（以下簡稱為榮民之家）圍籬，並釋出榮民之家土地，將之改建為符合更多縣民利益的國宅，或作為興建公共設施之用，以順應板橋市發展的需要，特向行政院提出質詢。			立法院公報82卷031期上冊2630號0278-0279頁

14.	82/5/25	籲請行政院責成國防部，重新檢討位於臺北縣三峽鎮軍事營區占地的適當性，遷移其中的三軍衛材倉庫、兵工廠和橫溪油庫等營區，將之作為興建運動場、國宅或公共設施之用，以配合三峽鎮的地方發展，並改善鎮民的生活品質，特向行政院提出質詢。			立法院公報82卷033期2632號0310-0310頁
15.	82/5/31	籲請行政院責成國防部，依法發還坐落臺北市內湖區新里族段灣子小段二五四等地號，政府強制徵收而未依法使用之廿六筆土地，以落實憲法對人民財產權的保障，特向行政院提出質詢。		行政院82／9／14函覆：依行政院五十六年五月二日函釋，本案土地變更使用係屬土地所有權之行使範疇，尚不發生原土地所有權人依土地法第二百十九條規定收回土地之問題。	立法院公報82卷035期上冊2634號
16.	82/6/4	籲請行政院責成國防部，正視關渡師戰車營長期占用臺北縣三芝鄉興華國小用地，造成地方反彈及民怨等情事，並儘速配合解決該問題，將戰車營一部分用地還予學校，或由軍方出面購地給學校，作為相對之補償，特向行政院提出質詢。	82／9／21：就興華國小爭取校地問題，與軍方在營區內進行協調。82／12／31：軍方正式同意釋出土地給興華國小。	行政院82／9／14函覆：惟所有權人台北縣政府不同意撥用，經數次協調，直至八十二年一月十四日（最近一次協調），仍未達成協議。……本案俟檢討後，將再協調興華國小辦理。	立法院公報82卷036期2635號
17.	82/6/4	籲請行政院責成國防部，開放臺北縣金山鄉獅頭山風景區，將該處資源回歸臺北縣民，使能配合臺北縣政府規劃的整體建設之推展，並提升金山鄉民的收入和生活品質，特向行政院提出質詢。			立法院公報82卷036期2635號

18.	82/6/18	籲請行政院責成國防部，重新檢討新店市軍事營區的必要性，予以裁撤、搬遷、縮小或合併現有營區，將之作為興建國宅或公共設施之用，以繁榮地方發展，並改善居民之生活品質，特向行政院提出再質詢。			立法院公報82卷040期上冊2639號
19.	82/6/29	籲請行政院責成國防部，體認時代及社會的需要，並依六月十八日國防部、財政部與地方人士建立的共識，儘速將新莊市綜合運動場預定地的國防部持有土地，依無償撥用方式供作地方建設之用，特向行政院提出緊急質詢。		行政院82/8/31函覆：本案有償撥用既有其法令依據，且台北縣政府目前仍無肯定回應，如新莊市公所所需用土地，應依程序報院處理。	立法院公報82卷043期下冊2642號
20.	82/7/6	籲請行政院責成國防部，確實檢討目前位於臺北縣中和市軍事營區的必要性，將灰窯里彈藥庫土地釋出，供作貨運集散中心及長途客運中心計畫用地，或作為興建公共設施之用，以配合帶動中和市之發展，並改善中和市民之生活品質，特向行政院提出再質詢。	82/8/4：於中和錦和國小，邀約灰窯里彈藥庫庫區居民舉辦公聽會。	行政院82/8/30函覆：彈藥庫之配置，係依據兵力部屬考量戰時勤務支援任務之需要而選定。灰窯里中坑彈藥庫，基於國軍戰備任務之需求，目前無遷移計畫。	立法院公報82卷045期2644號
21.	82/7/6	為宜蘭縣羅東鎮「陸軍北成營區」占用「文教八號」用地，遲遲未能解決歸還問題，嚴重影響地方教育發展，要求國防部儘速對此案做合理決議，特向行政院提出第三次質詢。		行政院82/9/8函覆：本案經數次協調，羅東高商同意以八六九五萬元內辦理遷建，惟遷建用地仍應由宜蘭縣政府提供適當公地辦理無償撥用後，再辦理遷讓事宜。	立法院公報82卷045期2644號

22.	82/7/16	籲請行政院責成國防部，體認時代及社會的需要，迅速依今年六月十八日國防部、財政部與地方人士建立的共識，將新莊市綜合運動場預定地的國防部持有土地，依無償撥用方式供作地方建設之用，以順應民情，特向行政院提出緊急質詢。		行政院82／8／31函覆：本案有償撥用既有其法令依據，且台北縣政府目前仍無肯定回應，如新莊市公所所需用土地，應依程序報院處理。	立法院公報82卷049期上冊2648號
23.	82/10/1	籲請行政院責成退輔會，解除臺北縣板橋市「榮譽國民之家」（以下簡稱為榮民之家）圍籬，並釋出榮民之家與臺北紙廠的土地，將之改建為符合更多市民利益的國宅，或作為興建公共設施之用，以順應板橋市發展的需要，改善板橋市民的生活品質，特向行政院提出質詢。		行政院82／11／10函覆：現板橋榮家占地四．五七公頃……本會曾就整體開發計畫考量，若必須使用板橋榮家現址，亦應先覓得適當地點，採先建後遷原則辦理。	立法院公報82卷051期下冊2650號
24.	82/10/1	籲請行政院責成國防部，儘速將其占用臺北縣三重國小等十所學校的土地釋出，使這些學校的師生享有平等的教育權益，並且能在拋棄被政治干預的枷鎖後，擁有較健康的教育環境，特向行政院提出緊急質詢。	82／12／17：台北縣七所與軍方有土地糾紛的學校，共同於立法院召開協調會，其中野柳國小、頂埔國小、保長國小、興華國小確獲解決。	行政院83／1／24函覆：除興華國小外，產權皆軍方持有，其餘皆已依規定拆遷或移交給該校使用。	立法院公報82卷051期下冊2650號
25.	82/10/1	籲請行政院責成國防部，重新檢討宜蘭縣現有軍事營區的必要性，並將阻礙地方都市計畫推展的營區占地釋出，以配合地方建設的進行。同時，本席也籲請國防部迅速改建宜蘭縣內，包括五結鄉篤行三村等至少十七處眷村，以改善市容，並提升眷村居民的生活品質，特向行政院提出質詢。		行政院83／1／28函覆：除聯勤寶昌廠及明德訓練班之土地係都市計畫用途均為機關用地，且正常使用中，並無遷建計畫。其餘皆依相關規定辦理遷建。	立法院公報82卷051期下冊2650號

26.	82/10/1	籲請行政院責成國防部，研議宜蘭縣礁溪鄉居民建議之蘭陽地區射擊場的可行性，考慮停止徵收現有射擊場用地，並將之遷移至居民提供之土地，以免妨礙地區的繁榮發展，特向行政院緊急質詢。		行政院82/12/6函覆：本案已由陸軍總部研議，將於近期內邀約有關單位，前往建議地點，實地會勘，評估是否適宜興建射擊場。	立法院公報82卷051期下冊2650號
27.	82/10/8	籲請行政院責成國防部，儘速將陸軍運輸署營區依約撥給臺北縣汐止鎮保長國小，以協助該校師生早日脫離養雞式的教學空間，和不平等的教學品質，特向行政院提出緊急質詢。	83/5/20：保長國小爭取校地案，於立法院進行協調。	行政院83/1/18函覆：台北縣政府於82/2/17召開保長坑營區土地撥用及營區拆遷補償協調會，陸軍同意提供土地撥交學校使用……。	立法院公報82卷054期2653號
28.	82/10/14	籲請行政院責成國防部，儘速協助完成空軍建國一村眷舍的拆遷，以利台北縣三重國小校地的整體規劃，並解除該校學生「避戰亂式」的教學環境和教學品質等問題，特向行政院提出質詢。		行政院82/12/8函覆：空軍總部與台北縣政府達成補償後搬遷之協議，且同意該村眷戶優先價購空軍重建後眷村之餘宅，並極力疏導眷戶搬遷。	立法院公報82卷055期2654號
29.	82/10/21	籲請行政院責成國防部儘速依無償撥用方式，釋出臺北縣新店市炎明新村土地，以解決中正國小校地嚴重不足之問題，並改善該校師生的教學環境和教學品質，特向行政院提出質詢。		行政院83/2/1函覆：本案既屬軍方管理之國有土地，宜由台北縣政府先與國防部協調。	立法院公報82卷057期上冊2656號
30.	82/11/9	籲請行政院責成國防部，將臺北縣林口鄉憲兵特勤隊（即馬山訓練場）外未作利用之南勢埔段南勢小段一四三地號等五筆土地，發還或讓原地主依價購回，特向行政院提出質詢。		行政院82/12/20函覆：案內方式係以價購方式取得，不適用土地法第二百九十條之規定，自無發還或原價讓售原地主之問題。	立法院公報82卷062期2661號

31.	82/11/9	籲請行政院責成國防部，依無償撥用方式釋出臺北縣五股鄉憲兵學校部分土地，以配合成泰路一段一〇七線拓寬工程，並輔助推動林口新市鎮之發展，特向行政院提出緊急質詢。		行政院83/1/21函覆：本案憲兵學校正協調五股鄉公所辦理鑑界中，俟鑑界完成確定興建圍牆經費，並代建圍牆後，即可撥交土地拓寬道路。	立法院公報82卷062期2661號
32.	82/11/9	籲請行政院責成國防部，儘速將位於臺北縣萬里鄉野柳國小旁之憲兵營區土地釋出，撥給野柳國小使用，以解決該校校地嚴重不足問題，並讓學校師生擁有平等的教學空間和教學品質，特向行政院提出緊急質詢。		行政院82/12/23函覆：……業經准予撥用。……俟適當地點勘選確定後，將再與台北縣政府研商營區遷建事宜。	立法院公報82卷062期2661號
33.	82/11/16	籲請行政院責成國防部，基於臺北縣永和市永和國小學生教學品質和校園安全的需求，儘速依無償撥用方式釋出潭墘新村眷舍土地，以維該校師生的權益，特向行政院提出緊急質詢。		行政院83/1/13函覆：……經協調台北縣政府，已原則同意採有償方式撥用……以擴建永和國小。	立法院公報82卷064期2663號
34.	82/12/3	籲請行政院責成國防部，解除臺北縣土城市埤塘彈藥庫的圍籬，考慮將之遷移，並先行協助彈藥庫腹地內數十戶住民接裝自來水，以維護民眾的權益，及配合地方建設的推展，特向行政院提出質詢。		行政院83/2/4函覆：土城彈藥庫目前無法遷移……國防部已於七十九年限縮禁建限管制範圍近三十公頃。另聯勤列管土城柑林村彈藥庫，若地方政府有需要，應依都市計畫規定及撥用程序辦理。	立法院公報82卷069期上冊2668號

35.	82/12/9	針對國防部處理陸軍運輸兵學校撥用校地給頂埔國小的作業程序一再延誤，有欺騙校方、學生家長及漠視該校師生權益之嫌，籲請行政院查國防部相關官員是否有失職之處，並依照軍方與校方的承諾，成立專案小組儘速解決頂埔國小校地嚴重不足問題，特向行政院提出緊急質詢。		行政院83/2/1函覆：本案台北縣政府尚未提供適當土地供軍方遷建，應請縣政府積極賡續辦理，俾利營區遷建及撥交第二期土地。	立法院公報82卷071期上冊2670號
36.	83/3/1	籲請行政院出面與國家安全局進行協調，促成臺北縣新店市安康路二段路旁國安局營區之遷移，以配合地方建設之推展，維護安康地區十餘萬居民之生活品質，特向行政院提出緊急質詢。	83/12/14：安康地區民眾就要求解除禁限建管制宜，邀約於新店座談。83/12/20：於立院協調安康地區禁、限建解除問題，獲解決。	行政院83/9/9函覆：……國防部正通盤辦理檢討禁建令之解除作業。原則上已同意安康營區管制儘早開放解除禁建，……。	立法院公報83卷012期2686號
37.	83/3/8	籲請行政院針對國防部、陸總部處理陸軍運輸兵學校撥用校地供土城市頂埔國小一案，相關官員效率低落及未克盡職責，一再失信於民，致嚴重損毀政府形象，影響學生權益等情事，嚴懲失職單位及承辦人員，特向行政院提出緊急質詢。	83/5/24：頂埔國小校地產權轉移有爭議，黃煌雄出面協調。	行政院83/4/22函覆：本案第一期土地，業於本（八十三）年度二月十五日核准撥用，陸軍總部並在同年三月四日將遷建設計圖書交頂埔國小，將由台北縣政府繼續協調辦理，以解決該校校地問題。	立法院公報83卷014期2688號
38.	83/3/18	籲請行政院責令國防部，就後勤學校土城分校（原為運輸兵學校）疑欲借故延誤頂埔國小撥用校地事宜，加強對後勤學校誠信和效率的督導，使頂埔國小能在預算結算之前順利取得用地，特向行政院提出質詢。	83/5/29：頂埔國小從軍方手中取得土地管理清冊，全案劃下休止符。	行政院83/5/6函覆：本案第一期土地，業於本（八十三）年度二月十五日核准撥用，陸軍總部並在同年三月四日將遷建設計圖書交頂埔國小，將由台北縣政府繼續協調辦理，以解決該校校地問題。	立法院公報83卷017期下冊2691號

39.	83/4/15	籲請行政院責成國防部，以土城市柑林里彈藥庫為例，主動將臺北縣境內可以撥用給地方機關，或還給原持有產權民眾之軍事營區之土地，造冊並對外公布，使置棄不用的土地能夠釋出，特向行政院提出質詢。		行政院83/6/14函覆：……聯勤土城（柑林里）彈藥庫，已於七十九年五月十二日遷離，……若地方政府有需要，應依都市計畫規定及撥用程序辦理。	立法院公報83卷025期下冊2699號
40.	83/6/3	籲請行政院責成國防部，將臺北縣林口鄉憲兵特勤隊部分土地釋出，以配合「林口特定區都市計畫內文化二路跨越高速公路橋梁工程」，改善林口地區聯外交通，進而推動新市鎮計畫的達成，特向行政院提出質詢。		行政院83/6/14函覆：……鶯歌力行營區使用公、民地部分，陸軍已於八十二年十月二十八日點交發還業主及台北縣政府。林口鄉憲兵特勤隊莒園營區，目前由該憲兵隊正常使用中。	立法院公報83卷039期上冊2713號
41.	83/6/14	為臺北縣萬里鄉野柳國小向軍方爭取撥用校地，由於軍方未依承諾作業，引發臺北縣政府與北巡部的緊張對峙，要求行政院責成國防部查明承辦人員有無失職之處，並籲請國防部儘速釋出營區土地，以維該校師生權益，特向行政院提出質詢。		行政院83/7/27函覆：……82/12/17由黃煌雄委員假立法院主持召開「台北縣三重等七所國小與國軍單位使用問題」協調會，有關野柳國小部分，……對部分營區被劃為「學校用地」一節，本部在不妨礙戰備任務下，願全力配合，……。	立法院公報83卷042期2716號
42.	83/6/14	籲請行政院責成國防部，將閒置已久的臺北縣鶯歌鎮力行營區土地釋出，以配合當地興設「鶯歌高職」之迫切需要，特向行政院提出緊急質詢。	83/9/23：鶯歌高職興建進度有變，邀約軍方、縣府於立院協調，獲得解決。	行政院83/8/4函覆：……本案俟台北縣政府召開第二次協調會時，將同意鶯歌高職撥用陸軍力行營區土地。	立法院公報83卷042期2716號

43.	83/9/6	籲請行政院責成國防部，將坐落於臺北縣永和市福和段十七地號，及林森段四五六地號兩筆荒廢已久的營區用地釋出，供永和地區規劃作為停車場與公立醫院，以提升永和市民的生活品質，並維軍民間的良性互動關係，特向行政院提出質詢。	83/9/23：永和市公所爭取軍管區司令部所屬土地，黃煌雄於立院召開協調會使雙方獲得共識。 83/12/6：永和市公所爭取停車場案，再度於立法院協調。	行政院83/11/4函覆：福和營區……現為白雪藝工隊使用中，無法騰讓。秀朗營區……如暫時出租，於法亦有不合。	立法院公報83卷055期六冊2729號
44.	83/12/13	籲請行政院責成國防部，儘速依無償撥用方式釋出臺北縣永和市永和國小內潭墘新村眷舍土地，以維護該校師生的教學品質和校園安全，特向行政院提出再質詢。		行政院83/12/21函覆：陸軍總部列管台北縣永和潭墘新村……經都市計畫變更為學校用地。……黃委員建議無償撥用一節，台灣省政府教育廳、台北縣政府及國防部將再協調。	立法院公報83卷055期六冊2729號
45.	83/12/22	籲請行政院責成國防部，在鶯歌鎮力行營區的撥用程序上，能以專案處理的方式，特別加強效率，以利鶯歌高級工商職業學校能來得及於明年開始招生，特向行政院提出質詢。		行政院83/12/28函覆：……台北縣政府於本年九月九日……同意陸軍萬隆營區撥用其管有之土地，陸軍總部亦於本年度九月三十日函請台北縣政府將「鶯歌高職」撥用計畫書，依程序函送該總部轉本部核定後，屆時請台北縣政府層轉核定撥用。	立法院公報83卷063期上冊2737號

46.	84/1/5	籲請行政院責成退輔會，儘速撤銷臺北縣三峽鎮白雞段白雞小段十二地號等六十二筆，面積計約二〇‧六三九五公頃土地，供地方政府作為興設學校、教育機構及老人、青少年活動中心等公共設施，特向行政院提出質詢。	83／12／20：三峽鎮公所要求退輔會歸還反共義士忠義山莊土地，於立院協調。 84／1／13：三峽忠義山莊土地協調，再度於立院協調，獲致共識。	行政院84／2／24函覆：……為改善安養人員生活環境，本會協調地方人士，配合地方發展規劃台北榮家開放增建設施之整體構想，將檢討縮小台北榮家開發範圍。	立法院公報84卷003期上冊2760號
47.	84/2/1	籲請行政院責成國防部，儘速協助林口鄉公所拓寬文化一路義士村營區（即心戰總隊）段工程之進行，並遷移馬山訓練場外文化二路上之兩處軍用水塔，使聯絡桃園龜山的計畫道路早日完成，以解決林口鄉長期的交通瓶頸問題，特向行政院提出質詢。	84／1／12：與軍方共赴泰山靶場、心戰總隊、林口文化二路，了解實際分佈情形和對地方的影響。 84／3／17：林口文化二路軍用水塔遷移協調會，獲解決。	行政院84／5／29函覆：台北縣政府為闢建林口文化路，……本案已責成政戰總隊配合林口鄉公所進行文化一路拓寬工程……。另有關文化路兩處水塔拆除一節，查核……將影響官兵生活甚鉅，故須俟八十五年七月部隊遷移時再配合辦理拆除。	立法院公報84卷008期下冊2765號
48.	84/2/21	籲請行政院責成國防部，基於地方建設、學校與居民安寧、安全等因素考量，研議將位於臺北縣泰山鄉泰林路及大科路範圍內的憲兵訓練中心靶場遷移至他處的可行性，並在未遷移之前，該靶場對地方的影響減少至最低，特向行政院提出質詢。	83／12／23：泰山靶場遷移案，於立院協調。 84／1／12：與軍方共赴泰山靶場、心戰總隊、林口文化二路，了解實際分布情形和對地方的影響。	行政院84／4／20函覆：泰山靶場為北部憲兵部隊射擊訓練場地，在未獲得更佳替代方案前，該靶場不宜關閉或遷移……。	立法院公報84卷008期下冊2765號

49.	84/3/31	籲請行政院責成國防部，儘速提出永和市秀朗路二段林森段四五六號地號之營區用地規劃，並依八十四年三月二十二日本席主持的協調會會議結論，釋出部分土地協助地方政府興建立體停車場，以改善永和市區交通壅塞及嚴重的停車問題，特向行政院提出質詢。	84/3/22：永和市公所爭取軍地興建立體停車場案三度於立院協調獲解決。	行政院84/5/26函覆：永和市秀朗路林森段四五六號地號營區……該處已奉核定興建秀朗副供站。……有關撥出部分土地，供地方政府興建立體停車場之用，……再行協調研究。	立法院公報84卷019期2776號
50.	84/3/31	籲請行政院責成國防部，將軍管區司令部所屬之永和市秀朗路林森段四五六地號的土地，撥出五百坪供地方政府作為興建立體停車場之用，以紓解永和市區交通壅塞和嚴重的停車問題，特向行政院提出再質詢。	84/3/22：永和市公所爭取軍地興建立體停車場案三度於立院協調獲解決。	行政院84/5/26函覆：永和市秀朗路林森段四五六號地號營區……該處已奉核定興建秀朗副供站。……有關撥出部分土地，供地方政府興建立體停車場之用，……再行協調研究。	立法院公報84卷019期2776號
51.	84/4/7	籲請行政院責成國防部，全面解除桃園縣龍潭鄉龍堡營區及其天線場所涵蓋的禁、限建管制範圍，使地方政府和民眾對該土地作更完整的規劃和開發，以符合地盡其利之土地使用原則，並帶動地方之發展，特向行政院提出質詢。		行政院84/5/11函覆：桃園縣龍潭鄉「黃泥塘電台」……經評估檢討，該電台仍有繼續存在及管設之必要。……惟本部近年在兼顧地方發展及民眾權益下，均主動檢討縮小或解除不必要之管制區；「黃泥塘電台」亦已於本年（八十四年）一月十六日由本部與內政部會銜公告縮小該管制區範圍，並放寬限建高度。	立法院公報84卷021期2778號

52.	84/4/7	籲請行政院責成國防部，於今年三月二十八日在立法院第十會議室，邀約軍方與中和市公所、中和市民代表會及灰窯里中坑彈藥庫之會議結論，協助庫區內住民爭取應有的權益和尊嚴，並針對中和市公所提出之工商綜合區的構想，讓該彈藥庫朝遷移之方向發展，特向行政院提出質詢。	83／12／19：由國防部官員陪同，赴中和灰窯里彈藥庫、土城埤塘彈藥庫庫區，實地瞭解對地方的影響。 84／3／28：中和灰窯里彈藥庫問題協調會，庫區軍民問題獲得改善。	行政院84／5／19函覆：台北縣中和市中坑營區彈藥庫……在未檢討適宜搬遷土地及縮小禁建限範圍前，陸軍將盡力配合民眾改善生活條件。	立法院公報84卷021期2778號
53.	84/4/7	籲請行政院責成國防部，提前評估、檢討有關臺北縣樹林鎮「光華營區」遷建問題，並先行遷建樹林鎮「樹林營區」，以協助地方政府進行觀光夜市及高級中學等建設之規劃，配合推動地方發展，特向行政院提出質詢。	84／1／6：由國防部、陸總部官員陪同，實地瞭解樹林光華營區對地方建設、發展的影響狀況。	行政院84／5／22函覆：……光華、樹林二營區，目前尚無法搬遷。	立法院公報84卷021期2778號
54.	84/5/5	籲請行政院責成國防部、中油公司、農委會等相關單位，配合花蓮市公所，對美崙山公園之土地做一整體規劃，並依八十四年四月二十一日本席與張委員偉所共同主持之協調結論辦理，以使花蓮市民能夠早日享有富於自然美景之美崙山公園，特向行政院提出質詢。		行政院84／6／19函覆：……本案業經黃委員及張委員偉於本（八十四年）四月二十一日邀集國防部、農委會、中油公司及花蓮市公所等有關機關召開協調會並作成決議，宜依該協調會決議事項，循法定程序辦理。	立法院公報84卷027期2784號
55.	85/1/24	黃煌雄立委於立法院會同國防部、財政部國有財產局、佛教慈濟慈善事業基金會代表召開「佛教慈濟慈善事業基金會於花蓮市慈雲段土地與國防部陸軍總部使用之花蓮市功學段土地交換協調會」，三方達成共識以交換方式辦理，使慈濟醫院及慈濟大學得全盤規劃用地。			由於第三任立委任期係於85／1／31截止，本案以協調會方式處理，故未向行政院提出質詢。

附註：本附錄之「出處」乃指立法院公報所載黃煌雄於立院質詢的內容

●陪同頂埔國小家長向孫震部長陳情。

●新店安康地區因黃煌雄而縮小禁限建管制。

由於問題長期不能解決，頂埔地區居民積怨日深，對軍方存在敵視的態度。黃煌雄加入爭取的行列之後，以其豐富的問政經，將這股敵視的力量轉化爲向心力和持續力。在黃煌雄立委帶下，居民以理性而堅定的訴求，赴立法院向當時的國防部長孫陳情。

在地方力量凝聚、要求合理、行動持續及孫震部長的大力支持，頂埔國小爭取土地案，經黃煌雄六度提出質詢，四度參與協，並偕國防部、陸總部官員實地會勘，終於在一九九四年五月十九日，解決了長達十五年來無法處理的問題，校方以無償撥的方式，取得軍方土地。

頂埔國小爭取校地案的解決，不僅爲地方懸案劃下完美的句點更因爲這一先例，讓軍方對民衆緊閉的門，自此打開，使得台縣許多待解決的軍民土地案，有例可循。

其後汐止鎮保長國小、萬里鄉野柳國小，甚至連總統李登輝故的三芝鄉興華國小，這些學校與軍方的土地之爭，都在黃煌雄面協調下，循例獲得圓滿解決。另外，永和市永和國小和新店市中正國小等學校向軍方爭取土地案件，也經由黃煌雄的促成，現正積極進行協調中。

創造雙贏，化不可能爲可能

另一方面，黃煌雄還協助鄉鎮市公所向軍方爭取撥用土地，或協調軍方撤銷撥用，或將原屬地方政府的土地，早期爲配合國防任務和戰略需求，現已銳減國防用途，且妨礙地方建設者，予以歸還或釋出，供地方建設學校、停車場和老人安養中心等公共設施。

兩年多的打拼，黃煌雄協調憲兵學校釋地配合五股成泰路拓寬、陸軍部隊配合興闢蓬萊路；林口鄉心戰總隊配合中山路拓建、憲訓中心配合打通文化二路；樹林鎮樹林營區配合拓寬樹新路。這些地方長久以來的「交通之癌」，都因黃煌雄的介入協調，而得到根除。其他鄉鎮也有斐然的成果。

全台北縣最大的新莊綜合運動場，因黃煌雄的臨門一腳，以無償方式向軍方取得用地；鶯歌力行營區同意釋出，使鶯歌鎮唯一的高職得以如期籌設；泰山鄉憲訓靶場允諾遷移或改爲室內靶場，使附近居民住家及黎明工專學校師生上課得以安寧；退輔會願分期將未使用的二十餘公頃反共義士山莊土地還給三峽鎮公所，供興建學校和安養中心；軍方願意協助土城市埤塘里彈藥庫庫區內居民裝設自來水，從寬認定房屋就地整建標準，並主動幫忙禁、限建範圍內住戶減免稅事宜。中和市灰磘里中坑彈藥庫庫區民衆除了上述從寬認定標準和減免稅之外，更確認彈藥庫的紅線區管制範圍已大幅縮減。在永和市，軍管區司令部願意積極考慮撥用約五百坪土地，供永和市興建立體停車場。在新店市，國安局和國防部於黃煌雄邀約的協調會中，確認新店安康段的管制區已告解除，而且國防部管制單位也願意主動提供有關資料給稅捐單位，辦理減免稅賦。而金山鄉獅頭山風景區軍事管制的放鬆，也帶動了當地的觀光資源。

標示了一個政治人物的風格

從一九九三年二月一日到一九九五年六月，兩年來，黃煌雄從軍方手中要回許多土地。在過去，這是不可想像的事。不但鮮少有人願意投入這項困難的工作，即使投入，也得不到解決。但是黃煌雄，憑藉他在國防問政上建立的公信力和堅定理性的原則，扭轉了軍方的態度，引導了軍方的發展，使軍方願意配合解決問題，因而多少也改變了軍方的形象，創造了雙贏。這位有史以來爲台北縣民找回最多「失地」的立委，標示了一個政治人物的能力和風格。不必嘩衆取寵、不必製造新聞，一個專業、認眞、踏實，既有前瞻性理念，又有處理實際問題能力的立委，在長期的堅持和努力下，能在政治上做到別人作不到的事，爲民衆謀求實際的福利。黃煌雄，創造了一種政治人物的風格，讓選民覺得，一個篤實問政，有公信力的立委，是值得我們用選票來託付責任的。

找回最多「失地」的立委黃煌雄

立法委員黃煌雄在短短兩年間，
替台北縣民從軍方手中要回了十數筆土地，
為台北縣民創造上百億的財富，
成為全國「找回最多失地的立委」。
在台北縣，軍方佔用土地的情形非常嚴重，
影響土地開發和地方建設，限制縣民活動空間。
幾十年來，與軍方土地有關的爭議和糾紛，
不要說得不到解決，甚至連接觸都成問題。
幾十年來一些懸而未決的棘手問題，
卻在黃煌雄立委的手中，
利用約兩年的時間獲得解決，
使黃煌雄成為解決類似問題的「正字標記」。

四十多年來，代表民意從軍方手中找回最多民間失地的立法委員——黃煌雄

●黃煌雄與憲兵司令研議泰山靶場遷移事宜。

別人做不到的事情，黃煌雄立委做到了，他憑著什麼能耐？

原因無他，第一，黃煌雄長期的問政成績，塑立他在國防事務的公信力。他的兩大國防政策主張，1981年提出的「改攻勢為守勢」和1987年提出的「逐年降低國防預算至佔中央政府總預算百分之三十」，在飽受保守勢力的威脅、恐嚇、侮辱之後，在歷經兩位總統、五位行政院長和七位國防部部長的更迭後，黃煌雄前瞻的理念和長期的堅持，現在變成了國家既定的國防政策。黃煌雄在國防政策的專業地位和貢獻，是連軍方也不得不肯定的。

第二，黃煌雄長期與軍方的周旋過程中，始終秉著「堅持、理性、誠信」的原則，問政重點在解決問題，提出政策方向，建立國家長遠制度，維護民眾切身利益，不在製造媒體風潮、羞辱對方。這種踏實的問政態度，連被外界視為態度「鴨霸」的軍方，也將黃煌雄看做「可敬的對手」，願意配合這位反對黨立委推動和爭取的事項。

回饋鄉親，走別人無法走的路

建立在這樣的問政基礎上，黃煌雄於1993年第三[illegible]院之後，為了回饋台北縣鄉親的支持，選擇走向從軍[illegible]「失土」這條難走的路。

從參選、當選到就職的近半年時間，黃煌雄發現台[illegible]演衛戍角色，軍事用地和營區的數目，遠比其他縣市[illegible]得台北縣和一水之隔的台北市，除了在財稅和地方預[illegible]之別之外，更因為土地未能充分開發利用，或因軍事[illegible]、禁建，以致三百餘萬縣民無法擁有合理的生活空間[illegible]大受影響。部份學校更因受到軍營影響，幾無教學品[illegible]此，黃煌雄矢志要讓這種現象有所改善。

「讓小朋友不再一顆躲避球玩

一九九三年四月初，黃煌雄正式接下土城市頂埔國[illegible]

頂埔國小受到腹地影響，校內沒有操場，一千五百[illegible]逢體育課和課外活動時，便出現人擠人的場面。雖然[illegible]地規劃，將各建築物的樓頂變更作為運動場所，但所[illegible]目仍然有限。絕大多數的學童都是「一顆躲避球玩六[illegible]小朋友健全發展，校方和家長會歷經十餘年的爭取，[illegible]旁的陸軍運輸兵學校能依都市計畫，撥用營區土地給[illegible]直不得其門而入。十餘年來受當地民眾請託的民意代[illegible]打退堂鼓。

北縣脚印

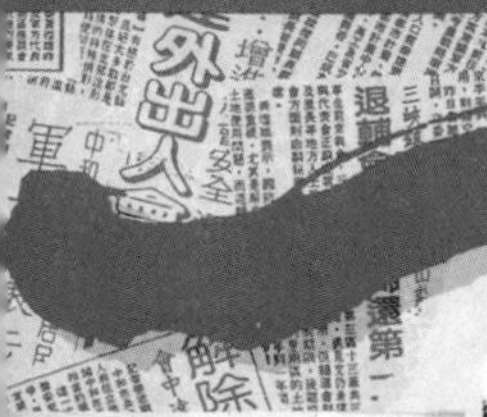

●黃煌雄協助三峽鎮公所「收回」忠義山莊一半土地。

●因黃煌雄臨門一脚，全縣最大的新莊綜合運動場將完成。

●由土城碑塘彈藥庫居民引領，會勘庫區對民衆的影響。

8.28 再度籲政院釋出板橋榮民之家土地。

9.11 針對三芝興華國小爭取校地案，再次提出質詢。

9.15 就北縣七所與軍方有土地問題的學校，提出質詢要求政院給予合理、公平的教學環境。

9.21 興華國小爭取校地問題，與軍方在營區內進行協調。

10.2 針對汐止鎮保長國小爭取校地個案提出質詢。

10.8 就三重國小和空軍建國一村土地問題個案，提出質詢。

10.19 提出質詢，籲國防部斡旋新店中正國小與炎明新村土地問題。

11.10 要求國防部協助處理永和市永和國小與潭墘新村的土地問題。

12.2 要求國防部解決埤塘里彈藥庫庫區民衆出入不便、房屋修繕問題，並協助其裝設自來水。

12.6 頂埔國小案傳變卦，提出緊急質詢，要求查明有無失職人員。

12.17 北縣七所與軍方有土地紛爭的學校，共同於立院召開協調會，其中野柳國小、頂埔國小、保長國小、興華國小確定獲解決。

12.31 軍方正式同意釋出土地給興華國小。

1994

2.23 提出緊急質詢，要求將國安局、軍方施行禁限建管制的安康地區土地，解除管制。

3.2 頂埔國小土地案進度太慢，提出質詢要求懲處失職人員，並催促進度。

3.14 針對頂埔國小案，再次要求國防部掌握效率和進度。

4.8 要求國防部主動公佈北縣可釋出土地給地方政府。

5.20 保長國小爭取校地案，於立院進行協調。

5.24 頂埔國小校地產權轉移有爭議，出面協調。

5.29 頂埔國小從軍方手中取得土地管理清冊，全案劃下休止符。

6.8 要求軍方儘速釋出鶯歌力行營區土地，以利鶯歌高職的籌設。

8.12 針對永和國小校地案，提出再質詢。

9.6 要求軍管區司令部釋出永和市區內閒置土地，供地方興設停車場或醫院。

9.23 鶯歌高職興建進度有變，邀約軍方、縣府於立院協調，獲解決。

9.23 永和市公所爭取軍管區司令部所屬土地，立院協調會，有共識。

9.27 提出再質詢，催促鶯歌高職進度。

10.27 協調埤塘彈藥庫要求庫區居民遷移事宜及自來水裝設，獲同意。

11.11 由住戶引領，赴埤塘彈藥庫瞭解實際情況。

12.14 安康地區民衆就要求解除禁限建管制事宜，邀約於新店座談。

12.6 永和市公所爭取停車場案，再度於立院協調。

12.20 於立院協調安康地區禁、限建解除問題，獲解決。

12.20 三峽鎮公所要求退輔會歸還反共義士忠義山莊土地，於立院協調。

12.23 泰山憲兵靶場遷移案，於立院協調。

12.27 提出質詢要求退輔會釋出忠義山莊土地。

12.29 由國防部官員陪同，赴中和灰磘彈藥庫、土城埤塘彈藥庫庫區會勘，實地瞭解對地方的影響。

1995

1.6 由國防部、陸總部官員陪同，實地瞭解樹林光華營區對地方建設、發展的影響情況。

1.12 與軍方共赴泰山靶場、心戰總隊、林口文化二路，瞭解實際分佈情形和對地方的影響。

1.13 三峽忠義山莊土地協調，再度於立院協調，獲共識。

2.27 就忠義山莊案提出再質詢，催促退輔會掌握進度。

3.10 埤塘里彈藥庫協調會，軍方放寬庫區住戶要求的認定，遷移問題願作爲長期努力目標。

3.17 林口文化二路軍用水塔遷移協調會，獲解決。

3.17 五股鄉公所爭取軍地興闢蓬萊路都市計畫道路，獲解決。

3.22 永和市公所爭取軍地興建立體停車場案三度於立院協調，獲解決。

3.24 樹林鎮光華營區與樹林營區遷移協調會，首度於立院協調。

3.28 中和灰磘里彈藥庫問題協調會，庫區居民問題獲改善。

4.28 樹林鎮公所爭取撥用軍營土地案，再次於立法院進行協調。

地址：中和市安和路165號 電話：2460771‧2460772

板橋服務處： 地址：板橋市區運路25號 電話：9635507‧9635508

溪北服務處： 地址：三重市重陽路三段186號 電話：9710299‧9710300

問政一步

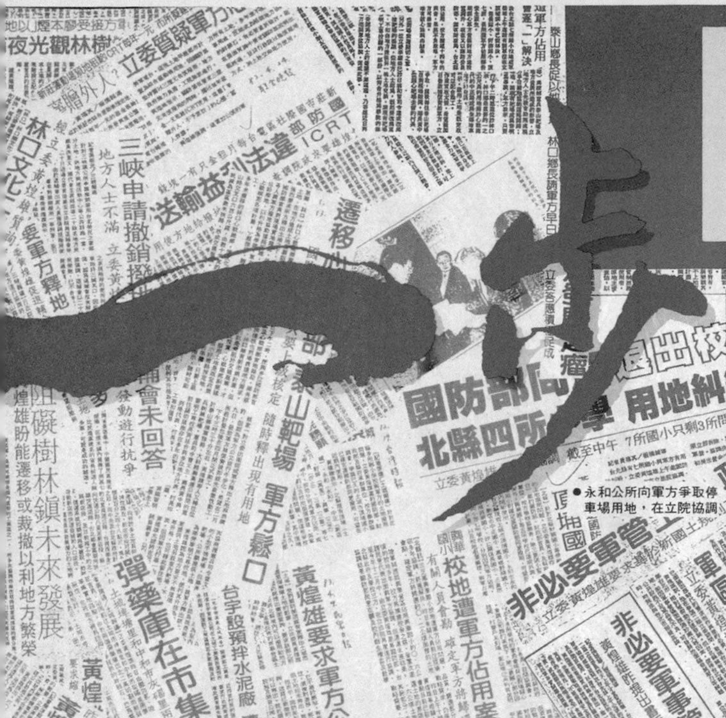

●永和公所向軍方爭取停車場用地，在立院協調

●三芝興華國小爭取校地，透過黃煌雄始得以解決。

大事記

1993

2.1 要求政院開放北縣非必要軍事管制土地。

2.27 籲政院責成國防部，通盤檢討北縣軍事營區存在的必要性和適當性。

3.3 希望國防部縮減新店安康電信發展室等不必要軍事管制範圍，並釋出閒置軍營。

3.6 要求國防部將板橋健華營區還給板橋市民。

3.17 盼林口憲兵特勤隊、心戰總隊遷移或釋出部份營地，以協助文化二路、中山路等主要聯外道路打通。

3.20 提出質詢，籲國防部釋出樹林光華營區，及撥用樹林營區土地，使配合樹新路拓寬。

3.24 籲國防部針對中和發展瓶頸和生活品質等問題，要求所屬檢討當地營區分佈的適當性。

4.2 針對土城埤塘彈葯庫遷移，與頂埔國小爭取撥用運輸兵學校校地，首度提出質詢。

4.13 就頂埔國小爭取校地個案，正式提出質詢。

4.16 陪同頂埔國小學生家長、校方赴立院，當面向國防部長孫震陳情。

4.24 質疑新莊市綜合運動場預定地上的國防部土地，每年以一元台幣租給ICRT電台，存有弊端。

4.28 要求軍方將閒置的鶯歌力行營區歸還地方，供作鶯歌高職用地。

●黃煌雄與中和市民的重視，係爭取灰磘里彈葯庫改善現況的助力。

●五股蓬萊路拓寬，係黃煌雄與軍方力爭而來。

●黃煌雄力陳國安局和國防部對新店安康地區管制不當。

4.29 偕國防部官員赴頂埔國小與運輸兵校內進行協調。

5.8 籲國防檢討淡水鎮營區的適當性，推動。

5.21 提出質詢籲政院檢討三峽鎮營區的

5.25 軍方與頂埔國小前往指界，勾勒撥成共識。

5.26 針對板橋榮民之家和台北紙廠阻礙提出質詢。

5.31 與新莊市長蔡家福進一步研議綜合

6.2 針對三芝鄉興華國小遭軍方佔用校

6.9 要求軍方釋地配合鶯歌高職案，再

6.13 就新店安康地區等營地管制和設置

6.15 要求解除金山鄉獅頭山風景區不合意。

6.18 新莊綜合運動場協調會，國防部允方。

6.28 於縣府與軍方、校方就頂埔國小校方首次公開同意撥用土地。

7.3 籲國防部遷移灰磘里中坑彈葯庫，

7.16 要求政院依6月28日之共識，責成手續。

7.24 拜訪中和市長童永雄，談處理灰磘

8.4 於中和錦和國小、邀約灰磘里彈葯會。

8.14 針對林口馬山訓練場釋地，配合文出質詢。

8.27 邀約國防部官員共同瞭解頂埔國小理腳步。

黃煌雄郵政劃撥帳號 16183441 經費有限 感謝贊助

立法委員黃煌雄

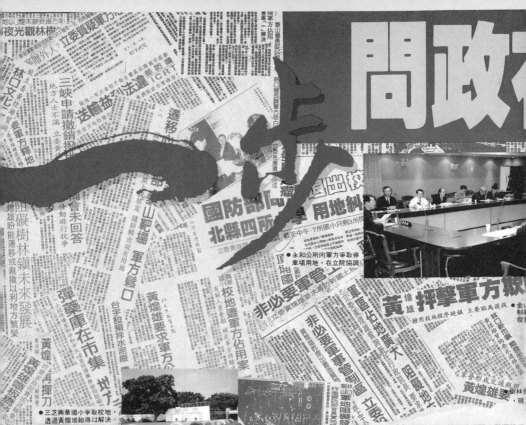

附錄四：

黃煌雄擔任第三屆立委期間（1993／2／1~1996／1／31），在眾多「找回失地」的案件中，台北縣土城鄉頂埔國小案是最具指標性的案件，自1979年12月土城鄉頂埔大段溪頭小段等多處地號（原爲軍方占有）被劃入都市計畫學校用地預定地起，至1994年5月軍方與頂埔國小達成對撥用地範圍及無償撥用的共識，歷經15年之久，本案終獲解決。本附件以頂埔國小校方提供的「辦理校地撥用報告書」爲基礎，參酌自1993年4月黃煌雄以立委身分居中協調並向行政院提出6次質詢等資料，整理出頂埔國小案大事記，呈現本案的解決過程，從中也可感受到當年協調軍方用地之不易。

台北縣土城鄉頂埔國小辦理學校預定地撥用大事記

編號	時間	辦理情形
1.	68／12／28	位於土城頂埔大段溪頭小段41~1號等地在頂埔地區都市計畫中，劃為學校預定地，面積共22，774平方公尺。
2.	75／3／12	頂埔國小為消除二部制教學興建教室，函請陸軍總司令部工兵署同意轉撥土地。
3.	75／4／24	工兵署回函未同意撥用，謂「俟運輸兵學校遷建案定案後再行檢討」。

4.	78/3/14	縣府函告頂埔國小，預定地本年度應取得者，應於78年3月31日報省府核准徵收。該校預定地為軍事用地，一時間尚無法辦理徵收。
5.	78/3/31	縣政府函請頂埔國小於近期內，再函請工兵署協商土地取得問題。
6.	78/4/27	舉行撥用校地預定地協調會，縣政府教育局列席指導，工兵署未派員參加。
7.	78/4/28	工兵署函頂埔國小謂：「該營區無遷建計畫，基於軍事教育及任務需要，不同意撥用」，亦不派員參加協調。
8.	78/12/11	縣府函學校部分校地為軍方占用，致教學環境不敷使用，請頂埔國小依「國有不動產規定要點」規定辦理。
9.	79/1/20	頂埔國小將歷年撥用校地經過報告函送縣府，懇請協助尋求適當途徑辦理。
10.	79/5/7	頂埔國小函板橋地政事務所，請該所予以逕行分割部分校地，以便確定範圍早日取得校地。
11.	79/5/15	板橋地政事務所函請縣政府工務局派員現場點交頂埔國小校地逕為分割所需樁位。
12.	79/11/15	頂埔國小再次函請工兵署派員會商土地問題，並通知有關單位列席參加。
13.	79/11/30	縣政府委託頂埔國小召開校地協調會，工兵署、運輸署、陸軍第一營產管理所、運輸兵學校，以及縣政府有關單位均派員參加。
14.	79/12/7	縣政府函請頂埔國小依協調會結論軍方意見造具撥用計畫書報縣政府轉陸軍總司令部徵求同意，再依「國有不動產撥用要點」規定辦理。
15.	80/4/30	板橋地政事務所函送該所校對核章後頂埔國小之撥用土地清冊。
16.	80/5/4	頂埔國小再次造具撥用土地計畫書送請縣政府辦理。

17.	80／5／7	縣政府函轉陸軍後勤司令部兵工署簡便行文表，請本校審酌時需依案內有關規定辦理。
18.	80／5／16	縣政府檢送撥用計畫書報台灣省政府辦理頂埔國小校地之撥用。
19.	80／6／1	縣政府函轉省政府辦理頂埔國小土地撥用有關缺失，請頂埔國小依省府函指示見復。
20.	80／6／13	頂埔國小依省府函示補正再次造具計畫書送縣政府辦理。
21.	80／6／21	縣政府再次檢送撥用計畫書報請台灣省政府辦理頂埔國小校地撥用。
22.	80／7／5	縣政府再次函轉省政府辦理頂埔國小土地撥用有關缺失，請頂埔國小依函示補正後見復。
23.	80／8／30	頂埔國小函請縣政府指示協助辦理土地撥用事宜。
24.	80／10／7	監察院張文獻、朱安雄委員蒞校視察，關心土地撥用事宜。
25.	80／11／6	縣政府函監察院報告辦理本校撥用土地歷經多次協調所遭遇困境。
26.	81／1／28	頂埔國小函請縣政府代為出面邀請有關單位再次召開撥用校地事宜。
27.	81／2／19	召開撥用校地協調會，會中達成協議，軍方同意頂埔國小分期分區撥用校地。
28.	81／2／26	頂埔國小依協調會結論請板橋地政事務所核對第一期撥用土地之11筆土地登記簿內各項紀載。
29.	81／3／3	板橋地政事務所檢還經校正核章完竣之土地撥用清冊。

30.	81/4/7	縣政府函陸軍總部依2月19日協調結果請同意撥用第一期11筆國有土地。
31.	81/5/19	縣政府主動召開「代尋土地協調會」替運校汽車連尋找合適遷建土地。
32.	81/6/4	陸軍後勤司令部工兵署函覆「已與縣府達成協議分兩期階段性撥用，第一期先辦理撥用11筆土地，面積10．828公頃，並由該府覓妥適地區提供運校汽車連遷建使用，並俟達成協議整建搬遷後，在協調第二期土地撥用事宜」。
33.	81/7/8	陸軍後勤司令部工兵署函頂埔國小謂17筆土地，面積16080公頃之撥用需俟縣政府覓妥建地，確定用地時間及達成地上物補償後再行辦理撥用。
34.	81/8/3	縣政府函陸軍總部謂「貴部未能同意81．2．19之協商結論，本府將研議依規定逕行辦理撥用」。
35	81/9/9	工兵署假運輸兵學校召開校地撥用事宜，席中稱「協議必須經權責長官核定後始生效」。
36.	81/9/24	頂埔國小家長會邀請地方村長、代表、社區理事長等座談，共商如何協助校地徵收，會中決議向相關單位立法院陳情，並函請全體家長對本案提出意見。
37.	82/4/2	黃煌雄於立法院首度針對土城埤塘彈藥庫遷移與頂埔國小案向行政院提出質詢。
38.	82/4/13	為避免土地撥用事宜於地方升高為流血衝突，黃煌雄於立法院第二度針對頂埔國小校地案向行政院提出緊急質詢。
39.	82/4/16	黃煌雄陪同頂埔國小學生家長、校方赴立法院，當面向國防部長孫震陳情。
40.	82/4/29	黃煌雄以立法委員的身分，於運輸兵學校會議室，會同土城鄉長、鄉民代表、頂埔國小校方、國防部、陸軍總部、後勤署、工兵署、第一營管所、運輸署、運輸兵學校等單位召開第一次協調會。會後達成共識，由台北縣政府優先辦理土地鑑界、地上物查估，及土地分期撥用等相關事宜。

41.	82／5／25	軍方與頂埔國小代表前往指界，勾勒校地撥用範圍，達成共識。
42.	82／6／28	黃煌雄再次會同頂埔國小與軍方代表於台北縣政府召開第二次協調會，並作成軍方同意以無償原則，先行撥用第一期的11筆土地；台北縣政府亦將查估運輸兵學校地上物的七百五十萬元補償款撥至頂埔國小，隨時得以給付軍方。
43.	82／10／1	黃煌雄於立院針對頂埔國小、三重國小等十所學校校地遭國防部占用案，第三度向行政院提出緊急質詢。
43.	82／12／6	國防部於處理撥用土地問題之程序與效率上顯有違誤，黃煌雄第四度向行政院提出緊急質詢，促請行政院成立專案調查小組，查辦國防部官員是否有失職之處。
44.	82／12／17	北縣七所與軍方國有土地糾紛的學校，由黃煌雄於立院召開協調會，其中野柳國小、頂埔國小、保長國小、興華國小確定獲得解決。
45.	83／3／8	黃煌雄針對運輸兵學校部分建築之營繕計畫原允諾於82．9．20交由台北縣政府，直至82．12．17協調會中仍未提交，軍方又以原承辦人員黃雅民中校及運輸兵學校校長吳慕慶少將他調，營繕計畫書「下落不明」為由，搪塞縣府與校方，提出第五度緊急質詢。
46.	83／3／18	黃煌雄針對一再延宕發包給台北縣政府、頂埔國小之代拆代遷建物，造成撥用程序及經費核銷將有問題之情形，第六度向行政院提出緊急質詢。
47.	83／5／24	黃煌雄出面協調頂埔國小校地產權轉移相關爭議，並獲解決。
48.	83／5／29	頂埔國小從軍方手中取得土地清冊，本案正式告一段落。

參考書目

一、政府機關出版品：

（一）、國防部出版品：

1.國防報告書：

國防部「國防報告書」編纂小組（1992），《中華民國八十一年國防報告書（修訂版）》。台北：黎明文化事業出版。

國防部「國防報告書」編纂小組（1994），《中華民國八十二—八十三年國防報告書》。台北：黎明文化事業出版。

國防部「國防報告書」編纂小組（1996），《中華民國八十五年國防報告書》。台北：黎明文化事業出版。

國防部「國防報告書」編纂小組（1998），《中華民國八十七年國防報告書》。台北：黎明文化事業出版。

國防部「國防報告書」編纂委員會（2000），《中華民國八十九年國防報告書》。台北：國防部事業出版。

國防部「國防報告書」編纂委員會（2002），《中華民國九十一年國防報告書》。台北：國防部發行。

發行。
國防部「國防報告書」編纂委員會（2004），《中華民國九十三年國防報告書》。台北：國防部發行。
國防部「國防報告書」編纂委員會（2006），《中華民國九十五年國防報告書》。台北：國防部發行。
國防部「國防報告書」編纂委員會（2008），《中華民國九十七年國防報告書》。台北：國防部發行。
中華民國98年國防報告書編纂委員會（2009），《中華民國九十八年國防報告書：打造精鋭國軍——募兵制》。台北：國防部發行。
中華民國 壹百年國防報告書編纂委員會（2011），《中華民國壹百年國防報告書：慶祝建國100年》。台北：國防部發行。
中華民國102年國防報告書編纂委員會（2013），《中華民國一〇二年國防報告書》。台北：國防部發行。
中華民國104年國防報告書編纂委員會（2015），《中華民國104年國防報告書》。台北：國防部發行。

2.「四年期國防總檢討」：

國防部「四年期國防總檢討」編纂委員會（2009），《中華民國98年四年期國防總檢討》。台北：國防部出版。
中華民國102年《四年期國防總檢討》編纂委員會（2013），《中華民國102年四年期國防總檢討》。台北：國防部出版。

3.其他（按作者姓氏筆劃排列）：

Department of Defense, USA著（2014），李永悌譯，《2014美國四年期國防總檢討報告》。台北：國防部政務辦公室出版。
主計總處預算資料
吳亭秀主編（2016），《竹籬重生、樂活家園——國軍眷村改建回顧與變遷》。台北：國防部政治作戰局軍眷服務處出版。
林秉利主編（2016），《精粹國防　傳承創新——國防部遞嬗與沿革》。台北：國防部政務辦公室出版。
郭冠麟主編（2005），《國軍眷村發展史》。台北：國防部史政編譯室出版。
國防部史政局編（1952），《國防部沿革史》。台北：國防部史政局編印。
國防部史政局編（1960），《國防部沿革史》。台北：國防部史政局編印。

（二）、監察院調查報告書：

黃煌雄、呂溪木（1999），「國防部推動精實案之檢討案」調查報告。台北：監察院。
黃煌雄、呂溪木（1999），「國防部所屬預算分配結構案」調查報告。台北：監察院。

黃煌雄、呂溪木等（2001），「國防政策總體檢案」調查報告。台北：監察院。

黃煌雄、黃勤鎮（2004），「國防二法實施兩年以來，其執行績效及遭遇問題之探討」調查報告。台北：監察院。

黃煌雄、黃勤鎮（2004），「國軍聯合作戰指揮機構執行績效體檢案」調查報告。台北：監察院。

黃煌雄、黃武次等（2009），「國防部擬實施全募兵制對政府財政及國軍戰力之影響專案調查」調查報告。台北：監察院。

黃煌雄（2010），「國防二法實施之成效與檢討案」調查報告。台北：監察院。

黃煌雄、葛永光（2013），「精粹案之執行成效及其檢討」調查報告。台北：監察院。

黃煌雄、趙昌平（2013），「國防部推動實施募兵制之規劃與執行案」調查報告。台北：監察院。

黃煌雄（2013），「我國都市計畫範圍不當擴張，造成國土資源不當開發，並扭曲社會資源不當配置案」調查報告。台北：監察院。

黃煌雄、葛永光（2014），「眷村文化保存之現況及資源整合案」調查報告。台北：監察院。

黃煌雄（2014），「台籍老兵相關處遇措施」調查報告。台北：監察院。

黃煌雄（2014），「國防部閒置空間現狀、規劃運用及國家政策與地方發展連結需求案」調查報告。台北：監察院。

（三）、立法院公報：

二、非政府機關出版品：

（一）書籍（按作者姓氏筆畫排列）：

台灣研究基金會國防研究小組著（1989），《國防白皮書》。台北：財團法人台灣研究基金會出版。

許昭榮著（1995），《台籍老兵血淚恨》。台北：前衛出版。

鈕先鍾著（1975），《國家戰略概論》。台北：正中出版。

鈕先鍾著（1977），《大戰略漫談》。台北：華欣文化中心出版。

鈕先鍾著（1996），《孫子三論：從古兵法到新戰略》。台北：麥田出版。

鈕先鍾著（1998），《戰略研究入門》。台北：麥田出版。

鈕先鍾著（1999），《二十一世紀的戰略前瞻》。台北：麥田出版；城邦文化發行。

黃煌雄著（1995），《戰略：台灣向前行》。台北：前衛出版。

黃茗芬、廖茂發、莊智雅編（2005），《腳步：黃煌雄監委工作紀實（1999～2005）》。台北：遠流出版。

盧穗榮等譯（2001），《高華德——尼古斯國防部重組法案10年回顧》。台北：國防大學譯印。

韓福光等著（2013），《李光耀：新加坡賴以生存的硬道理》。台北：大地出版社。

（二）期刊論文（按作者姓名字母順序排列）：

Clark A. Murdock,（ed.）"Beyond Goldwater-Nichols: Defense Reform for a New Strategic Era," Center for Strategic and International Studies Phase 1 Report,（2004）：1-87.

Clark A. Murdock & Michèle A. Flournoy, (eds.)"Beyond Goldwater-Nichols: U.S. Government and Defense Reform for a New Strategic Era," Center for Strategic and International Studies Phase 2 Report,（2005）: 1-155.

David Scruggs, Clark Murdock & David Berteau, (eds.)"Beyond Goldwater-Nichols: An Annotated Brief," Center for Strategic and International Studies Phase 3 Report,（2006）: 1-36.

Kathleen H. Hicks, "Invigorating Defense Governance: A Beyond Goldwater-Nicholas Phase 4 Report," Center for Strategic and International Studies Phase 4 Report,（2008）: 1-72.

William S. Murray, "Revisiting Taiwan's Defense Strategy," Naval War College Review 61, no. 3（2008）: 13-37.（本書所引為鄭大城翻譯版）。

（三）會議論文（按作者姓氏筆劃排列）：

立法院國防委員會（1993），〈國防政策研討會會議紀錄〉。台北：立法院國防委員會主辦「國防政策」研討會，1993年10月20日。

李廣均（2013），〈眷村的歷史形成——列管眷村與自力眷村的比較〉。台北：文化部、國防部、台灣研究基金會主辦「台灣眷村文化與保存：檢討與展望」研討會，2013年11月8日～9日。

唐飛（2000），〈國防組織法與軍政軍令一元化〉。台北：監察院主辦「監察院監察調查人員在職訓練講授」科目資料，2000年2月14日。

張茂桂（2013），〈眷村的「隔離」與「流動」〉。台北：文化部、國防部、台灣研究基金會主辦「台灣眷村文化與保存：檢討與展望」研討會，2013年11月8日～9日。

（四）報章雜誌（按字首筆劃排列）：

中國時報

民生報

民眾日報

台灣時報

自立早報

自立晚報

自由時報

青年日報

聯合報

（五）網站資料：

（中華民國）總統府官網：http://www.president.gov.tw/

（中華人民共和國）人民網：http://www.people.com.cn/BIG5/

（中華人民共和國）新華網：http://www.xinhuanet.com/

（中華人民共和國）中國軍網：http://www.81.cn/

（美國）美國白宮官網：https://www.whitehouse.gov/

歷史與現場 241

台灣國防變革：1982-2016

作　者—黃煌雄
編　輯—謝翠鈺
　　　　徐惠楨（台研會兼任研究員）
　　　　陳怡蓉（台研會研究助理）
校　對—徐惠楨、陳怡蓉
封面設計—楊珮琪
美術編輯—李宜芝
製作總監—蘇清霖
董事長
總經理—趙政岷
出版者—時報文化出版企業股份有限公司
10803台北市和平西路三段二四〇號七樓
發行專線—（〇二）二三〇六六八四二
讀者服務專線—〇八〇〇二三一七〇五
（〇二）二三〇四七一〇三
讀者服務傳真—（〇二）二三〇四六八五八
郵撥—一九三四四七二四時報文化出版公司
信箱—台北郵政七九～九九信箱
時報悅讀網—http://www.readingtimes.com.tw
法律顧問—理律法律事務所　陳長文律師、李念祖律師
印刷—勁達印刷有限公司
初版一刷—二〇一七年三月二十四日
定價—新台幣四五〇元
行政院新聞局局版北市業字第八〇號

時報文化出版公司成立於一九七五年，
並於一九九九年股票上櫃公開發行，於二〇〇八年脫離中時集團非屬旺中，
以「尊重智慧與創意的文化事業」為信念。

國家圖書館出版品預行編目（CIP）資料

台灣國防變革：1982-2016 / 黃煌雄作 . -- 初版 . -- 臺北市：時報文化 , 2017.3
面；　公分 . -- (歷史與現場 ; 241)

ISBN 978-957-13-6928-0(平裝)

1. 國防　2. 中華民國

599.8　　106002176

ISBN 978-957-13-6928-0
Printed in Taiwan